Die Greifvögel

Ihre Biologie und Ökologie

Die Greifvögel

Ihre Biologie und Ökologie

Leslie Brown

Aus dem Englischen übertragen von
Renate van den Elzen

Verlag Paul Parey · Hamburg und Berlin

Inhalt

Für Dean und Tavvy

CIP-Kurztitelaufnahme der Deutschen Bibliothek
Brown, Leslie
Die Greifvögel: Ihre Biologie u. Oekologie/von Leslie Brown.
Aus d. Engl. übertr. von Renate van den Elzen. - Hamburg, Berlin: Parey, 1979.
Einheitssacht.: Birds of Prey (dt.)
ISBN 3-490-00518-X

 Anschriften: Spitalerstr. 12, 2000 Hamburg 1; Lindenstraße 44–77, 1000 Berlin 61. Printed in Spain by Mateu Cromo, S. A. Pinto (Madrid). Satz: Dörlemann-Satz, Lemförde. Einbandgestaltung: Jan Buchholz und Reni Hinsch, Hamburg.

ISBN 3-490-00518-X

Über dieses Buch

Greifvögel üben von jeher eine starke Faszination auf den Menschen aus. Könige erhoben Adler zum Emblem ihrer Macht; die Beizjagd mit Falken war lange Zeit in vielen Teilen der Welt ein Vorrecht der Herrschenden. Dennoch genossen Greife nicht nur Bewunderung: Bei Schaf- und Geflügelzüchtern stießen sie weltweit auf Abneigung, ja Verfolgung. In Mitteleuropa stehen sie heute als besonders umweltgefährdet im Brennpunkt des Interesses von Naturschutz und Populationsdynamik: Ein gesunder Bestand gewisser Arten zeigt eine gesunde Umwelt an.
Leslie Brown, langjähriger Landwirtschaftsberater in Afrika, ist mit dieser Problematik aufs engste vertraut. Er kennt aber nicht nur die Verhältnisse in Afrika aus eigener Erfahrung, sondern auch die Situation in Mittel- und Westeuropa und in Teilen der USA. Seine Begeisterung für die majestätischen Vögel fand bereits in zahlreichen wissenschaftlichen Veröffentlichungen ihren Niederschlag. In diesem Werk faßt er die Erkenntnisse und Beobachtungen langer Jahre zusammen. Dabei begnügt er sich nicht allein mit der Wiedergabe von Fakten, mit dem Beschreiben der vielfältigen Erscheinungsformen, – sein Bestreben geht vielmehr dahin, Zusammenhänge aufzudecken, den „biologischen Sinn" einer Form herauszuarbeiten. Das Buch zielt letztlich darauf ab, die Rolle der Greife in der Umwelt darzulegen und dabei auch unsere Einbezogenheit in diese Umwelt nicht aus den Augen zu verlieren.
Gerade die Greife haben durch den rapiden Rückgang ihres Bestandes auf die Schädlichkeit gewisser Insektizide aufmerksam gemacht. Ihr Schicksal zeigt, daß Umweltvergiftungen sich auf Endglieder einer langen Nahrungskette besonders nachhaltig auswirken. Dadurch sind relativ langlebige Arten, zu denen auch der Mensch zählt, besonders gefährdet. Weltweit betrachtet ist jedoch die Zerstörung ihres Lebensraumes, besonders die Vernichtung von Waldgebieten, die stärkste Bedrohung für die Greifvögel – und nicht nur für sie, sondern auch für uns. Das will uns der Autor vor Augen halten, wenn er J. Donne am Schluß dieses Buches sagen läßt: „Und deshalb frage niemals, wem die Stunde schlägt; denn sie schlägt Dir!"

Bonn, im Januar 1979 — Renate van den Elzen

Systematik und Verbreitung

Jeder Vogel, der sich von anderen Lebewesen ernährt, ist genaugenommen ein „Raubvogel“. Eine so weitgefaßte Definition müßte dann allerdings jede Vogelart, vom winzigen Zaunkönig bis zum gewichtigen Pelikan, also die meisten Landvögel und alle Meeresvögel umfassen. Nur wenige Vogelarten ernähren sich rein vegetarisch. Viele Körnerfresser, z. B. Finken, füttern ihre Brut mit Insekten. Den „Raubvogel“ müssen wir also näher erläutern.

Echte „Raubvögel“ besitzen kräftige Hakenschnäbel, die Fleisch zerschneiden können, und mit Klauen zum Greifen und Töten ausgerüstete Fänge. Deshalb und um den häßlichen Beigeschmack von „Raub und Überfall“ zu vermeiden wollen wir sie im Folgenden, wie heute weithin üblich, als Greifvögel bezeichnen. Sie gliedern sich in zwei einander wohl nicht sehr nahestehende Ordnungen: in Falconiformes (Greifvögel im engeren Sinn) mit Milanen, Geiern, Habichten, Adlern, Falken u. a. einerseits und Strigiformes (Nachtgreifvögel oder Eulen) andererseits.

Bei oberflächlicher Betrachtung ähneln beide Gruppen einander durch ihre Hakenschnäbel und die mit starken Krallen versehenen Fänge. Greifvögel gelten als nähere Verwandte der Schreitvögel, Enten oder Hühnervögel, während die Eulen im System meist zwischen Kuckucke, Ziegenmelker und Papageien gestellt werden. Es gibt einige Übereinstimmungen in Körperbau und Verhalten, die vermuten lassen, daß die Falken näher zu den Eulen stehen als gegenwärtig angenommen wird. Bei diesen Ähnlichkeiten kann es sich aber auch um Parallelentwicklungen handeln, d. h., die Vögel haben ähnliche konvergente Merkmale aufgrund ähnlicher Lebensweisen entwickelt. Unter den Falconiformes selbst finden wir in kleinerem Maßstab ebenfalls Beispiele für Konvergenzen.

Greifvögel werden im Gegensatz zu Eulen manchmal auch als Taggreife bezeichnet, weil sie überwiegend tagaktiv sind. Nur selten überschneiden sich ihre Fangzeiten mit denen dämmerungsaktiver Eulen. Auch einige Eulen sind übrigens vorwiegend tagaktiv. Der Unterschied: Taggreife jagen hauptsächlich bei gutem Licht – Sehschärfe ist daher für ihr Überleben entscheidend. Die Eulen, die hauptsächlich im Dunklen auf Beutefang gehen, verlassen sich mehr auf ihr Gehör. Beide Gruppen haben ähnliches Jagdwerkzeug entwickelt – Fänge und Krummschnäbel –, aber sie bejagen und spüren ihre Beute nach verschiedenen Methoden auf. Manche Taggreife – Neu- und Altweltgeier – töten ihre Beute nicht mehr selbst. Ihre Fänge sind zu „normalen“ Füßen rückgebildet. Nur die Hakenschnäbel haben sie behalten, um damit Fleisch zerreißen zu können.

Im Folgenden werden wir nicht mehr über Eulen sprechen, ziehen sie vielleicht nur zum Vergleich heran. Unser Buch handelt vielmehr „nur“ von den Falconiformen, den Eigentlichen Greifen – und es gibt genug über sie zu berichten! Schon so manches Buch ist über sie geschrieben worden. Wir wollen uns hauptsächlich mit Lebensraum-Ansprüchen dieser Vögel befassen, ihren Anpassungen an die Umwelt und den verschiedenen Methoden ihres Beute-Erwerbs; sofern zu diesen Themen überhaupt schon Untersuchungsergebnisse vorliegen. Zahlreiche Fragen stehen noch offen, ein weites Forschungsfeld für jeden Interessierten liegt noch brach.

Greifvögel sind weltweit verbreitet. Sie fehlen nur in der Antarktis. Unter den zur Zeit 287 anerkannten Arten finden wir winzige insektenfressende Falken von 60 g Körpergewicht (das entspricht etwa dem Gewicht einer Singdrossel) und riesige Adler, Geier und Kondore von 7 bis 9 kg. Zu den letztgenannten zählen die größten flugfähigen Vögel. Die Harpyie z. B. ist sicherlich der furchterregendste derzeit lebende Vogel.

Greife nehmen von Käfern und Termiten bis zum toten Elefanten oder Wal, jegliche tierische Nahrung zu sich. Sie besiedeln alle Lebensräume von der arktischen Tundra, den Wüsten und offenen Steppen bis zum tropischen Regenwald. Sie orten ihre Beute mit dem Gesichtssinn, der gelegentlich vom Gehör unterstützt wird, in seltenen Ausnahmen (einige Neuweltgeier) auch mit dem Geruchssinn. Auch Eulen sind (fast) weltweit verbreitet. In jedem Lebensraum ist somit eine Art vertreten, die sich von anderen dort vorkommenden, größeren Lebewesen ernährt, seien diese nun tag- oder nachtaktiv, lebende oder tote Beuteobjekte. Eulen gehen allerdings nur selten an Kadaver, da diese sich nicht bewegen und daher mit dem Gehör schwer aufzuspüren sind. Aasfressen ist Vorrecht der Geier und weniger anderer Arten. Sie erspähen ihre Nahrung tagsüber. Die „Gesundheitspolizei“ unter den Säugetieren (Abräumer) hingegen, etwa Hyänen, können Kadaver auch nachts durch ihre feine Nase auffinden.

Der Vergleich mehrerer Vogelbücher zeigt, daß es die unterschiedlichsten Auffassungen über Greifvogelsystematik gibt. Es gibt keine zwei Standardwerke, in denen die Autoren auch nur über die grobe Einteilung einer Meinung sind, geschweige denn in Detailfragen. Das verwirrt den Laien, auch wenn die Auffassungen oft gar nicht so weit voneinander abweichen. Neuerdings stehen zwei auf recht verschiedene Vorstellungen über den Greifvogel-Stammbaum gegründete Systeme zur Verfügung. Außerdem ist mit der Check-List von Peters eine recht brauchbare Grundlage für weitere systematische Arbeiten geschaffen worden. Man sollte sich an eins dieser Systeme halten und nicht kommentarlos eine eigene Systematik aufstellen.

Die beiden vorhin angesprochenen Systeme sind die von Erwin Stresemann und Dean Amadon. Im Stresemann'schen System werden Familien und Gattungen entsprechend den verschiedenen Modi der Handschwingenmauser umgrenzt. Stresemann unterscheidet drei Mausertypen:

Abb. 1. Verschiedene Formen der Handschwingenmauser:
a. die divergente Mauser (Gerfalke) beginnt bei der 4. Handschwinge und schreitet gleichzeitig zur Flügelspitze wie in Richtung der Armschwingen fort.
b. Die deszendente Form (Habicht) beginnt mit dem Ausfall der 1. Handschwinge und schreitet kontinuierlich zur Flügelspitze vor.
c. Die atypische Mauser (Truthahngeier) beginnt in verschiedenen Zentren und verläuft von dort aus proximal und distal.

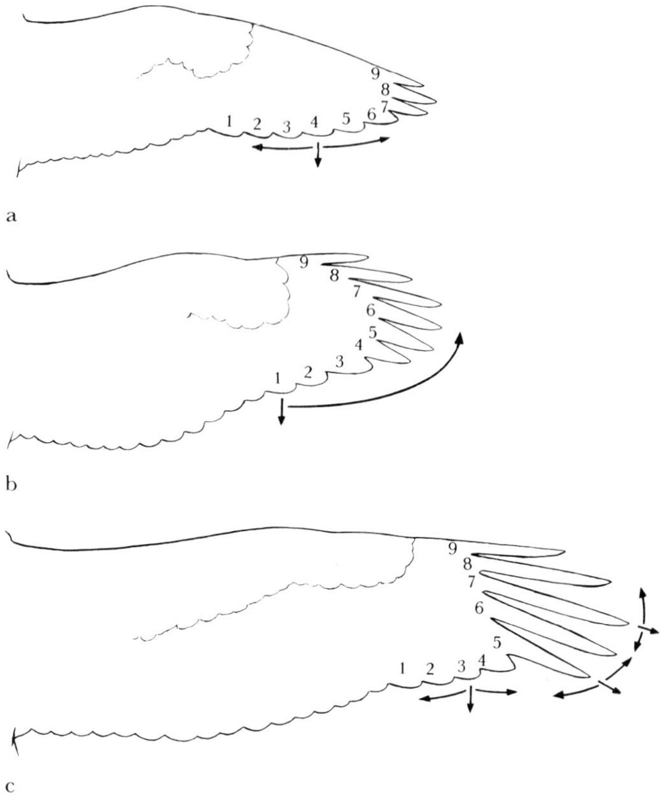

1. die *divergente* Handschwingenmauser, die mit dem Ausfall der 4. Handschwinge beginnt. Von diesem Mauserzentrum aus werden abwechselnd 2 *distale* und 1 *proximale* Handschwinge abgeworfen.
2. Die *deszendente* Handschwingenmauser verläuft von der innersten (ersten) Handschwinge zur Flügelspitze.
3. Beim *atypischen* Modus geht die Mauser von mehreren, meist drei Mauserzentren aus. Die dritte Kategorie kann wieder in zwei Gruppen unterteilt werden, nämlich a) Arten, die bei der Jugendmauser deszendent, im Alter atypisch mausern, b) Arten, die schon in der Jugend unregelmäßig mausern. Es wird angenommen, daß der deszendente Modus der ursprüngliche ist, aus dem sich der atypische entwikkelt hat (Abb. 1).

In groben Zügen weist dieses System mit dem von Amadon, das sich auf eine nach jüngsten Erkenntnissen erweiterte Fassung der Peters Check-List stützt, gewisse Gemeinsamkeiten auf. Von beiden Autoren werden die Neuweltgeier als besondere Unterordnung aufgefaßt, ebenso der einzigartige Sekretär. Nach Stresemann werden Milane, Wespenbussarde und Seeadler (von Peters und Amadon als ursprüngliche Formen betrachtet) höher entwickelt eingestuft als die eigentlichen Adler, deren Läufe bis an die Zehen befiedert sind. Er plaziert die hochspezialisierten Altweltgeier neben den primitiven Neuweltgeiern. Alle atypisch mausernden Greifvögel sind sehr groß: dieser Modus des Gefiederwechsels könnte also mit Körpergröße und

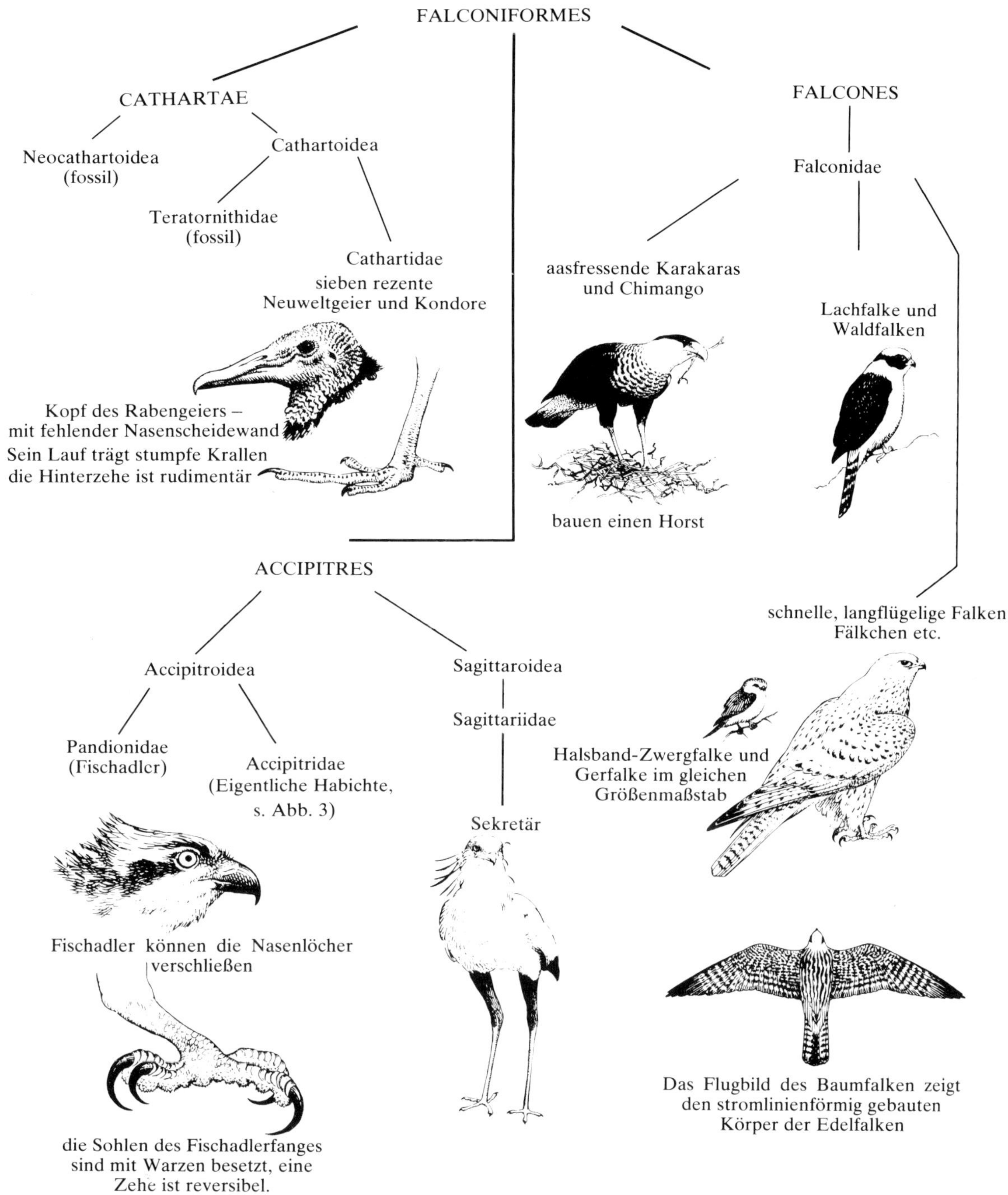

Abb. 2. Übersicht der Ordnungen und Familien nach der Klassifikation von Amadon.

Belastbarkeit der Flügel zusammenhängen und muß nicht auf stammesgeschichtlich gemeinsamem Ursprung basieren.

In letzter Zeit setzt sich das System von Amadon (erstmals 1969 in Eagles, Hawks & Falcons of the World vorgestellt) mehr und mehr durch. Seiner Auffassung nach gliedern sich die rezenten und alle bisher bekannt gewordenen fossilen Greife in drei Unterordnungen:

1. die Catharthae (Neuweltgeier) mit 2 Überfamilien – Neocathartoidea und Cathartoidea,
2. Accipitres (Greife) mit zwei Überfamilien, den Accipitroidea (Eigentliche Greife), die Fischadler, Sperber, Habichte, Weihen, Milane, Adler und Altweltgeier umfassen, und den Sagittaroidea mit einer einzigen Art, dem Sekretär,
3. die Falcones (Falken) mit einer einzigen Familie, Falconidae, die alle rezenten und fossilen Falken, Karakaras und den Chimango einschließen. Sie sind in vieler Hinsicht von den übrigen Greifvögeln verschieden. Alle mausern die Schwingen divergent. Obwohl sie Stresemanns bester Beweis für die Gültigkeit einer Klassifikation nach dem Mausermodus sind, teilt er ihnen nur Familienrang zu, während Amadon sie zur Unterordnung erhebt (Abb. 2).

Die Unterordnung Cathartae (Neuweltgeier) umfaßt sieben rezente sowie einige fossile Arten. Heute ist ihre Verbreitung auf den amerikanischen Kontinent beschränkt; es sind aber aus Europa Fossilfunde sehr primitiver Neuweltgeier bekannt. Unter den heutigen Neuweltgeiern begegnen wir dem mächtigsten lebenden Greif, dem Kondor.

Die zwei Überfamilien der Neuweltgeier sind

a) die Neocathartoidea (Sekretärgeier), von denen nur eine fossile Art, nämlich *Neocathartes grallator*, eine flugunfähige Bodenform, bekannt ist;

b) Cathartoidea mit zwei Familien, nämlich den Cathartidae (rezente und fossile Neuweltgeier) und den Teratornithidae (Riesengeier). Letztere sind riesige, fossile Vögel, deren Überreste in den Teerpfannen von La Brea in Nordamerika gefunden wurden.

Der pleistozäne *Teratornis merriami*, der vor etwa 10.000 Jahren gelebt hat, besaß eine Flügelspannweite von mehr als 4 m und wog 20 kg, also doppelt so viel wie der Kondor. Trotzdem muß er neben *Teratornis gigans* wie ein Zwerg ausgesehen haben, von dem wir bisher nur einen Beinknochen kennen. Wir müssen annehmen, daß diese riesigen Arten in den kargen Zeiten nach dem Pleistozän verhungerten. Es würde an ein Wunder grenzen, wenn diese riesigen Vögel wirklich fliegen konnten.

Alle rezenten Neuweltgeier unterscheiden sich von anderen Greifen durch das Fehlen einer Nasenscheidewand und eine rückgebildete Hinterzehe. Ihre Füße ähneln mehr Hühnerbeinen als Adlerläufen. Außerdem besitzen sie drei große Nasenkammern. Sie deuten an, daß ihr Geruchssinn gut entwickelt ist, eine Besonderheit unter den Greifen. Kein Neuweltgeier baut einen Horst, und die Eier aller Arten haben eine gelbliche Scha-

Fischadler im Flug. Die systematische Stellung dieser einmaligen fischfressenden Greife ist bis heute noch unklar. Ihr Flugbild ähnelt durch die stark gewinkelte Haltung der Flügel dem von Milanen.

lenmembran. Sie unterscheiden sich deutlich von allen anderen Greifvögeln, und es gibt keinen Beweis für eine engere Verwandtschaft mit der Unterordnung Accipitres. Manche Systematiker erheben sie deshalb zum Range einer eigenen Ordnung. Sie dürften eine altertümliche Gruppe bilden, die heute isoliert in der Neuen Welt lebt. Ihre Ahnen stammen möglicherweise aus Europa.

Die Unterordnung Accipitres (Greife) ist die größte, umfassendste und mannigfaltigste. Sie ist in allen Erdteilen zu finden und kommt auf 220 Arten. Wir trennen zwei Überfamilien, Accipitroidea (Eigentliche Greife) und Sagittaroidea (Sekretäre). Beide legen Eier mit grünlicher Schalenmembran, errichten Horste und verspritzen ihren flüssigen Kot in weitem Strahl. (Ausnahmen bilden einige Schlangenadler und der Bartgeier, die ihre Exkremente nicht verspritzen können, sondern festen Kot abgeben). Innerhalb der Accipitres bestehen große Unterschiede, die im Folgenden erläutert werden sollen.

Die Accipitroidea unterteilen wir in zwei Familien, die Pandionidae mit nur einer, eine Art – den Fischadler, *Pandion haliaetus* – enthaltende Gattung und die Accipitridae, Habichtartige, mit 218 Arten. Es besteht Unklarheit, wie nahe der Fischadler mit den übrigen Greifen verwandt ist. Vielfach wird er ans Ende des Systems zwischen Habichte, Adler und Karakaras gestellt. Fischadler besitzen als einzige Greifvogelart eine Wendezehe, eine Ausstattung, die sicherlich in Zusammenhang mit dem Fischfang steht. Außerdem können sie bei Bedarf ihre Nasenlöcher verschließen. Wie alle Angehörige der Accipitroidea errichten sie einen Horst und legen Eier mit grünlicher Schalenmembran.

Dean Amadon vertritt die Ansicht, daß der Fischadler im Stammbaum weit unten anzusiedeln ist, da er einige anatomische Gemeinsamkeiten mit primitiven Aaren zeigt. Dazu gehören ein fehlendes knöchernes Schild über dem Auge, das Supraorbitale, sowie ein gleichgebautes Sternum. Man kann sicher darüber streiten, ob der Fischadler mit Recht neben die primitiven Gleitaare und Weihe gestellt werden sollte, oder ob er als hochevoluierte Art an die Spitze des Stammbaums gehört. Eindeutig ist lediglich, daß ihm Familienrang zugebilligt werden muß. So genau diese beinahe kosmopolitische Art bis jetzt auch untersucht ist, über ihre verwandtschaftlichen Beziehungen können wir noch keine Aussagen machen.

Die 218 Arten der Accipitridae sind sehr mannigfaltig gestaltet und wurden daher in älteren Werken in eine Reihe von Unterfamilien zerlegt. Bedauerlicherweise ist man von dieser sehr praktischen Unterteilung vielfach wieder abgewichen. Für die meisten erschienen dadurch Verwandtschaftsverhältnisse klarer, wenn es auch zahlreiche Grenzfälle und intermediäre Formen gibt, deretwegen diese Unterteilungen als unbrauchbar verworfen wurden. Wir haben die Unterfamilien in der Artenliste (Anhang I) aufgeführt. Accipitridae sind zwar weltweit verbreitet, einige Unterfamilien weisen aber Verbreitungs-Schwerpunkte in einem Kontinent auf oder sind auf die Alte oder Neue Welt beschränkt.

Wir unterscheiden folgende weit gefaßte Unterfamilien: Perninae (Wespenbussardartige) mit Wespenbussarden und ihnen verwandten Gattungen. Die meisten sind durch ein fehlendes Supraorbitale ausgezeichnet. Wir begegnen unter ihnen einigen Spezialisten, wie dem Wespenbussard, der sich in erster Linie nur von Wespen ernährt und seinem Namen zum Trotz kein echter Bussard ist. Weiter gehören dazu: Machaeramphinae, denen nur der dämmerungsaktive, fledermausfressende Fledermausaar angehört; Elaninae, die eleganten Gleitaare sowie Milvinae (Milane), die sowohl den hochspezialisierten Schnekkenweih, die aasfressenden und abräumenden Milane als auch den asiatischen Brahminenweih einschließen.

Obwohl diese Gruppen ihrem Aussehen nach sehr verschieden wirken, scheinen sie enger zusammenzugehören. Der Brahminenweih läßt sich als Bindeglied zu den Haliaeetinae (Seeadlern) einstufen. Ein großer knöcherner Wulst, das Supraorbitale, ist bei ihnen als Augenschutz ausgebildet. In Verhalten (Balz, Schmarotzen, Imponieren) und im Mausermodus sind sie den Milanen recht ähnlich. Über den Palmgeier, der auch Geierseeadler genannt wird, *Gypohierax angolensis*, läßt sich eventuell eine Verbindung mit den Altweltgeiern (Aegypiinae) herstellen. Das Bindeglied auf der „Geierseite" wäre der Schmutzgeier, *Neophron percnopterus*, der ein recht ähnliches, schwarz-weißes Federkleid trägt wie manche Seeadler, dessen sonstiger Habitus aber geierähnlich wirkt.

Gehen wir auch weiterhin in der linearen Reihenfolge der Greifvogelgruppen vor, folgen auf die Altweltgeier die Schlangenadler, Circaetinae. Sie stellen eine hochspezialiserte Amphibien und Reptilien fressende Gruppe dar, sind aber offensichtlich nicht näher mit den Altweltgeiern verwandt. Möglicherweise stehen sie den Polyboroidinae (Höhlenweihen) nahe. Beide Arten der letzteren Unterfamilie können die Läufe in den Intertarsalgelenken nach zwei Richtungen bewegen. Diese Übereinstimmung könnte allerdings auch, statt auf Verwandt-

Der Schwarze Milan ist vermutlich der häufigste und plastischste Greifvogel der Welt, da er sich an den Menschen anpassen kann. Dennoch zählt er in weiten Teilen Mitteleuropas zu den bedrohten Vogelarten.

schaft, auf Parallelentwicklung durch eine gleiche Art des Nahrungserwerbs beruhen.

Die Polyboroidinae sind wiederum mit den echten Weihen, Circinae, eng verknüpft. Weihen sind eine morphologisch sehr einheitliche Gruppe langflügeliger, langschwänziger und langbeiniger Greife. Sie zeigen alle die gleiche Jagdmethode, nämlich schaukelnde, gleitende Suchflüge über offener Landschaft. Bis auf eine Art brüten alle auf dem Boden. Sie sind offensichtlich über die Singhabichte mit den eigentlichen Habichten, Accipitrinae, verwandt, einer Gruppe kurzflügeliger Waldbewohner mit langen Schwänzen.

In diese Gruppe fällt die artenreichste Greifvogelgattung, *Accipiter*, spp., mit 47 Arten. Diese Gattung steht wiederum ziemlich eindeutig über Halb-Bussarde (intermediäre Formen) mit den Echten Bussarden, *Buteo* spp., in Zusammenhang. Zu den Echten Bussarden gehören recht kleine Arten, aber auch die riesigen Harpyien aus Südamerika und der Papua-Adler aus Neuguinea, sowie der Affenadler von den Philippinen. Die letztgenannten Arten stellen offensichtlich einen reliktären Seitenzweig in der Evolution dar.

Die letzte Unterfamilie umfaßt die eigentlichen Adler, Aquilinae, deren Läufe bis an die Zehen befiedert (behost) sind. Sie stehen aufgrund vieler gemeinsamer Merkmale den Bussarden sehr nahe. Evolutive Höhepunkte innerhalb der Gruppe sind die afrikanischen Arten Kronen- und Kampfadler.

Wie erwähnt sind einige dieser Unterfamilien in ihrer Verbreitung auf bestimmte Erdteile beschränkt. Altweltgeier und Schlangenadler finden wir z. B. nur in der Alten Welt. Aber auch dort fehlen sie in Australasien. Die aasfressenden Milane und Weihe sind hingegen in der Alten Welt auch bis dorthin

Habichte sind die größte Art der umfangreichsten Greifvogelgattung, *Accipiter*. Sie sind in allen nördlichen Wäldern anzutreffen.

vorgedrungen. Seeadler sind größtenteils Altweltbewohner, mit dem Weißkopfseeadler aber auch in Nordamerika vertreten. Merkwürdigerweise fehlt er in Südamerika. Höhlen- und Sperberweihe, erstere im tropischen Afrika und letztere in Südamerika verbreitet, könnten Bindeglieder zwischen den Vogelfaunen der beiden Kontinente darstellen und von einer Form abstammen. Echte Bussarde fehlen in Australien und Südasien, kommen aber in allen anderen Erdteilen vor.

Die verbleibenden Unterfamilien kommen in der ganzen Welt vor, manche mit Verbreitungsschwerpunkten auf bestimmten Kontinenten. Bei den Echten Adlern etwa gehören 25 Arten der Alten Welt und nur 5 der Neuen Welt an. Unter den Bussard-Verwandten sind die meisten – 37 Arten aus 10 Gattungen – in Mittel- und Südamerika beheimatet und die Echten Bussarde zahlreicher in den Wäldern des gemäßigten Nordamerika als in denen Europas vertreten. In Australasien, wo es keine Echten Bussarde und teilweise keine Altweltgeier gibt, haben Milane große, bussardähnliche Formen hervorgebracht, in Australien hat der Keilschwanzadler auch die Rolle der Abräumer (Aasfresser) übernommen.

Die Verzweigungen im Familienstammbaum der Eigentlichen Greife lassen sich am besten in einem Diagramm wiedergeben. (Abb. 3). Nach dem System von Amadon haben sich von den ursprünglichen, insektenfressenden Milanen und Aaren

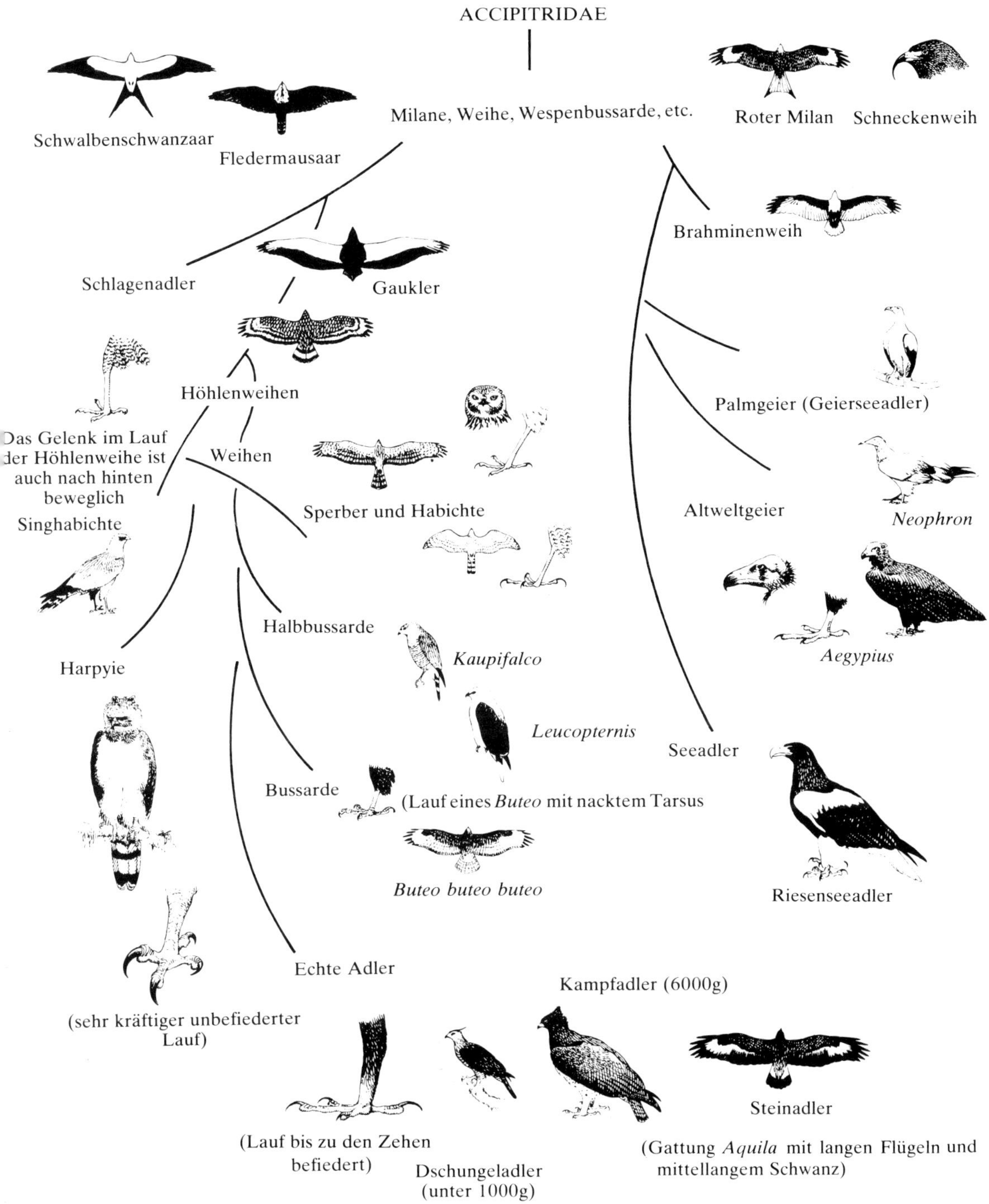

Abb. 3. Stammbaum der Habichtartigen, Accipitridae

Der Sekretär ist eine einzigartige am Boden laufende Art der offenen Savannen Afrikas. Bei diesem immaturen Exemplar ist der Schwanz noch nicht zu seiner vollen Länge ausgewachsen.

zwei Äste abgespalten. Einer gipfelt in den Seeadler und Altweltgeiern (an dieser Stelle ist bei linearer Anordnung ein deutlicher Bruch zu erkennen). Der zweite Ast führt über Schlangenadler, Weihen, Habichte und Bussarde zu den Adlern. Diese Anordnung ist nach dem heutigen Wissensstand wohl die beste, wenn sie auch rein hypothetisch bleiben muß. Lücken sind nicht zu vermeiden, zumal die Greifvögel offenbar eine schon sehr alte Gruppe sind.

Der einzigartige Sekretär, *Sagittarius serpentarius*, wird zum Vertreter einer Überfamilie Sagittaroidea erhoben, in der er allerdings die einzige Art bildet. Einige Wissenschaftler bezweifeln, daß er überhaupt ein Greifvogel ist. Möglicherweise ist er näher mit den südamerikanischen Seriemas und über diese mit Kranichen und Trappen verwandt. Bedauerlicherweise weiß man über die Seriemas ziemlich wenig, so daß nach unserem heutigen Wissen der Sekretär als aberrante, langbeinige Bodenform zu den Greifvögeln gerechnet werden muß.

Er steht keiner Greifvogelgruppe besonders nahe, baut aber sein eigenes Nest, zeigt einen wellenförmigen Balzflug wie viele andere Greife, legt Eier mit grünlicher Schalenmembran und verspritzt seinen flüssigen Kot wie Adler oder Sperber. Eine detaillierte vergleichend anatomische Untersuchung von Sekretär und Seriemas, sowie Vergleiche ihrer Verhaltensweisen sind dringend erforderlich. Heute sind Sekretäre nur aus Afrika bekannt. Einige nicht eindeutig zuzuordnende Fossilfunde deuten aber darauf hin, daß sie früher weiter verbreitet waren; nur neue Fossilfunde könnten Antwort auf diese Fragen bringen.

Die dritte Unterordnung der Greifvögel, Falcones, Falken,

besteht aus nur einer Familie, den Falconidae. Sie sind weltweit verbreitet. Wir kennen 60 Arten, davon 37 aus der umfassenden Gattung *Falco* spp., in der alle Edelfalken vereint sind. Ihre Eier besitzen eine rötliche Schalenmembran, sie mausern nach dem divergenten Modus und zeigen übereinstimmende anatomische Merkmale. Alle Edelfalken haben die Gewohnheit wie Eulen mit dem Kopf zu nicken. Sie verspritzen ihren Kot nicht, sondern lassen ihn senkrecht unter den Sitzplatz fallen.

Übereinstimmende Merkmale mit den Eigentlichen Greifen sind der gebogene Hakenschnabel, Fänge mit starken Krallen und ein zum Teil deutlicher Geschlechtsdimorphismus, etwa in der Körpergröße, manchmal auch in der Färbung. Bei den Falken gibt es auch schlangen- oder aasfressende Formen. Elektrophoretische Untersuchungen neueren Datums von Proteinen im Eiklar der Greife und Falken ergaben, daß die beiden Gruppen gar nicht so eng miteinander verwandt sind, wie man nach ihrem Aussehen meint.

Wir wollen auch die Falken in drei Unterfamilien aufteilen, und zwar in Polyborinae (Geierfalken) mit Wespenfalken, Karakaras und Chimangos (Gattungen *Daptrius, Phalcoboenus, Polyborus* und *Milvago*), Herpethoterinae und Falconinae.

Bei den Polyborinae finden wir Beispiele recht merkwürdiger Spezialisierung, zum Beispiel bei *Daptrius*, der wie Wespenbussarde Wespen verzehrt. Andere Gattungen sind Aasfresser. Viele dieser abweichenden Formen zeichnen sich durch besondere Körpergröße aus. Im Gegensatz zu allen anderen Falken bauen sie ihr eigenes Nest; ihre Eier sind aber eindeutig Falkeneier. Das Vorkommen ist auf Süd- und Mittelamerika beschränkt.

Ebenfalls dort beheimatet sind die Herpethoterinae, zu denen der Lachfalke, *Herpetotheres cachinnans*, und die 5 Waldfalkenarten zählen. Waldfalkennester sind bisher noch nicht nachgewiesen worden. Der Lachfalke brütet in hohlen Bäumen und trägt kein Nistmaterial ein. In der Gestalt ähnelt er mehr einem Edelfalken als einem Karakara. Schlangen sind seine Vorzugsbeute: Er besetzt also die ökologische Nische der altweltlichen Schlangenadler.

Die Brücke von den Zwergfalken zu den eigenartigen Herpetotherinen ist recht schwach. Trotz ihres kleinen Wuchses ähneln die Zwergfalken in der Gestalt den Edelfalken der Gattung *Falco*. Der südamerikanische Tropfenfalke, *Spiziapteryx*, stellt die Verbindung vom afrikanischen Halsband-Zwergfalken zum Langschwanz-Zwergfalken Südasiens her. Die echten Zwerg„fälkchen" der Gattung *Microhierax*, die kleinsten Greife der Welt, sind alle in der Orientalis beheimatet. Es besteht kein Zweifel darüber, daß es sich um Falken handelt, wenn diese Vögel auch winzig kleine, gedrungene Insektenfresser sind.

Mehr als die Hälfte aller Falkenarten rechnen wir zur Gattung *Falco*, darunter auch die kleinwüchsigen, teilweise insektenfressenden Turmfalkenverwandten mit vielfach ausgeprägtem Sexualdimorphismus in der Gefiederfärbung. Ebenfalls zur Gattung *Falco* vereinen wir die großen, vor allem Vögel fressenden Arten, wie Gerfalke, Lanner und Wanderfalke. Von vielen Autoren wird die Gattung *Falco* aufgelöst und in Untergattungen oder Artengruppen gegliedert.

Sämtliche Mitglieder der großen Falkenfamilie bauen keine Horste, sondern brüten entweder in den alten Nestern anderer Vogelarten, in Baumhöhlen oder auf Felsvorsprüngen. Alle älteren Angaben über Reisignester von Falken beruhen auf Fehlinterpretationen. Falken legen rötliche Eier, mit Ausnahme der echten Zwergfalken, deren Eier, wie die vieler Höhlenbrüter, weiß gefärbt sind. Der Stammbaum-Ast der Edelfalken gipfelt vielleicht in den majestätischen, schnellen Arten Gerfalke, Lanner und Saker und wird gekrönt vom Wanderfalken, der in 16 Unterarten fast weltweit verbreitet ist. Es ist tragisch, daß gerade der Bestand dieses bis vor 30 Jahren weitverbreitesten Falken der Welt durch Umwelteinflüsse so stark gefährdet ist.

Unser kurzer Exkurs in die Systematik und Verbreitung der Greifvögel zeigt, daß es auch hier überall noch zahllose Wissenslücken gibt. Viele offene Fragen können nicht beantwortet werden, weil Basisdaten über einzelne Arten fehlen. Ist zum Beispiel der Fischadler wirklich näher mit den Milanen verwandt, oder braucht er kein Augenschild, weil er nicht durch Busch und Baum brechen muß, um seine Fische zu fangen? Ist der vegetarische Palmgeier ein Geier, Seeadler oder gar etwas ganz anderes? Gehört der Sekretär nun wirklich zu den Greifen? Um diese und andere Rätsel zu lösen, bedarf es noch zahlreicher Labor- und Freilanduntersuchungen selbst bei den bekannten Arten.

Der Greifvogel und sein Lebensraum

Wenn wir Lebensräume von Greifvögeln besprechen, können wir alle Ozeane von vornherein ausklammern. Kein einziger Greif hat sich auf Meere spezialisiert. Einigen Seeadlern sowie dem Fischadler begegnen wir wohl an den Küsten. Sic kommen aber ebenso häufig im Inland vor. Zur Zugzeit oder im Winter konzentrieren sich Greife zwar manchmal besonders zahlreich in Küstennähe, aber keine Art lebt ausschließlich dort oder ist auf ein Leben über den Ozeanen angepaßt. Als einzige Ausnahmen sind Eleonoren- und Schieferfalken zu nennen, die auf Meeresinseln brüten, sich vorwiegend von Zugvögeln ernähren und ihre Jungen damit atzen. Aber keiner ist auf das Wasser als solches angewiesen, sie alle brüten und rasten am Festland.

Unter den Kontinenten scheidet zunächst die Antarktis aus. In unserem Überblick berücksichtigen wir also nur die Alte Welt – dazu zählt Europa, Asien, Afrika und Australien – sowie die Neue Welt – Nord- und Südamerika – als auch die ozeanischen Inseln. Die meisten Greife vermeiden große, offene Wasserflächen. Um Meeresinseln zu erreichen, müssen sie aber zwangsläufig weite Strecken über den Ozean zurücklegen. Das ist ein Grund dafür, daß viele große Inseln mit einer Auswahl verschiedener Lebensräume von Greifen unbewohnt sind oder nur wenige Arten beheimaten.

Auf Hawaii finden wir nur einen einzigen Bussard, obwohl die Insel mit bis zu 4.000 m hohen Bergen eine breite Auswahl an Biotopen aufweist. Auf der über 11.000 km^2 großen Fidji-Insel Viti Levu lassen sich nur drei Greife nachweisen: der Fidji-Habicht, die Sumpfweihe und der kosmopolitische Wanderfalke. Die Fauna Neuseelands beherbergt auf 260.000 km^2 und subtropischen bis gemäßigten Zonen nur eine Falkenart und eine Unterart der überaus anpassungsfähigen Rohrweihe. Flächengleiche Gebiete im tropischen Afrika oder Amerika vereinen 50 bis 80 Stand- oder Zugvogelarten. Das ermöglicht den Schluß, die geringe Zahl der Arten, die auf Inseln leben, ist eher durch deren abgeschiedene Lage bedingt als vom Angebot an Lebensräumen. Zusätzlich wird diese Tatsache von einem geringen Vorkommen an Beutetieren beeinflußt.

Die Habichtarten auf den Inseln Australasiens und Ozeaniens sind mehr voneinander verschieden als sonstwo in der Welt. Neuguinea beherbergt 8 Arten, Neuengland 5, die Salomonen 4, Fidji 1 und nur Samoa keine. Greife, die Inseln bewohnen, gehören meist sehr durchsetzungsfähigen und weitverbreiteten Arten an, seien es nun Weihen, Habichte, Bussarde oder Falken. Nirgends sind Reliktformen, Überbleibsel vergangener Tage bekannt geworden.

Seeleute haben in früheren Zeiten keine flugunfähigen Greife ausgerottet, wie etwa die Dronten unter den Taubenvögeln. Dennoch ist der Mauritius-Turmfalke die heute am stärksten gefährdete Greifvogelart. Sie lebt nur mehr auf kleinen der Hauptinsel vorgelagerten Eilanden. Manche auf den Inseln lebende Arten tragen ein „primitives“ Federkleid, das der Jugendform der Festlands-Verwandten gleicht. Nur wenige Arten, wie z. B. der Affenadler der Philippinen, könnten Restpopulationen eines einstmals größeren Verbreitungsgebietes darstellen.

Wenn wir auch die Inseln vernachlässigen, lassen sich auf den Kontinenten grob gesehen neun Vegetationszonen abgrenzen. Sie sind von der jeweiligen geographischen Lage und damit von Temperatur und Witterung abhängig. Die Zonen beginnen im Norden mit den arktischen Tundren, die im Süden in verschiedene Waldformen der gemäßigten Zone übergehen, um schließlich in Steppen und dem Regenwaldgürtel entlang des Äquators zu enden.

Die Ausdehnung der Zonen variiert je nach Niederschlagsmenge. Die meisten großen Wüsten liegen zwischen subtropischen Waldgebieten und tropischer Savanne. Wir dürfen nicht davon ausgehen, daß in bestimmten Breiten auf sämtlichen Erdteilen zwangsläufig die gleiche Vegetation auftreten muß: Denn sie ist von der Höhenlage, Topografie, abhängig. Auf Bergen treten in verschiedenen Höhen andere Temperaturen auf, die nicht unbedingt für die Breiten typisch sein müssen, aber die Zusammensetzung der Pflanzenwelt bestimmen.

So liegen etwa alle Gipfelregionen der europäischen Alpen in den gemäßigten Breiten (gemäßigte Waldzone). Die Almvegetation ähnelt aber dort mehr der arktischen Tundra. Das Gebiet ist zwar zu klein um eine Population typisch arktischer Greife zu ernähren, aber Birkenzeisig, Ringdrossel, und Alpenschneehuhn leben hier wie in der arktischen Tundra. Im größeren Maßstab existiert ein ähnliches Beispiel in Amerika: entlang der in Nord-Süd-Richtung verlaufenden Kette der Rocky Mountains und Kalifornischen Sierras erstrecken sich Nadelwälder bis in subtropische Regionen, Voraussetzung für das Vorkommen von Vertretern nördlicher Habichte als Brutvögel in Mexiko. In gleicher Weise ermöglichen die Anden das Vordringen typisch südlicher Formen bis über den Äquator. Daneben haben sich aber auch eigenständige Formen entwickelt. Die montanen Graslandschaften im tropischen Äthiopien ähneln mit ihren üppigen Nagerbeständen den Steppengebieten Asiens. Deshalb überwintern dort bevorzugt asiatische Steppenadler.

Zwei besonders herauszuhebende Lebensräume, die jeweils von sehr angepaßten, spezialisierten Greifen bewohnt werden, finden wir weltweit vom Äquator bis zu den Polen. Zunächst sind da die Feuchtgebiete, Meeresküsten, Seen, Flüsse und Sumpflandschaften zu nennen. 25 Greifvogelarten leben häufig oder ausschließlich in diesen Gebieten. Einige sind fast weltweit verbreitet, etwa der Fischadler oder die Rohrweihe mit ihren zahlreichen Unterarten. Die meisten am Wasser lebenden Greife sind Fischfresser, einige wenige verzehren Krabben oder

Schnecken. Die Weihen gehören zu den Übergangsformen von Feuchtland- und Trockenbewohnern. Viele Arten brüten in Sümpfen, überqueren aber auch und überwintern in Ebenen und Steppen. Kein echter Greifvogel der Feuchtgebiete könnte ohne Wasser und die darin enthaltenen Nahrungsquellen auskommen.

Feuchtgebiete sind überwiegend noch naturbelassen. Nur hin und wieder entsteht eine neue Fläche durch Dammbau. Zahlreiche Gebiete wurden hingegen trockengelegt. Einen völlig unnatürlichen, artifiziellen Lebensraum bieten die vom Menschen errichteten Kulturlandschaften und Großstädtc. Ihre Bedeutung ist nicht zu unterschätzen, denn überraschenderweise finden wir gerade hier die größten Greifvogel-Bestandsdichten. Es sind zwar nur wenige, sehr anpassungsfähige Arten, die hier existieren, aber sie haben schnell gelernt, daß der Mensch ihnen ein umfangreiches Nahrungsangebot liefert und sich so an ein Zusammenleben mit ihm gewöhnt.

Die meisten Abräumer, wie Geier und Milane, finden wir in den Tropen. Einige Felsenbrüter aber, vor allem Turmfalkenverwandte und Wanderfalke nisten auch in Städten. Kein Greifvogel ist von Städten abhängig, zweifelsohne finden wir sie aber in Städten gerade besonders häufig.

In den meisten Fällen gibt es keine starren Grenzen zwischen zwei Vegetationszonen, sie gehen schrittweise ineinander über. Wenn wir uns vom Polarkreis nach Süden bewegen, weichen die Nadelwälder allmählich den Laubbäumen der gemäßigten Zone. Offene Steppenlandschaften der gemäßigten oder subtropischen Breiten gehen mit abnehmender Niederschlagsmenge in Wüsten über, diese wiederum mit zunehmendem jährlichem Regenfall von der Dornbusch- und Akaziensavanne zur Baumsavanne. Abrupte Unterschiede bestehen nur zwischen überwiegend unbewachsenen und überwiegend baumbestandenen Zonen; Bäume fügen jedem Lebensraum sofort eine neue vertikale Dimension hinzu. So vollzieht sich in der gemäßigten Zone der Wechsel von Waldgebiet zu Heide ohne Übergang, und der krasse Unterschied von Savanne zu tropischem Regenwald ist beinahe dramatisch zu nennen.

Oft existiert auf kleinstem Raum eine Vielfalt von Biotopen. In der Überschwemmungszone eines Baches in einem Waldgebiet treffen wir zahlreiche Tümpel, Geröllflächen und Sümpfe an. Auch der Mensch erzeugt durch Abholzen und Anlegen von Feldern eine größere Vielfalt an Lebensräumen als ursprünglich vorhanden. Ein Montangebiet kann sich unmittelbar aus einer Ebene erheben. An seinen Abhängen steht eine Vielzahl von Lebensräumen zur Auswahl. Solche Gebiete, die durch Topografie oder menschlichen Eingriff eine lokale Lebensraumerweiterung aufweisen, beherbergen gewöhnlich mehr Arten als ein gleichgroßer, einförmiger Lebensraum.

Überdies besitzen Greife ein ausgezeichnetes Flugvermögen, das ihnen erlaubt, Biotopgrenzen schnell zu überwinden, in den nächsten zu fliegen und bis in sehr große Höhen aufzusteigen. Sekretäre, die Schreitvögel unter den Greifen, wurden in

3.600 m Höhe beobachtet, und der Weißkopfseeadler überquert im Westen der USA auch Wüsten.

Aus diesem Grund leben manche Greifvögel in verschiedenen Biotopen. Aber auch die vielseitigsten Arten bevorzugen meist eine Vegetationsform. Obwohl sie genausogut in einer anderen leben könnten und auch da gute Überlebenschancen hätten. Andere Arten bevorzugen Biotopgrenzen, Gebiete, in denen zwei Lebensräume ineinander übergehen, so z. B. der europäische Mäusebussard oder der amerikanische Rotschwanzbussard. Sie leben vorwiegend in aufgelockerten Laubwäldern, auf Flecken von Grasland oder Heide, behaupten sich aber genauso in Hochgebirgsebenen, buschbewachsenem Hügelland und der Rotschwanzbussard auch in kakteenbestandenen Wüsten. Sperber und Habichte, die sich gewöhnlich in dichten Wäldern aufhalten, wagen sich zur Jagd auch gelegentlich ins offene Gelände.

Im Ganzen ist es weniger überraschend, daß einige Greifvogelarten in verschiedenen Lebensräumen existieren können, als die Tatsache, daß so manche von ihnen, besonders Waldbewohner, derartig auf einen Biotop spezialisiert sind, daß sie ihn nur widerwillig verlassen.

In der nun folgenden Übersicht über Vegetationszonen und ihre Bewohner habe ich jede Greifvogelart zunächst in dem Biotop beschrieben, in dem sie vorzugsweise brütet. Kommt eine Art in mehreren Biotopen vor, ist sie überall erwähnt. Besiedelt eine Art jedoch überwiegend einen Lebensraum und weicht nur gelegentlich in einen anderen aus, ist sie nur beim Vorzugsbiotop erwähnt. So ist z. B. der Breitflügelbussard ein charakteristischer Vogel temperierter Laubwälder Amerikas, Unterarten leben jedoch in subtropischen Waldgebieten auf den Antillen. Den Steinadler wiederum dürfen wir in jedem Berggebiet zwischen Antarktis und Mittelmeer oder Alaska und Mexiko erwarten.

Unsere Unkenntnis über die wirklichen Vorzugsbiotope so mancher Art erschwert natürlich das Zusammenstellen einer solchen Übersicht. Über viele Arten aus Südamerika und der Orientalis ist noch sehr wenig bekannt, manchmal auch gar nichts. Außerdem kann ein Greif in einem Sektor seines Verbreitungsgebietes einen anderen Biotop bevorzugen als in einem anderen: Der Kaiseradler bevorzugt vielleicht Tiefebenen, in anderen Gebieten horstet er an Bergwänden.

Viele Untersuchungen befassen sich nur mit einem Bruchteil des Artareals oder eventuell mit einem atypischen Biotop. So wurde der Kurzschwanzhabicht nur in Florida, an der Nordgrenze seines Verbreitungsgebietes eingehend bearbeitet. Er ist aber von Mittelamerika bis weit nach Südamerika verbreitet. Wir können nur vermuten, daß er sich in anderen Teilen des Gesamt-Lebensraumes genauso verhält. Meine eigenen umfangreichen Studien am afrikanischen Kronenadler habe ich in relativ offener Landschaft mit geringem Baumbestand vorgenommen. In den dichten Wäldern Gabuns stellt er vielleicht ganz andere Biotopansprüche und jagt andere Beutetiere.

Mit Vorbehalt gilt also allgemein: je abwechlungsreicher Landschaft und Vegetation sich anbieten, desto abwechslungsreicher ist auch das Nahrungsangebot, was wiederum auf die Zahl der vorhandenen Greifvogelarten Auswirkungen hat. Darum finden wir in Europa in Spanien die meisten Greifvögel. Tundra und Wüsten können nur wenige Arten ernähren, subtropische und tropische Savannen hingegen zahlreiche. Je härter die Lebensbedingungen in einem Gebiet, desto geringer die Zahl der dort lebenden Vogelarten. Vereinfacht ist dies stets auf geringere Auswahl und Individuendichte der Beutetiere zurückzuführen. Andere Faktoren beeinflussen natürlich ebenfalls das Vorkommen von Greifen. Das große Nahrungsangebot ist also nicht der einzige ausschlaggebende Faktor, ob ein Greif in einem Gebiet existieren kann oder nicht. Versuche, Verbreitung, Biotopwahl und Dichte als von einem Faktor abhängig zu interpretieren, schlagen fehl, wenn sie auf andere Arten oder Biotope ausgedehnt werden.

Es wird sich vielleicht als notwendig erweisen, all die vielen Einzelheiten nochmals durchzunehmen. Das Verständnis um die Zusammenhänge zwischen Lebensraum und Lebensweise ist Voraussetzung für alle folgenden Kapitel.

Tundra

Die arktische Tundra schließt in einem breiten Gürtel südlich an die polaren Eismassen an. Auf der südlichen Erdhalbkugel hat sich keine echte Tundra entwickelt. Sie liegt fast völlig nördlich des Polarkreises und bedeckt weite Teile von Sibirien, Alaska und Kanada. Auch in den skandinavischen Ländern finden wir kleine von Tundra bestandene Gebiete. In ihrer typischen Form ist sie vollkommen baumlos, mit niedrigen, kriechenden, verkrüppelten Hölzern als höchster Vegetation. Der Boden ist wenige Zentimeter unter der Erdoberfläche stets gefroren und im Winter von einem dicken Schneeteppich bedeckt. Während der drei kurzen Sommermonate, in denen es 24 Stunden lang nicht dunkel wird, schmilzt zwar das Oberflächeneis, aber die tieferen, gefrorenen Bodenschichten verhindern ein Austrocknen, so daß sich zahlreiche Tümpel und Pfützen bilden.

Um die Wintersonnenwende herrscht 24 Stunden völlige Finsternis. Ein tagaktiver Greif könnte nicht einmal seine Beutetiere erkennen, zudem ist der Boden beinhart gefroren. Während des kurzen Sommers brüten Millionen Zugvögel in der Tundra – Limicolen, Enten, Gänse und Singvögel –, Lemminge und Mäuse pflanzen sich in großen Mengen fort, für eine kurze Zeitspanne herrscht großer Nahrungsüberfluß. Schon im August sind aber die meisten Zugvögel abgereist, Jungvögel oft früher als ihre Eltern, denn bereits im Oktober hält der Frost Einzug. Ein ständiger Tundrenbewohner muß also mit einem kargen Tisch vorlieb nehmen.

Alle tagaktiven Greife der Tundra leben vorwiegend von lebender Beute, wenn auch Rauhfußbussard und Steinadler an

Kadaver gehen. Die häufigsten Großsäuger der Tundra, Ren und Karibu, sind viel zu stark, als daß sie ein Greif schlagen könnte, – höchstens einmal als neugeborenes Kalb. In den Wintermonaten gefrieren geschlagene Tiere sofort und sind damit ungenießbar für Greife. Sie können die erworbene Nahrung nicht mehr zerkleinern. So sind Greife in der Tundra also auf lebende Beute angewiesen, die sie im Sommer im Überfluß, im Winter nur spärlich antreffen.

Nur 4 Arten von Greifen läßt die Tundra zu: Rauhfußbussard, Steinadler, Gerfalke und Wanderfalke. Und nur Gerfalk und Rauhfußbussard sind Charakterformen dieser Landschaft. Wanderfalk und Steinadler brüten zwar hier auch, anderswo aber weit häufiger. Nur der Gerfalke ist mit einigem Recht als Standvogel zu bezeichnen. Die übrigen wandern im Winter südwärts und selbst Gerfalken aus der nördlichsten Tundra ziehen weiter in den Süden. Alle diese Tundrabewohner sind holarktisch, d. h. sie sind weltweit über die Tundra verbreitet, nicht nur in Eurasien (Paläarktis) oder Nordamerika (Nearktis).

Zu den Hauptbeutetieren von Steinadler und Rauhfußbussard zählen Kleinsäuger. Während der Steinadler Erdhörnchen und Schneehasen vorzieht, schlägt der Rauhfußbussard lieber Feldmäuse und Lemminge. Gelegentlich erbeuten beide auch Vögel. Wander- und Gerfalke schlagen vorwiegend Vögel, der Gerfalke mitunter auch Lemminge. In Alaska machen Vögel 95 % der Wanderfalkennahrung aus. Verblüffenderweise hat man auch einen Wanderfalken beobachtet, wie er in einem Fluß watete und einen Fisch erbeutete.

Gerfalken können das ganze Jahr hindurch in der Tundra bleiben, weil ihre Hauptbeutegruppe, die Schneehühner, ebenfalls Standvögel sind. Bruterfolg und Bestandsdichte beider Arten sind aufs engste miteinander verknüpft. Gibt es im Frühjahr zahlreiche Schneehühner, ist der Bruterfolg des Gerfalken gut. Ist der Schneehuhnbestand jedoch gering, bleibt auch der Bruterfolg des Jägers mäßig, manchmal setzt er mit dem Brüten sogar ganz aus. Wanderfalke und gelegentlich der Steinadler, schlagen ebenfalls mal ein Schneehuhn, obwohl der Wanderfalke sonst kleineren Vögeln den Vorzug gibt. Alle Arten können also, ohne miteinander zu konkurrieren, nebeneinander leben. In den seltenen Fällen einer Konkurrenz bleibt stets der Gerfalke Sieger.

Mäuse und Lemminge, die vom Rauhfußbussard bejagt werden, kommen nur im Sommer „zu Tage“. Im Winter bleiben sie unter der Schneedecke verborgen, und ernähren sich von den Resten der sommerlichen Vegetation. Im Sommer gibt es also reichlich Nahrung für den Rauhfußbussard, im Winter muß er aber gen Süden ziehen, dorthin, wo die Nager für ihn noch erreichbar sind.

Verschiedene Tundrabewohner wie Rauhfußbussard, Schneeeule und Skuas zeigen in gleichem Rhythmus ihrer Beutetiere zyklische Populationsschwankungen. In guten Mäusejahren brüten mehr Rauhfußbussarde, erzielen ein größeres Gelege und bringen mehr Junge zum Ausfliegen. In solch günstigen

Jahren kann sich die Population mehr als verdoppeln. In schlechten Jahren vermehrt sie sich hingegen nur um ein Viertel. Nach guten Jahren müssen zwar mehr Jungtiere, auch in Gebiete mit schlechteren Lebensbedingungen, abwandern. Dennoch tragen, generell betrachtet, gute Jahre zur Bestandsverbesserung bei.

In der Tundra finden wir im Vergleich zu anderen möglichen Lebensräumen die härtesten Bedingungen für Greifvögel vor. Selbst in Wüsten, mit ihren extrem hohen Temperaturen und zeitweiliger Futterverknappung sind ihre Lebenschancen besser zu bewerten. Das führt dazu, daß, wie bereits erwähnt, nur vier Greifvogelarten in der Tundra brüten. Weitere drei oder vier (einige Seeadler und manchmal auch der Präriebussard) wagen sich kurzfristig bis in diesen Biotop vor. Der wesentlichste limitierende Faktor ist der lange, dunkle, strenge Winter. Der schneeweiße gravitätische Gerfalke ist der einzige ständige Bewohner. Er kann überleben, weil er seine Beute auch im Winter zahlreich antrifft – wenn er die hervorragend weiß getarnten Schneehühner auch mühsam suchen muß.

Taiga oder borealer Nadelwald

Jeder Baumbestand bringt sofort eine neue vertikale Dimension in jeden Lebensraum und bereichert ihn um ein Vielfaches. Das gilt bereits für die armseligen, verkrüppelten Koniferen am Südrand der Tundra. Noch weiter südlich gedeihen sie schon besser, werden größer und formen in wohlgeordneten Reihen den größten zusammenhängenden Waldgürtel der Welt. Er erstreckt sich zwischen dem 50–65. Grad nördlicher Breite. Im Inneren Nordamerikas und Sibiriens reicht er, begünstigt vom dort vorherrschenden strengen kontinentalen Klima bis zum Obersee, bzw. Baikalsee. Auf der Südhalbkugel gibt es kein Adäquat zu dieser Landschaftsform.

Moore, Heide und Sümpfe unterbrechen die weiten Flächen dichten Waldbestandes. Dies ermöglicht das Vorkommen von Greifvogelarten, die in dichtbestandenen Biotopen nicht jagen könnten. Der Wanderfalke brütet hier beispielsweise am Boden, während er anderswo Felswände bevorzugt.

Dreimal mehr Greifvogelarten als in der Tundra sind hier zu verzeichnen. Die meisten sind Standvögel oder Teilzieher. Korn- und Elsterweihe brüten in Lichtungen der Taiga, zumindest in ihrem Südbereich. Zum Rauhfußbussard, auch hier eine Charakterart, gesellen sich Mäusebussard und Rotschwanzbussard. Drei typische Habichtsverwandte kommen dazu: Sperber, Habicht und Eckschwanzsperber, die beiden letzteren Arten leben bevorzugt in diesem Lebensraum. Der Steinadler ist zwar für dichtbewaldete Standorte nicht charakteristisch, brütet aber gelegentlich an felsigen, offenen Stellen. Neben Ger- und Wanderfalke erscheint der winzige Merlin. Er horstet gewöhnlich auf Bäumen in alten Vogelnestern.

Mindestens zwölf Greifvogelarten sind für die Taiga typisch, mit Ausnahme vielleicht des Steinadlers. Acht Arten ziehen regelmäßig, von den verbleibenden vier hauptsächlich die nördlichen Populationen. Der Anstieg der Artenzahlen von 4 (Tundra) auf 12 (Taiga) ist mit Sicherheit auf den zunehmenden Baumbestand zurückzuführen. Durch diese größere Vielgestaltigkeit des Biotops ist eine größere Anzahl von Beutetieren gewährleistet.

Auch die meisten Taigabewohner müssen im Winter südwärts ziehen. Der Schnee liegt zwischen den Bäumen noch höher als in der Tundra, und wird vom Wind noch verweht. Standvögel sind auch hier wiederum vogelfressende Arten: der Gerfalke, der hier kaum mehr zieht; der Habicht, der groß genug ist, um Waldhühner, Hasen und Eichhörnchen zu schlagen, und bis zu einem gewissen Grade auch der Sperber, der sich von Kleinvögeln ernährt.

Wie in der Tundra müssen auch die drei auf Kleinsäuger spezialiserten Bussarde wegziehen, weil ihre Beutetiere unter der Schneedecke verborgen bleiben. Steinadler wiederum können das ganze Jahr über Hasen und kleinere Kadaver finden. Auch Wanderfalke, Merlin und die beiden Weihen streichen Richtung Süden. Die Elsterweihe zieht weiter in den Süden als die Kornweihe, die kaum subtropische Breiten berührt.

Die Greife, denen wir in der Tundra begegnet sind, waren durchwegs große, mächtige Vögel. Der kleinste unter ihnen, der männliche Wanderfalke, wiegt immerhin 600 g. In der Taiga hingegen bringen 5 Arten nichtmal 500 g auf die Waage. Sperber sowie Merlin liegen sogar unter 300 g. Während sämtliche kleinen Arten ziehen, neigen die großen dazu, den Winter im Brutgebiet zu verbringen. Kleinere Arten sind dem strengen Winter nicht gewachsen. Sie benötigen relativ mehr Nahrung, um ihren Stoffwechsel aufrecht zu erhalten als ihre größeren Verwandten.

Obwohl die Lebensbedingungen in der Taiga immer noch als hart eingestuft werden müssen – wir finden Kulturland und Äkker nur im äußersten Süden –, sind sie doch schon gemilderter als in der Tundra. Der Sommer währt länger, der Winter dauert kürzer, es bleibt länger hell, so daß Taggreife ausdauernder jagen können, vor allem im Winter.

Gemäßigte Laubwaldzone

Am Südrand geht die Taiga allmählich in Laubwald über. Die dunklen, immergrünen Koniferen vermischen sich mit vereinzelten Gruppen von Birken und Espen, die im Herbst einen goldenen leuchtenden Kontrast zum düsteren Grün der Tannen und Fichten bilden.

Laubwälder der gemäßigten Breiten sind durch den jährlichen Blattwechsel gekennzeichnet. Diese Zone ist seit alters her der beliebteste Lebensraum des Menschen, daher finden wir nur mehr spärliche Restbestände des ursprünglich ausgedehnten natürlichen Laubwaldgürtels. In Nordamerika gab es noch beispielsweise bis vor 300 oder 400 Jahren unberührte Laubwälder.

Dies ist das erste Gebiet, das wir, wenn auch nur in einer schmalen Zone, auf der Südhemisphäre antreffen. In Patagonien und Südchile zieht sich entlang der Anden nach Norden ein Streifen des feuchtkalten, düsteren Südbuchenwaldes, (*Nothofagus*). Zwei Arten, ein Karakara und ein Bussard scheinen für diese Zone typisch zu sein. Drei australischen Habichten und dem Keilschwanzadler begegnen wir im bewaldeten Tasmanien. Außerhalb dieser Zone sind sie allerdings häufiger. 18 der insgesamt 23 Laubwaldarten sind in der nördlichen Hemisphäre zu Hause, denn hier erstrecken sich die größten Waldgebiete. Der Habicht ist davon die einzige Art, die in der Alten und Neuen Welt erscheint. 11 sind Paläarkten, 6 Nearkten.

Obwohl auch hier noch zahlreiche Arten ziehen, sind 13 der 23 Arten (oder 56 %) überwiegend Standvögel. Darunter auch solche, die die Taiga im Winter noch verließen, etwa Rotschwanzbussard, Mäusebussard und Habicht. Andere Arten, die hier zum ersten Male in Erscheinung treten, sind Vollzieher, so der Rote Milan, Wespenbussard, Schrei- und Schelladler, Baumfalke und der amerikanische Breitflügelbussard.

Daraus läßt sich ablesen: Mit zunehmend milderem Klima wird die Zahl der Zugvögel geringer. Vor allem Arten, die den Nord- (oder Süd-)rand ihres Verbreitungsgebietes besiedeln, müssen im Winter in wärmere Regionen ausweichen. Eine Ausnahme bildet der Bergadler mit einem Verbreitungsgebiet bis in die Tropen. Die nördliche Population verbringt allerdings das ganze Jahr in japanischen Nadelwäldern. Dies erklärt man damit, daß er relativ große, das ganze Jahr über aktive Beutetiere schlägt. Allerdings wissen wir über seine Lebensgewohnheiten in diesem Gebiet nichts Genaues. Auch die drei südaustralischen Habichte sind Standvögel.

In der ganzen Zone finden wir geschlossene Gebiete dichter oder lockerer Wälder mit nur wenig Lichtungen. Kein Wunder, daß sich hier überwiegend echte Waldbewohner aufhalten. Die charakteristischsten sind Habicht, Sperber und Bussarde. Von den 23 auftretenden Arten sind 8 Habichtartige und drei Bussarde bzw. Bussardverwandte. Die 3 vorkommenden Adler sind mittelgroße bis große Baumland- und Waldformen, und auch der Rote Milan bevorzugt bewaldetes Hügelland. Der Wespenbussard brütet im Wald, und der einzige für dieses Gebiet typische Falke horstet in alten Vogelnestern auf Bäumen, erbeutet aber Insekten und Vögel auf Lichtungen.

In der gemäßigten Laubwaldzone begegnen wir zum ersten Mal ausgeprägten Artenschwerpunkten auf den Kontinenten. Von den acht Habichtsarten ist einer holarktisch, 2 sind paläarktisch und 2 nearktisch (nur in Nordamerika) verbreitet sowie 3 australische Brutvögel. Unter den Bussardverwandten sind 3 in Nordamerika, einer in Südamerika und zwei in der Paläarktis angesiedelt. Die scheinbare Mannigfaltigkeit miteinander konkurrierender Waldbewohner wird also durch geographische Trennung auf weniger als drei Arten pro Region reduziert. Außerdem verringert sich der Konkurrenzkampf im Winter durch den Wegzug vieler Arten. Den größten Artenreichtum finden wir im Sommer vor, wenn Futter im Überfluß vorhanden ist.

Der Mensch hat in diesen Lebensraum eingegriffen wie sonst in keinen anderen. In Europa sind zahllose Waldgebiete in offene Kultursteppe verwandelt worden. Nur kleine Restgebiete, oftmals künstlich aufgeforsteter Wälder, blieben bestehen. Auch in Nordamerika haben bereits die ersten Siedler Wälder abgeholzt und zu Ackerland gemacht. In jüngster Zeit ist viel schlechtes Farmland wieder in Wald umgewandelt worden, der allerdings kaum den ursprünglichen jungfräulichen Wäldern vergleichbar ist. Daß die Südbuchenwälder Südamerikas bis heute nicht der menschlichen Zerstörungswut zum Opfer gefallen sind, verdanken sie einzig und allein dem unwirtlichen Klima Patagoniens.

In Tundra und Taiga kommt die Greifvogelwelt selten mit dem Menschen in Berührung. In den gemäßigten Breiten hingegen wird der Greifvogelbestand stark vom Menschen beeinflußt. Da keine historischen Bestandsaufnahmen vorliegen, wissen wir nicht genau, wie groß dieser Einfluß tatsächlich ist. Greifvogelbestände haben besonders in Europa durch Nachstellung, vorwiegend aber durch Lebensraumzerstörung stark abgenommen. Mäusebussard und der amerikanische Rotschwanzbussard wiederum können sich anscheinend in einem Gemisch von Weideland, Äckern und Waldstücken besser behaupten als in geschlossenen Waldgebieten. Allerdings wird der Mäusebussard in Ostengland immer noch aus geeigneten Brutbiotopen vertrieben.

Amerikanische und europäische Turmfalkenverwandte sind keine primären Waldbewohner, brüten heute aber regelmäßig in Waldflecken und jagen in offener Landschaft. Es ist anzunehmen, daß der Turmfalkenbestand seit prähistorischen Zeiten aufgrund von Landschafts-Umstrukturierungen durch den Menschen zugenommen hat. Auf der anderen Seite haben Schrei- und Schelladlerbestände durch den Menschen stark gelitten, in Großbritannien ist der früher häufige Rote Milan beinahe ausgerottet und in Mitteleuropa der Wanderfalke eine Seltenheit geworden. Wenn auch bis heute keine Greifvogelart der gemäßigten Laubwaldzone völlig ausgelöscht wurde, so hat doch der Bestand sehr vieler abgenommen, – einige wenige haben allerdings von den Eingriffen des Menschen profitiert.

Im Großen und Ganzen haben sich die Greifvögel aber mit den Umweltveränderungen abgefunden. Wie die Entwicklung weitergeht, ist allerdings noch nicht abzusehen, da diese Einflüsse noch nicht geendet haben.

Seit Rückgang der Nachstellungen konnte der Mäusebussard nach 1914 große Gebiete in England, Wales und Schottland wiederbesiedeln, und der Habicht, der um 1800 ausgerottet war, ist in den neuen Fichtenschonungen der Forestry Comission erneut ansässig geworden.

Heidelandschaft, Hochland und Sümpfe der gemäßigten Breiten

Genau genommen gibt es einen derartigen Lebensraum gar nicht. Wir müssen uns aber mit diesen Biotopen befassen, da sich große offene Landstriche der gemäßigten Breiten aus baumloser Heide, Grasgebieten etc. zusammensetzen. Hier herrschen im Winter keine Extremtemperaturen oder gar Dauerfrost, aber diese Areale sind sehr oft naß oder feucht, so daß sie weder zur Beschreibung der Tundra passen noch zu den semiariden Steppen und Ebenen. Außerdem werden sie von einer Reihe verschiedener Greifvogelarten bewohnt, die wir in den Laub- und Nadelwäldern derselben geographischen Breite nicht antreffen. Daher ist es berechtigt, diese Biotope als Subzone der gemäßigten Breiten mit eigenständigem Vogelbestand aufzufassen.

Meist finden wir diese Gebiete auf der nördlichen Halbkugel, aber die ausgedehnten Büschelgras-Steppen in Australien, Südamerika und Neuseeland, so baumlos wie die Tundra, zählen daher auch dazu. Wie in den nördlichen Breiten sind sie oft feucht und sumpfig, obwohl ihr Bewuchs grundlegend verschieden ist. Auch hier begegnen wir charakteristischen Vogelarten, die wir sonst nirgendwo einordnen können. In Australien und Tasmanien sind solche Landschaftsformen besonders im höheren Bergland anzutreffen. Entlang der Andenkette zeichnen sie verblüffend ähnliche Landstriche bis Peru, und auch in Ostafrika finden wir nahe am Äquator in 3.900 m Höhe ein gleiches Landschaftsbild. Ich habe diese tropischen Zonen Ostafrikas und der Anden als montanes Grasland in einem speziellen Abschnitt weiter unten zusammengefaßt.

In Heide, Hochmooren und Sümpfen der gemäßigten Breiten brüten 20 Greifvogelarten. Ein Großteil der Bewohner von Tundra, Taiga und der Laubwälder rastet während des Zuges in ihnen. Umgekehrt begegnen wir kaum jemals einem Bewohner offener Landschaften, etwa einer Weihe, im Wald. Diese Vögel werden auf dem Zug Wälder umgehen (höchstens entlang eines Flusses oder Feldern durch einen Wald streichen) oder der Küstenlinie folgen.

Unter den Bewohnern dieses Lebensraumes gibt es Arten, die von den Waldbewohnern völlig verschieden sind. Da sind 5 Weihen (von denen bereits 2 in offenen Flecken in der südlichen Taiga brüten) und 6 Falken, die teils anderswo leben. Eine Art, der Kreyenborgfalke, *Falco kreyenborgi*, ist äußerst selten. Über seine Abstammungsgeschichte wissen wir gar nichts, es liegen nur gesammelte Exemplare aus Süd-Chile vor. Auch der europäische Mäusebussard findet sich in diesem Biotop gut zurecht und der südamerikanische Rotrückenbussard wird zu den charakteristischen Greifen dieser Landschaft gezählt. Er dringt entlang der Anden nordwärts bis in die Tropen vor. Der Andenkondor ist ein ebenso typischer Bewohner dieser Zone wie der nördlichen Anden. Schließlich finden wir noch vier Arten der alles fressenden Karakaras, Aasverzehrer und Abräumer, die in den Hochgebieten des Nordens die Rolle der fehlenden Krähen übernehmen. So ist es möglich, daß auf dem kleinen Gebiet 8 der insgesamt 20 verbreiteten Arten vertreten sind.

Von diesen 20 Arten sind 7 (35 %) Zugvögel, aber nur bei 4 (20 %) von ihnen verlassen alle Individuen das Gebiet. Einige, wie die neuseeländische Unterart der Rohrweihe, sind Jahresvögel, während Rohrweihen aus Tasmanien ziehen. Vielleicht sollte man aber die Rohrweihe hier gar nicht als Beispiel wählen, da sie eher typisch für Feuchtgebiete ist. In Neuseeland und Australien brütet diese Art zwar in Sümpfen, jagt aber genausogut über offener Graslandschaft. Die Relation von Zugvögeln zu Jahresvögeln fällt hier wesentlich niedriger aus als in den Wäldern der gemäßigten Breiten. Der Grund liegt einerseits in den durchschnittlich milderen Temperaturen andererseits in den günstigen Beutefangbedingungen.

Auch dieser Landschaftstyp unterliegt starken Veränderungen durch den Menschen. Gras- und Heidelandschaften sind oft erst durch Vernichtung der Wälder, Brand oder Beweidung entstanden. Wildhege und Schaftzucht beeinflussen sehr oft den Status einer Greifvogelart. Steinadler wurden und werden immer noch von Schaffarmern verfolgt, auch der Jäger faßt sie häufig noch als Konkurrenz auf. In Großbritannien stellen ihnen Besitzer von Grundstücken, auf denen sich Moorhühner aufhalten, noch heute nach.

In Südamerika dürfte die Einführung der Schafzucht zur Verfolgung von Karakaras und Chimangos geführt haben. Zweifellos sind aber gerade durch diese Wirtschaftsform sehr viele Kadaver angefallen, die eine starke Vermehrung der erwähnten Gruppe begünstigt haben. Derartige Mutmaßungen sind in diesem Kontinent oft die einzigen verfügbaren Populationsdaten.

Die gemäßigten Breiten werden immer noch vom Menschen stark umgestaltet und verändert. Um Weideland zu gewinnen, sind große Teile abgebrannt worden, manche Gebiete aufgeforstet. In Großbritannien wurden große Teile der Heidelandschaft mit Koniferen bepflanzt, die Landschaft wieder in „Taiga“ rückverwandelt. Konsequenterweise tauchen dort auch wieder Greifvogel-Waldarten, meist Habichte, auf und verdrängen die Greife der offenen Landschaft, so z. B. den Steinadler. Junge Forste, bis zu einem Alter von 5 bis 10 Jahren, sind für Wiesen- und Kornweihen attraktive Neststandorte und haben zur Bestandsvermehrung der Art beigetragen. In höherem Wuchsstadium sind die Forste als Nistplätze nicht mehr geeignet, die Greife verschwinden. Junge Aufforstungen ähneln vermutlich der natürlichen, halboffenen üppigen Buschvegetation des Nordens, mit ebenso reichlichem Nahrungsangebot wie im Brutgebiet der Elsterweihe in Sibirien und der Kornweihe in Nordamerika.

Vermutlich wurden die Greife dieser Region (eventuell mit Ausnahme der Laubwaldzone) intensiv wissenschaftlich bearbeitet, weil sie in Reichweite energischer, tatkräftiger europäischer und nordamerikanischer Ornithologen liegt. Außerdem sind Vögel in offener Landschaft leichter zu beobachten.

Bäume bereichern zwar jeden Lebensraum, behindern aber gleichzeitig die Sichtweite und erschweren somit das Beobachten von Vögeln, die zum Teil riesige Reviere besitzen. In Südamerika sind weder der Jahresvogel Grauweihe noch die zahlreichen Karakara-Arten bisher untersucht worden.

Es ist zwar zu vermuten, daß sich die Grauweihe wie eine Kornweihe verhält, aber die Karakaras fallen völlig aus dem „normalen Greifvogelschema" und verdienten ein umfassendes Studium.

Subtropische semiaride offene Wald- und Berglandschaften

Dies ist die erste wirklich greifvogelreiche Zone in unserer Aufzählung. Sie beherbergt nicht weniger als 73 Arten, davon 65 charakteristische Arten, die übrigen finden wir auch in anderen Lebensräumen. Relativ warme Temperaturen und verhältnismäßig geringer Schneefall vermindern die Gefahr eines nahrungsarmen Winters. Auch mitten in der kalten Jahreszeit gibt es mehrere Stunden hellen Sonnenlichtes, die gute Sicht und damit eine Jagd garantieren. Unterschiede in Topografie und mannigfaltige ökologische Bedingungen bewirken günstige Nahrungsverhältnisse. Sie geben einer Vielfalt von Beutegreifern besssere Chancen als in den gemäßigten Zonen des Nordens oder in Wüsten des Südens.

Generell gesehen ist die hier behandelte Zone durch heiße, trockene Sommer wie milde Winter und Frühjahre geprägt. Solche Klimaverhältnisse herrschen im gesamten Mediterranraum, in Teilen des mittleren Ostens, Kaliforniens, Nordmexikos, Argentiniens, Chiles, Südafrikas und Australiens. Auf der Südhalbkugel sind die Jahreszeiten natürlich vertauscht: Der südliche Winter fällt in die Zeit des nördlichen Sommers, eine Tatsache, die für viele ziehende Greife lebensnotwendig ist. Sie wechseln jeweils zum Sommer von einer Halbkugel auf die andere.

Die Periode des Vegetations-Wachstums ist meistens auf den kurzen Frühling beschränkt, die Zeitspanne zwischen dem kühlen Winter und der Sommertrockenheit. Ein Faktor, der sich für Wälder ungünstig auswirkt. Hochgewachsene Baumbestände sind deshalb für diese Zone uncharakteristisch. Die meisten Bäume gehören zu den kleinwüchsige Xerophyten mit immergrünen Blättern. Sie sind besonders widerstandsfähig und mit einer glänzenden Wachsschicht überzogen, die sie vor dem Vertrocknen schützen. In Südfrankreich, Spanien und an der kalifornischen Küste stehen ausgedehnte Föhrenwälder. Sie zählen aber zu dem breitkronigen, lichtdurchlässigen Schirmföhren-Typus und weisen nicht die geschlossenen Laubdächer der düsteren, lichtundurchlässigen Tannen oder Fichten der Taiga auf.

In Australien nehmen Eukalyptusarten den Platz immergrüner Bäume ein. Sie sind auch im Mediterran überall eingebürgert. Die riesigen Sequoias der kalifornischen Sierras, neben denen sich selbst riesige Föhren von 60 m wie Zwerge ausnehmen, können dort nur wegen der besonders hohen Niederschlagsmenge gedeihen. Ansonsten gleichen die immergrünen Eichen des San Joaquintales, des Sakramentotals in Spanien oder Marokko einander bis „aufs Haar".

Vielfach ist das Land mit dichtem, stacheligem Gestrüpp bewachsen, das je nach Landessprache Macchie, Chaparral, Fynbos genannt wird. Die Zusammensetzung der Pflanzenwelt ist zwar verschieden, aber sowohl in Südafrika wie im Mittelmeerraum wächst die riesige Baumheide, *Erica arborea*, oder Bryère, aus deren Holz die gleichnamigen Pfeifen hergestellt werden. Sich selbst überlassen verschmelzen die Pflanzen zu einem undurchdringlichen Dickicht, in dem kein Greif ein Tier zu schlagen vermag.

Während der trockenen Sommermonate entflammt die Macchie schnell. Mitunter hilft der Mensch auch etwas nach. Durch solche Brände oder Überbeweidung werden Berghänge oft kahlgelegt, Steinklippen und Felswände stehen frei. Baumbestand kann aber meist nur in den Tälern am Bergfuß gedeihen. Im Frühjahr sind diese Gebiete mit einem farbenprächtigen Blütenmeer übersät, in Kreta genau wie in Kalifornien, Australien oder der Kap-Provinz.

Klimatisch und landschaftlich zählt diese Zone zu den schönsten Landschaftsformen der Welt. Es wird niemals richtig kalt, die Sonne scheint anhaltend, und Gedanken an Müßiggang, an Überfluß von Obst und Wein drängen sich auf. Dennoch ist der Lebensraum sehr empfindlich: er widersteht den Mißgriffen des Menschen nicht in gleichem Maße wie mitteleuropäische Waldgebiete. Die ursprüngliche Vegetation kann innerhalb weniger Jahre durch sorglose Beweidung zerstört werden. Nicht überall springt der Schaden sofort ins Auge, aber das milde Klima zieht stetig neue Ansiedler nach. Mehr als 2000 Jahre ständiger Auswertung haben die natürlichen Reserven des Mittelmeerraumes erschöpft. Die ursprünglichen Wälder wurden und werden abgeholzt; die Macchie verbrannt, um Acker- und Weideland zu gewinnen. Innerhalb historischer Zeiten kann der natürliche Lebensraum zerstört werden, und manche Gegenden, besonders in Südfrankreich und Kalifornien gehen langsam in Städte über.

Diese Fakten beeinflussen zwangsläufig den Greifvogelbestand dieser Gebiete. Viele Arten sind schwach vertreten, keine jedoch ausgerottet. Allerdings steht der Kalifornische Kondor knapp vor dem Aussterben. Sein Bestand ist auf 40 Exemplare zusammengeschrumpft, und vermutlich ist er auf längere Sicht der menschlichen Konkurrenz nicht gewachsen. Zum Ausgleich sind anderen Arten wiederum Vorteile aus den Umweltveränderungen entstanden. Es ist bedauerlich, daß Aristoteles, der bereits wußte, daß Adler Reviere besitzen, zu seiner Zeit keine genaueren Bestandszahlen angegeben hat.

Nicht immer ist es möglich, die Charakterarten eines Lebensraumes präzise anzugeben. Besonders für Australien und Südamerika sind exakte Unterlagen zu Biotoppräferenzen Mangelware. Doch gleich, ob eine Art mehr oder weniger, nur die Regenwäldern und tropischen Savannen beherbergen mehr Greifarten als die offenen Berg- und Waldlandschaften. Zu den Brutvögeln gesellen sich noch zahlreiche Wintergäste aus den gemäßigten Breiten, die hier verbleiben. Es geht ihnen so wie vielen von uns. Wenn sie den Süden Frankreichs oder Spaniens erreicht haben gefällt es ihnen so gut, daß sie bleiben.

Wir treffen den Andenkondor zwar schon in Patagonien an, und auch der Truthahngeier brütet gelegentlich in den Wäldern Nordkanadas, aber erst in den Subtropen werden Geier zu typischen Vertretern der Greifvogelfauna. Alt- und Neuweltgeier sind nicht näher miteinander verwandt, beide fressen aber Aas, und ihre Brutzyklen sind sehr lang. Das Nahrungsangebot allein ist zwar ein recht bedeutender Faktor für ihr zahlreiches Auftreten, aber nicht der einzige. Denn in milden Wintern fallen kaum mehr Kadaver an, als in der kalten Jahreszeit nördlicher Breiten.

Betrachtet man aber das Nahrungsangebot in der Zeit größter Nachfrage, nämlich bei der Jungenaufzucht, ergibt sich, daß gerade in trockenen Sommern das Nahrungsangebot besonders hoch ist, weil zahlreiche Tiere verdursten. Der Nahrungsüberschuß zu dieser Periode ist wichtiger als ein großes Angebot an Kadavern im Winter und Frühjahr. Außerdem ist vermutlich für die gesamte Populationsdynamik wichtiger, daß im Spätsommer und Herbst ein Nahrungsüberangebot vorhanden ist. Dann konkurrieren nämlich die Jungvögel mit den stärkeren Adulten, während die Altvögel zur Brut im Frühjahr wochenlang fasten können.

Die lange Brutdauer und Nestlingszeit der Geier ist wahrscheinlich ein ausschlaggebender Grund für das Fehlen von Geiern in kälteren Klimazonen. Ihre durchschnittliche Brutzeit beträgt 45 bis 50 Tage und die Nestlingsperiode weitere 90 bis 110 Tage. Der gesamte Brutzyklus nimmt also mindestens 5 Monate in Anspruch. Darum brauchen Geier einen langen Sommer um ihren Nachwuchs heranzuziehen, und den gibt es nur in diesen Breiten. Im Widerspruch zu dieser Theorie steht allerdings der Andenkondor. Er besitzt ebenfalls einen langwährenden Brutzyklus, brütet aber schon in Patagonien. Die meisten Winter sollen dort aber sehr milde ausfallen.

Auch unter den Geiern begegnen wir Zugvögeln. Wieder sind es die kleinen Arten, die regelmäßig ziehen: Schmutzgeier, Truthahngeier und einige Exemplare der europäischen Gänsegeier. Die größten Arten – Bartgeier, Kondore und europäische Mönchsgeier – sind Jahresvögel. Je kleiner die Art, desto größer ihre Zugbereitschaft. In den Tropen kommen Geier noch wesentlich häufiger vor, da ihnen dort wahrscheinlich die schlechten sanitären und veterinärmedizinischen Verhältnisse eine gute Lebensgrundlage schaffen.

Schlangenadler, charakteristische Tropentiere, tauchen in den Subtropen zum ersten Mal auf. Hier finden sie ausreichende Mengen an Schlangen und Eidechsen, um ihre Jungen zu versorgen. Schlangen und Echsen lieben die Wärme, nörd-

Oben: Weißrückengeier gehören zur Familie der Altweltgeier *(Accipitridae)* und sind nicht näher mit den Neuweltgeiern verwandt. Daß die Arten beider Gruppen nackte Hälse besitzen, ist ein gutes Beispiel für Parallelentwicklung.

Rechts: Karakaras sind aberrante Falken der Neuen Welt. Im Verhalten ähneln sie mehr den Geiern, bauen ihren Horst selbst, mausern aber in der typischen Art der Falken.

Oben: Das Übergansgebiet von Tundra zu Taiga ist durch große Strecken offener Landschaft ausgezeichnet, wo niedrige Bäume nur an geeigneten Stellen gedeihen können. In höhreren Lagen bleibt der Schnee lange liegen.

Links: Der Gerfalke ist die stärkste Falkenart der Welt und der einzige Greif, der nicht immer im Winter die Tundra verläßt. Seine Nahrung besteht vorwiegend aus Schneehühnern.

lich der Subtropen nimmt ihre Individuen- und Artendichte rasch ab. Die europäischen Unterarten des Schlangenadlers verlassen im Gegensatz zu denen aus dem tropischen Afrika ihre Sommerstandorte. Sie kehren etwa im März zurück, wenn Schlangen und Eidechsen aus ihrer Winterstarre erwachen, brüten und ziehen wieder gegen Süden bevor die ersten Herbstfröste die Reptilien unter die Erde vertreiben. Die Brutperiode der Greife muß also in die kurze Zeitspanne fallen, in der ihnen genügend Nahrung zur Verfügung steht.

In ähnlicher Weise sind auch die Wespenbussarde der temperierten Wälder gezwungen ihr Brutgeschäft in den Monaten abzuwickeln, in denen Wespen zahlreich vorkommen. Junge Wespenbussarde verlassen ihren Geburtsort, sobald sie richtig fliegen können. Die Wespenbussarde durchqueren die Subtropen, brüten dort aber nur selten. Möglicherweise, weil die Sommer zu trocken sind, um Wespen in ausreichendem Maße aufkommen zu lassen.

In anderen, uns schon geläufigen Greifvogelgruppen finden wir zahlreiche neue Vertreter. Die Zahl an Habichtarten etwa steigt von 8 in der gemäßigten Zone auf 12, die drei weitverbreiteten australischen Arten eingeschlossen. 2 der 4 neuen Arten, nämlich die kleinen Kurzfanghabichte und Chinesenschikra sind Zugvögel, Bussardverwandte finden wir 14, bisher 6. Zu den schon behandelten Arten gesellen sich neue für die subtropischen Gebiete charakteristische Formen. Adler gab es bisher nie mehr als 3 pro Zone, hier sind es 9, davon 8 Charakterarten. Dazu zählen verschiedene große, weitverbreitete Formen, wie Steinadler, Keilschwanzadler und Kaffernadler.

Wir stoßen hier erstmals auf Habichtadlerverwandte, Gattung *Hieraaetus*. Von ihnen zieht wieder die kleinste Art, der Zwergadler. Erst kürzlich wurde aus seinem Winterquartier in Südafrika ein Brutnachweis erbracht. Auch andere Arten z. B. Weiß- und Schwarzstorch wie der europäische Bienenfresser, übersommern regelmäßig im Winterquartier und brüten dort gelegentlich.

Habichtadlerverwandte fressen normalerweise kein Aas. Jede Art hat ihre eigene Beutetier-Gruppe. Vielleicht ein Hinweis darauf, warum Adler aus kalten Klimazonen entweder ziehen müssen (wie Schrei- und Schelladler) oder aber Aas und Abfall fressen, um zu überleben. Je größer ein Adler, desto leichter fällt es ihm, gefrorene Beutetiere zu zerkleinern. Außerdem braucht ein großer Greif weniger Nahrung im Verhältnis zu seinem Körpergewicht als ein kleiner. Ein großer, träger Adler hat demnach in kalten Wintern bessere Überlebenschancen als ein kleiner, temperamentvoller Artgenosse.

Die Zahl der Falken steigt in der Zone offener Wald- und Berglandschaften rapide an. Waren es in den Heidelandschaften der temperierten Zone nur 5, lassen sich jetzt 17 nachweisen. Einigen werden wir auch in den Tropen wieder begegnen. Alle Arten der kühleren Breiten, einschließlich des Merlin, sind hier anzutreffen. Unter den neu hinzugekommenen rechnen 2 zu den Zugvögeln, Rotfußfalke und Rötelfalke. Diese beiden

Jäger in offener Landschaft sind aber zur Brut auf Krähenhorste in Bäumen angewiesen.

In Europa und Asien brüten Unterarten von Saker und Lannerfalken auch in subtropischen Waldgebieten. Typischer sind sie aber für subtropische und tropische Steppen bis Savannen. Welche Lebensräume die australischen Falken bevorzugen, wissen wir nicht. Wir haben sie mit aufgeführt, weil sie nicht auf offene Landstriche angewiesen zu sein scheinen und in Bäumen horsten.

Eine untere Größenbegrenzung, wie sie in kalten Polargegenden durch die Temperaturen bedingt ist, verschwindet hier allmählich. Subtropische Wälder beherbergen sowohl einige sehr große Arten, besonders unter den Geiern, als auch winzige Falken und Sperber. Jede gut vertretene Artengruppe der Subtropen weist eine ähnliche Größenvariablität auf wie die gesamte Gattung oder Artengruppe. Niedrige Temperaturen stellen keinen limitierenden Lebensfaktor mehr dar. Die Greifvogelfauna dieser Zone veranschaulicht deutlich, daß wärmere Klimate eine größere Artenmannigfaltigkeit und größere Individuendichte bewirken. Im Verhältnis zur Flächenausdehnung – der subtropische Lebensraum ist kleiner, als die gemäßigte Laubwaldzone oder Taiga – nimmt die Artenzahl nach Süden überproportional zu. Das Zugverhalten ist weniger ausgeprägt, nur mehr ein Viertel aller Arten bleibt nicht das ganze Jahr in den gleichen Breiten.

Viel Forschungsarbeit ist noch zu leisten, bevor die ökologischen Ansprüche vieler subtropischen Arten genauer bekannt werden. In Europa und im Süden Nordamerikas sind diese Ansprüche und Verhaltensweisen (Biologie) der meisten Arten ausreichend geklärt. Besonders in den letzten 10 Jahren hat sich der Wissensstand sehr verbessert.

Gemäßigte bis subtropische Steppen, Ebenen, Prärien u.Ä.

Die aufgezählten Biotopformen bedecken weite Teile Nord- und Südamerikas, Mitteleuropas und Asiens, von Australien sowie Teile Südafrikas. Auch hier habe ich wiederum eine Anzahl ökologisch verschiedener Landschaftsstrukturen verallgemeinernd zusammengefaßt, die alle einige gemeinsame Eigenschaften aufweisen. Sie sind überwiegend flach bis leicht hügelig, ohne jede größere Erhebung mit niedrigen bis hohen Gräsern oder Sträuchern. Die wenigen Bäume stehen nur entlang von Flußläufen oder wurden künstlich eingebracht. Flache und baumlose Gebiete werden meistens von starken Winden heimgesucht, die Sommer sind sehr heiß, die Winter sehr kalt. Die Niederschlagsmenge in der gesamten Zone ist sehr gering: Nie über 750 mm, meist liegt sie zwischen 250–500 mm pro Jahr. Wasser ist daher knapp, manchmal brackig und wird heute mit Dämmen gestaut und gesammelt.

Die klimatischen Gegebenheiten bestimmen die Art der Bodennutzung. Früher waren diese Gebiete Heimstätten riesiger

Rechts: Die brillanten Herbstfarben sterbenden Laubs der Wälder gemäßigter Breiten verkünden ziehenden Greifen gleichzeitig eine karge Periode.

Rechts außen: Bei Schneelagen ist es für Mäusejäger wie Bussarde besonders schwierig ausreichend Nahrung zu erbeuten. Vogelschlagende Arten wie der abgebildetete Sperber hingegen finden reiche Auswahl unter den vom Hunger geschwächten Beutetieren.

Unten rechts: Habichtsadlerpaar am Horst. Die Art brütet auf Vorsprüngen in steilen Felswänden und jagt über offener Landschaft Kaninchen und Vögel.

Unten: Im Frühjahr bedeckt noch Schnee die Berggipfel Kretas, während im Tale die Macchie in vollster Blütenpracht erstrahlt.

Huftierherden wie Bison oder Gazelle. Heute sind diese Wiederkäuer beinahe ausgerottet. Den Versuch diese Landstriche zu kultivieren, mußten viele Menschen mit dem Tod bezahlen: Sie verdursteten oder erstickten buchstäblich im Staub. Es ist unmöglich, in dieser Zone Ackerbau zu betreiben. Daher stellte man sich nach Ausrottung der Wildtiere auf intensive Viehwirtschaft um. Gute Weidewirtschaft verändert das Landschaftsbild nicht so stark, zumindestens weitaus geringer als durch Anlegen von Feldern oder Plantagen, die ein ökologisch vielgestaltiges Areal in eine Monokultur verwandeln. Bedauerlicherweise ist gute Weidewirtschaft aber eher eine Ausnahme als die Regel.

Für die Greifvögel spielt aber die Art der Beweidung gar keine so große Rolle. Denn schlechte Beweidung zieht starke Viehverluste nach sich: also ein erhöhtes Angebot an Aas. Das Vieh verschmäht wesentliche Büsche und Sträucher, und das wirkt sich wiederum positiv auf die Lebensmöglichkeiten der Tiere aus, die zum Speiseplan der Greife zählen.

Oft vermischen sich Steppengebiete und subtropisches Bergland miteinander, zum Beispiel entlang der Rocky Mountains, am Fuße der Anden, des Atlasgebirges, im Inneren Nordafrikas. Auf den Großen Ebenen von Colorado können wir dem Steinadler auf einer Wasserpumpe begegnen, ebenso dem Steppenadler in Südrußland. Prärie- und Königsbussard, typische Arten der Nordamerikanischen Prärien, horsten durchaus gemeinsam neben dem waldliebenden Rotschwanzbussard. Der Präriefalke wird auf jeder erreichbaren Klippe im offenen Land brüten, muß aber oft mit bewaldeten Arealen vorlieb nehmen, um einen Felsvorsprung als Nistplatz zu ergattern. Wald- und Bergbewohner gehen oft, besonders während des Winters, in angrenzende offene Steppengebiete oder Ebenen. Nur relativ wenige sind ausschließlich auf ein Gebiet beschränkt. Die großen, felsbrütenden Arten, wie Kondore oder Sperber- und Himalayageier, müßten verhungern, wenn sie nicht zur Nahrungssuche über offenes Gelände streifen könnten. Kleinere Arten zum Beispiel Schmutz- oder Truthahngeier brüten innerhalb von Steppengebieten auch in Flußbetten und dergl. Im allgemeinen stellen naheverwandte Arten, die in einem Gebiet gemeinsam verbreitet sind, verschiedene ökologische Ansprüche, das heißt, sie leben etwa in verschiedenen Biotopen. Ist nur eine Art vertreten, übernimmt sie das gesamte Gebiet als Lebensraum. In Ost-Europa zum Beispiel bewohnt der Adlerbussard Halbwüsten und der Mäusebussard Waldgebiete. Die Nordwestafrikanische Unterart des Adlerbussards nistet gleichhäufig in offenen wie in bewaldeten Gegenden, ebenso spanische Mäusebussarde.

Der jähe Unterschied zwischen Gebirge und Steppe – bedingt durch andere Topografie, Niederschlagsmenge und Verdunstung – ermöglichen einem Greifvogel, in weniger als einer halben Flugstunde eine völlig andere Landschaftsform und Vegetation zu erreichen. Einen so abrupten Übergang finden wir zwischen Steppen und Wüsten oder Halbwüsten nicht. Hier geht mit abnehmender Niederschlagsmenge eine Form langsam in die andere über. Daher fällt häufig die Entscheidung schwer, welche Arten echte Steppenbewohner sind – viele tauchen auch in anderen Lebensräumen wieder auf. Ich nenne hier 59 Brutvogelarten, von denen 47 zwar Steppen bevorzugen, aber genausogut auch anderswo anzutreffen sind.

Gleitaare der Gattung *Elanus* sind typische Greife der Ebenen. Amerika, Europa, Asien und Afrika bzw. Australien beheimaten drei Arten. Der Schwarzachselaar kommt nur im trockenen Inner-Australien vor. Vertreten ist seine Art aber auch in tropischen Savannen, gelegentlich sogar in baumbestandenem Grasland der gemäßigten Breiten. Ihr typischer Lebensraum sind aber Steppen und Halbwüsten. Alle Gleitaare sind kleine grau und schwarzgezeichnete Mäuse- und Insektenfresser. Sie rütteln wie Falken und sind zumindestens Teilzieher.

Ein Charaktervogel der Nordamerikanischen Prärien ist der Mississippiweih. Er horstet auf Bäumen und fühlt sich deshalb von kultivierten und bepflanzten Räumen angezogen. Im größten Teil seines Verbreitungsgebietes ist er Zugvogel. Der eigenartige Sekretär ist ein weiterer Steppenvogel, dem wir hier zum ersten Mal begegnen. Er lebt von Ratten, Heuschrecken und Schlangen (in der Reihenfolge der Bevorzugung). In gravitätischen Schritten sucht er seine Nahrung vom Boden auf, vermag aber trotzdem ganz ausgezeichnet zu segeln.

Weihen sind, wie vorauszusehen, mit acht Arten stark repräsentiert. Typisch für diesen Lebensraum sind: Steppen-, Grau- , Weißbrauen- und Mohrenweihen. Nur die Steppenweihe zieht im Winter von Europa und Asien nach Indien und Afrika, die anderen Arten sind Jahresvögel oder Teilzieher. Über Zugverhalten der südamerikanischen Weihen-Arten ist nichts bekannt. Die australische Unterart der Rohrweihe bevorzugt offensichtlich Grasebenen, Äcker und Sümpfe.

Waldbewohnende Habichte der Gattung *Accipiter* fehlen in den Steppengebieten, aber die Singhabichte, *Melierax*-Arten, charakteristische Bewohner tropischer Savannen, finden sich gelegentlich hier ein. Sie bewegen sich häufig auf dem Boden, wie Miniaturausgaben des Sekretärs.

8 Bussarde bzw. Halbbussarde leben in Steppengebieten. Der Präriebussard ist so an Grassteppen gebunden, daß er die nordamerikanischen Prärien im Winter mit den südamerikanischen Pampas vertauscht. Andere Arten sind Jahresvögel, Teilzieher oder leben nomadisch. Unter ihnen die größten und majestätischen Arten, Königs- und Adlerbussard sowie der Mongolenbussard, mit der Größe eines mittleren Adlers. Wüsten- und Weißschwanzbussard brüten zwar gelegentlich in Steppen, sind aber nicht besonders typisch für diesen Lebensraum.

Der Steppenadler, ein Zugvogel, war so gut an das Leben in den europäischen Steppengebieten angepaßt, daß er am Boden brütete. (Heute wird er als Unterart des anpassungsfähigen und weitverbreiteten Raubadlers angesehen). Landschaftsveränderungen zwingen ihn, heute auf Bäumen zu horsten. Wie viele

Weihen sind Charaktervögel von Gras- und Steppenlandschaften. Ist in einem Gebiet nur eine einzige Art verbreitet, besiedelt sie alle Typen offener Landschaft. Hier ist die australische Unterart der Rohrweihe abgebildet.

andere Steppenbewohner, verzehrt er hauptsächlich Nagetiere. Andere große Adlerarten, z. B. Kaiser- oder Keilschwanzadler, sind weniger auf diesen Lebensraum spezialisiert. Der Keilschwanzadler ist von der gemäßigten Waldzone bis in tropische Savannen vertreten und besetzt zum Teil die ökologische Nische von Geiern, die in Australien nicht vorkommen. Kein Alt- oder Neuweltgeier hat sich auf Steppen spezialisiert, die gelegentlich dort brütenden Arten sind alle kleinwüchsig. Der europäische Schlangenadler ist nur dann anzutreffen, wenn er kleine Baumgruppen zum Horsten findet, verläßt diese Gebiete allerdings im Winter.

15 Falkenarten brüten in der Steppe, meist sehr anpassungsfähige Arten, die nicht darauf angewiesen sind, nur dort zu leben. In Turkestan begegnen wir einer sehr hellen Unterart des Merlin wieder. Parallel dazu finden wir eine helle Steppen- und Wüstenform des Wanderfalken, den Wüsten- oder auch Berberfalken, der von manchen Autoren auch als eigene Art *Falco pelegrinoides* angesprochen wird. In Australien kommen in der Steppe dieselben Falkenarten wie im übrigen Kontinent vor. Die Arten, die noch am ehesten unter den Charaktervögeln der Steppe einzuordnen sind, wären: Saker, Präriefalke, Lanner; und vielleicht auch der Aplomadofalke, obwohl wir über seine Lebensgewohnheiten noch sehr wenig wissen. Der Lanner ist anpassungsfähiger und weiter verbreitet als der Saker, letzterer aber typischer für Steppenabschnitte. Wie ein riesiger Turmfalke rüttelnd hält er über der Ebene nach Nagern Ausschau. Im Winter verläßt er die Steppe und wird zum wendigen, schnellen Vogelfänger, den die Falkner schätzen. In den äthiopischen montanen Graslandschaften, wo es von Ratten wimmelt, fängt auch der Lanner wie ein Saker Nagetiere.

Verschiedene Turmfalkenverwandte kommen ebenfalls in der Steppe vor und streifen innerhalb des Terrains weit umher. Die Tendenz zu nomadisieren ist vielleicht die hervorstechendste Eigenschaft aller steppenbewohnenden Greife. Dieses Verhalten unterscheidet sich vom eigentlichen Zug: Teile von Brutpopulation eines Gebietes konzentrieren sich an Stellen mit dem größten Nahrungsangebot.

Nagetiere sind eine für Steppenbewohner sehr wichtige Beutegruppe. Ihre Populationen schwanken sehr stark. Sie schwellen von Minimalbeständen zu unvollstellbaren Mengen an und verschwinden dann beinahe, die Population bricht zusammen. Ein solcher Zyklus kann während Frühjahr und Sommer in einem Areal auftreten, während ein anderes wieder vollkommen verschont bleibt. Es ist für Greife also vorteilhaft, sich in Gebieten mit Nahrungsüberschuß zu sammeln und dort auch, solange das Nahrungsangebot besteht, zu brüten. Im nächsten Jahr verstreichen sie vielleicht wieder in einen anderen Landstrich mit günstigen Nahrungsbedingungen.

Alle vier *Elanus*-Arten sind solche Nomaden. Sie rasten gruppenweise und brüten oft gemeinsam. Ihre Zahl nimmt in guten Nagerjahren mit Sicherheit auch zu, gründliche Untersuchungen stehen aber noch aus. Der Sekretär lebt ebenfalls nomadisch. Ein Großteil der Falken, darunter der australische Habichtsfalke, vagabundiert ebenfalls, und die Wanderungen des australischen Rußfalken könnten mit den gleichen Bewegungen ihrer Beutetiere, den Wachteln, in Zusammenhang stehen.

Der bei uns gutbekannte Turmfalke – in Mitteleuropa ein Jahresvogel, der isoliert brütet – nistet in der Steppe kolonieweise. Ähnliches Verhalten finden wir auch in den Poldern vom Oost Flevoland/Holland, wo die Stärke der Turmfalkenpopulation mit dem Nahrungsangebot schwankt. Diese Falken, die dort in zahlreichen Nistkästen brüten, verteidigen nur ein sehr kleines Revier rund um den Nistplatz, verhalten sich also wie die in Kolonien brütenden Nomaden der Steppe.

Solches nichtterritoriales Verhalten und die Bereitschaft, nur den einen oder anderen Teil eines ausgedehnten Landschaftsstriches je nach Nahrungsangebot zu nützen, befähigt Steppenarten, erfolgreicher zu brüten, als wenn sie sich in großen Revieren gleichmäßig über die Landschaft verteilten. Auch der Saker toleriert Artgenossen im Umkreis von 1 km und verhält sich damit weniger territorial als andere große Falken. Eine solche Adaptation wäre aber für Vogeljäger, wie Merlin oder Wanderfalke, nicht unbedingt von Vorteil.

Ein limitierender Faktor für die Dichte der in Steppen brütenden Greife ist neben dem Nahrungsangebot sicher auch die geringe Auswahl an Nistmöglichkeiten. Ausnahmen bilden hier die bodenbrütenden Weihen und der Merlin. Häufig sind Falken und Bussarde gezwungen, mit kleinsten Felsen oder Bodenerhebungen vorlieb zu nehmen, und oft brüten mehrere Arten dichtgedrängt nebeneinander. Das Fehlen großer Bäume und Sträucher beeinträchtigt den Bruterfolg; in den vergangenen Jahren hat der Bestand an amerikanischen Greifen, speziell von Präriebussard und Buntfalke, durch Aufforstungen zugenommen.

Von unseren 59 Steppenarten sind nur 11 Steppen- oder Grasland-Endemiten. Alle übrigen treffen wir genausogut im angrenzenden Wald-, Berg- oder Savannengebiet wieder. Nur 8, das sind knapp 15 Prozent aller Formen, lassen sich als echte Zugvögel bezeichnen. Von 6 anderen Arten sind viele Individuen Jahresvögel, während andere, vermutlich Jungtiere, ziehen. Mindestens 8 weitere Arten sind mehr oder weniger Jahresvögel, vagabundieren aber, und auch von den ziehenden Arten scheinen einige ein Jahr hier, das andere Jahr dort zu brüten. Die Zugvögel sind auf der nördlichen Halbkugel angesiedelt, während die Arten Südamerikas, Südafrikas und Australiens mehr zum Nomadentum neigen. Noch wissen wir aber über ihr Zugverhalten recht wenig.

Eine Art, der Wanderfalke, ist Kosmopolit, der Merlin in der Holarktis verbreitet. 17 sind vorwiegend in Europa oder Asien vertreten, brüten teilweise aber auch in Afrika. 9 sind überwiegend nordamerikanisch, 10 hauptsächlich in Südamerika, 10 in Afrika und 12 in Australien beheimatet. Die Zahl der charakteristischen Steppenarten beträgt auf jedem Kontinent

Links: In der Wüste Namib wechseln die größten Sanddünen der Welt mit blankem Fels und baumbewachsenen Flußtälern ab. Dort finden auch Greife günstige Nistmöglichkeiten.

Oben: Lannerfalken sind von allen Falkenarten am besten an das Wüstenleben angepaßt. Sie schlagen ziehende Kleinvögel und Flughühner an den Wasserstellen.

nie mehr als 20, aber dazu kommen viele Arten aus anderen Lebensräumen, die besonders im Winter Steppen aufsuchen. Die großen Ebenen Nordamerikas nehmen jeden Winter viele Rauhfußbussarde und Steinadler auf. Keine der beiden Arten brütete aber jemals in diesem Biotop.

Obwohl Steppen und Grasebenen eine weniger reiche Greifvogelfauna aufweisen als subtropische Waldgebiete, ist die Zone immer noch reichhaltiger bestückt als offene Landschaften der gemäßigten Zone. Der Grund: das mildere Klima. Besonderheiten im Verhalten der Steppengreife sind ihre Tendenz zum Nomadisieren und das kolonieweise Brüten von Arten, die sonst solitär leben. Hier ist eine völlig neue Methode festzustellen, sich an das wechselnde Nahrungsangebot anzupassen; anders als die Verhaltensweisen, die bei arktischen Greifen zu beobachten war. Wir müssen noch viel über dieses Nomadisieren in Erfahrung bringen. Da viele australische Greife sich so verhalten, wäre Australien für dieses Problem das geeignetste Untersuchungsland.

Wüsten und Halbwüsten

Nicht zwei Ökologen werden „Wüste" gleich definieren. Im Extremfall ist Wüste ein völlig wasserloses Gebiet ohne jeden Tropfen Niederschlag, in dem kein Leben existieren kann. In vielen Wüsten fällt aber Regen und stellenweise ist sie sogar von dichter Vegetation überzogen. Die meisten Ökologen erkennen z. B. die Randgebiete des unbewohnten Arabiens mit jährlich bloß 50 mm sehr unregelmäßig niedergehendem Regenfall als Wüste an. Weil sich aber das meiste Regenwasser in Tälern und Vertiefungen sammelt entwickelten sich dort ausgedehnte Areale mit dichtem Gras- und Buschbewuchs und einigen größeren Bäumen. Solche Gebiete können 10 bis 12 Kleinvögel pro Hektar ernähren, sowie einige größere Eidechsen und Kleinsäuger. Kadaver von Gazellen, Ziegen oder Kamelen versorgen die Aasfresser. In der Wüste Kalahari fallen jährlich 125 mm Niederschläge. Voraussetzung für das Vorkommen von Gras, Büschen und großen alten Akazien entlang der Flußläufe und damit auch Heimstatt einer Vielzahl verschiedener Greife. Trotzdem würde niemand, der eine solche Vegetation kilometerlang durchwandert, von etwas anderem als Wüste sprechen.

Daher sollen hier Wüsten als Gebiete mit weniger als 125 mm Niederschlag im Jahr bezeichnet werden, während Gegenden mit 125–250 mm jährlichem Regenfall mit dem Begriff „Halbwüsten" gekennzeichnet sind. Der Unterschied ist nur graduell, denn auch innerhalb dieser Wüstenabschnitte gibt es eine Fülle ökologisch verschiedener Biotope; überall jedoch sind die Lebens- und Auslesebedingungen hart. Wind und Regen legen hochgelegene Flächen oft bis auf den Felsgrund bloß. Das Erdreich sammelt sich in Vertiefungen oder bildet Wanderdünen. Wenn sich in Erdrinnen oder Vertiefungen Regenwasser fängt, gedeiht dort häufig mehrjährige Vegetation.

Die meisten Wüsten und Halbwüsten sind auf einer Seite von subtropischer Steppe und bewaldetem Hügelland, auf der anderen Seite von tropischen Savannen begrenzt. Sie sind vor allem in der warmen, trockenen Klimazone zwischen Subtropen und Tropen oft von Gebirgsketten unterbrochen anzutreffen, manchmal durch kalte Meeresströmungen hervorgerufen, wie in Peru und Südwestafrika. Am Rand einer Wüste wachsen kleine Bäume und Büsche. Sie stehen meist vereinzelt und sind Vertreter nur weniger, meist dorniger, sukkulenter und wohlriechender Arten. Mehrjährige Gräser und größere Bäume gedeihen nur noch entlang der Wasseradern oder Flußläufe. Die nackten Hügel entblößen das geologische Skelett der Landschaft, die auf den Naturbeobachter eine starke Faszination ausübt. Diese Begeisterung darf aber nicht darüber hinwegtäuschen, wie schwer es ist, hier zu überleben. Allerdings sind die Lebensbedingungen trotzdem nicht annähernd so hart wie in der Tundra, denn es wird hier niemals richtig kalt. Zwar treten in Sahara und Kalahari Winterfröste auf, sind aber nicht mit denen der Baffin-Insel vergleichbar, weil in Afrika untertags die Sonne wärmt. Beutetiere, wie Nager, Eidechsen, Schlangen, Kleinvögel oder Flughühner, verlassen niemals gleichzeitig das Land, wie es in der Arktis geschieht.

In der Mittagsglut der südlichen Sonne verkriechen sich die Kleinbewohner in den spärlichen Schatten von Steinen und Büschen oder in Löcher, so daß nächtliche Jäger oft bessere

Erosionen haben in der kahlen Felswüste südlich des Atlasgebirges das nackte Landschaftsskelett freigelegt. Selbst dieses Ödland ernährt Habichtsadler, Wanderfalken und Schmutzgeier.

Chancen haben als Taggreife. Einige kleine Räuber unter den Säugern, zum Beispiel der Fenek, sind Wüstenendemiten, jedoch keine Greifvogelart hat sich auf die Wüste spezialisiert. Sämtliche Wüstenbewohner kommen ebenso in günstigeren Klimazonen vor. Insgesamt finden sich 33 Greifvogelarten auf der Erde mit den Wüstenbedingungen zurecht. Es gibt aber trotzdem keinen ausgesprochenen typischen „Wüstengreif", obwohl einige wenige Arten von den Besonderheiten des Wüstenlebens profitieren. So brütet der Schieferfalke, eigentlich ein Inselbewohner des Roten Meeres, mitten in der Libyschen Wüste. Er scheint die Wüste als eine Art trockenes Meer zu betrachten, in dem kleine Zugvögel gezwungen sind, an bestimmten Stellen Unterschlupf zu suchen. Das nutzt er aus. Auch der Lannerfalke macht in der Wüste Jagd auf ziehende Singvögel, und gemeinsam mit dem Wanderfalken erbeutet er Kleinvögel, Tauben und Flughühner an den raren Wasserstellen.

Greifvögel, die sich an das Wüstenleben anpassen können, lassen sich in zwei Gruppen teilen: Die einen stammen aus subtropischen Steppen oder Waldgebieten, die anderen aus tropischen Savannen. Nur wenige Arten aus den gemäßigten Breiten stoßen bis in die Wüste vor; eine Unterart des Rotschwanzbussards etwa wagt sich manchmal bis in die Wüsten von Arizona oder der Steinadler bis in die Gebirge der Sahara vor. An der Nordgrenze ihrer Verbreitung weichen sie durch Wegzug dem arktischen Winter aus – in der Wüste haben sie die südlichen Grenzen ihrer Anpassungsmöglichkeiten erreicht. Der Rotschwanzbussard ernährt sich hier zusätzlich zu seiner Vorzugsbeute, den Kleinsäugern, von Eidechsen und Schlangen, der Steinadler ist hauptsächlich auf die großen, fettschwänzigen *Uromastix*-Eidechsen angewiesen. Diese Arten können also ihre Nahrungsansprüche verändern, um zu überleben.

12 der Wüstenbewohner stammen ursprünglich aus den Subtropen, 10 aus tropischen Savannen. Andere wiederum leben in beiden Zonen, und 4 kommen eigentlich aus subtropischen wie gemäßigten Breiten. Den Wanderfalken – gelegentlich brütet er in Wüsten und in Nordafrika hat er sogar eine eigene Unterart ausgebildet – treffen wir, mit Ausnahme dichter Wälder, in allen Biotopen an. Rothalsfalken bevorzugen gewöhnlich feuchte Savannen mit *Borassus*-Palmen; unerwarteterweise ziehen sie aber auch mitten in der Kalahari ihren Nachwuchs groß, ebenso wie in Transvaal in alten Krähenhorsten auf Akazien.

10 der Wüstenarten stammen vornehmlich aus dem euroasiatischen Raum, 12 überwiegend aus Afrika, 4 aus Nordamerika und 4 aus Australien. Nur eine Art ist südamerikanischer Verbreitung, zudem Kosmopolit. In diesen Zahlen spiegeln sich die größten Wüstenvorkommen der Erde – Nordafrika, Arabien und Zentralasien – wider. Die afrikanischen Wüstengreife kommen überwiegend aus den tropischen Savannen der Äthiopis und nicht vom paläarktischen, nordafrikanischen Wüstenrand.

Einen besonderen Reiz bei Untersuchungen von Wüstenarten bildet die Frage, wie Arten aus günstigeren Umweltbedingungen sich an das rauhe Wüstenleben anpassen, welche Verhaltensweisen sie ändern müssen. Forschungsergebnisse an Steinadlern in der Sahara brächten, verglichen mit Beobachtungen von Exemplaren aus der gemäßigten Zone, sicher ein völlig anderes Bild. Dennoch handelt es sich immer um dieselbe Art. Es bleibt ein Wunder, daß er sich überhaupt in zwei extremen Lebensräumen, wie Alaska und Sahara, gleichermaßen zurechtfindet.

Tropische Savannengebiete

Der Übergang von Wüste zu tropischer Savanne wird besonders deutlich, wenn man von der Sahara südwärts bis an die westafrikanische Küste reist. Die Temperaturen bleiben kochend heiß, die Vegetation wird jedoch allmählich dichter. Zunächst wachsen mehrjährige Gräser oder Bäume nur an großen Flüssen, dann finden wir sie entlang kleinerer Wasserläufe und in Pfannen, wo sich Wasser sammeln konnte. Der Boden ist immer mehr mit Gras bedeckt, die ersten Büsche und niederen Bäume tauchen auf, und die Flüsse sind von einem breiten Saum dunkelgrüner Akazien und Doum-Palmen gesäumt. Dieser gleitende Übergang führt uns an die Grenze zur eigentlichen Savanne. Genauso wie in Afrika verläuft der Wechsel in Südamerika oder Australien, nie tritt eine scharfe Grenze von Halbwüste zur Savanne auf.

Auch innerhalb des Savannengürtels verändern sich die Vegetationsverhälnisse mit steigender Niederschlagsmenge. Der Grasbewuchs wird höher, die Zahl der langen, mehrjährigen Gräser überwiegt. Ebenso nimmt auch die Wuchsfreudigkeit der Bäume zu, und die dornigen, zartgliedrig fiederblättrigen Akazien werden durch dornlose, breitblättrige Baumformen, in Afrika durch *Combretum*- und *Terminalia*-Arten, abgelöst. In Australien präsentieren sich die Akazien dornlos, Eukalyptusarten übernehmen hier die Rolle des immergrünen Baumbewuchses; dennoch ist das äußere Erscheinungsbild der Landschaftsform das gleiche wie in Afrika oder Südamerika.

Auf eine Kurzform gebracht, läßt sich Savanne als Grasland mit verstreutem, laubabwerfendem Baumbewuchs definieren, der niemals ein geschlossenes Blätterdach bildet. Dort wo Bäume fehlen, werden Savannen zu Grasebenen, wie die Serengeti oder die teilweise überfluteten Llanos des Orinoco. Vorhandener oder fehlender Baumbestand hängt von der Bewässerung ab. Wo genügend Bäume wachsen, können sie den Grasbewuchs unterdrücken; dieses Gebiet wird zum lichten Wald oder zur Dornbuschsavanne. Bezeichnungen wie Parkland- oder Obstbaumsavanne beschreiben Übergangsformen.

Die Grundmerkmale der Savanne sind: ein dichter Bodenbewuchs von ein- und mehrjährigen Gräsern, die in der Trokkenzeit verdorren und dann leicht brennen, Bäume mit rauher, feuerresistenter Borke, die ihre Blätter in der Trockenzeit abwerfen. Der Unterwuchs von lockerem Busch, nicht höher als ein Meter, fällt in der Trockenzeit häufig Grasbränden zum Opfer und schlägt im nächsten Frühjahr dann aufs Neue aus. Diese Vegetationsform bedeckt in Südamerika, Afrika, dem tropischen Asien und Australien eine Fläche von mindestens 30 Millionen km^2. In trockeneren Zonen geht sie langsam in Halbwüsten über, ist aber vom eigentlichen tropischen Regenwald scharf abgegrenzt.

Tropische Savannen sind an Greifvögeln reicher als jede andere Zone. Sie beherbergen 112 charakteristische Arten und weitere 18, die auch für andere Zonen typisch sind. Manche Arten sind häufig, leicht zu beobachten und gar nicht scheu. Aasfressende Geier, Bussarde und Halbbussarde gehören in den Savannen zu den meistvertretenen großen Greife. Diesen Lebensraum hat der Mensch über weite Strecken noch nicht verändert, so daß z. B. in Afrika dort noch die größten bekannten Wildtierherden in Gebieten, wie Krüger-, Kafue-, Serengeti- oder anderen Nationalparks, existieren können. Dennoch haben mancherorts, wie etwa im Tsavo-Nationalpark, überstarke Elefanten-Populationen die Baumbestände vernichtet und somit auch die Lebensgrundlage der Greife zerstört.

46 Greifvogelgattungen haben sich in tropischen Savannen eingefunden, mehr als in den tropischen Regenwäldern, wo 43 Genera leben. Darunter finden wir aber nur 6, die ausschließlich hier „zu Hause sind“. Weitere 24 Gattungen sind zwar für das Gebiet typisch, leben aber ebenso in subtropischen Steppen und Waldgebieten. Savannenarten sind eindeutig nicht nur auf einen einzigen Biotop spezialisiert wie etwa Arten des tropischen Regenwaldes.

Von den 6 in Savannen endemischen Gattungen gehören: 4 nach Afrika, 2 nach Südamerika, aber keine ist in Australien oder Asien anzutreffen. Zu den afrikanischen Gattungen zählt der elegante Schwalbenschwanzaar, *Chelictinia*, der Kappengeier, *Necrosyrtes*, der mächtige Gaukler, *Terathopius*, (das klassische Emblem des afrikanischen Himmels) und der kleine Sperberbussard, *Kaupifalco*. Den Kappengeier können wir nahe menschlicher Behausungen auch im Wald antreffen. Der Gaukler taucht beinahe überall auf, brütet aber nur in der Savanne. Die amerikanischen Gattungen umfassen den Perlaar, *Gampsonyx*, und den Tropfenfalken, *Spiziapteryx*; beide sind klein und unerforscht. Die meisten südamerikanischen Savannenvögel kommen auch in anderen Biotopen, besonders Grasebenen und Pampas, vor.

23 andere Gattungen mit 122 Arten lassen sich ebenfalls als typische Savannentiere bezeichnen; sie brüten aber auch in subtropischen Steppen oder Waldgebieten. Davon sind 70 Arten in tropischen Savannen und 70 Arten in subtropischen Wäldern oder Steppen anzutreffen. Nur 6 der 70 Savannenformen besiedeln auch den tropischen Regenwald. Häufige Savannen- und Steppengattungen sind Aare, *Elanus* und *Ictinia*, große Geier, *Gyps* und *Aegypius*, in Asien und Afrika Schlangenadler der Gattung *Circaetus*, Weihen, Gattung *Circus* (obwohl offensicht-

Der Kampfadler ist Afrikas größte, aber nicht stärkste Adlerart. Er jagt vorwiegend Hühnervögel in offener Savanne.

lich in tropischen afrikanischen Savannen keine Weihen brüten), Singhabichte, *Melierax* und die sogenannten Teesa-Arten, *Butastur*. Von 27 Mitgliedern der Gattungen *Buteo* und *Parabuteo* verbreiten sich 12 über Savannen und 17 über subtropische Steppen und Waldgebiete. Sowohl der mächtige Kampfadler, *Polemaetus*, als auch der Sekretär, *Sagittarius*, zählen zu den typischen Savannenbewohnern. Zwergfalken, *Poliohierax*, und Edelfalken, *Falco*, sind in Savannen am häufigsten anzutreffen. Von den 37 Arten der Gattung *Falco* leben 23 in Savannen und 20 in den Steppen der Subtropen,einige in beiden Zonen. Einige kleine Savannenarten kommen aus nicht ganz geklärten Gründen nur sehr beschränkt vor. Rothalsfalke, Schwarzrückenfalke und der madagassische Bindenfalke bevorzugen Gebiete, die von Fächerpalmen (*Borassus* spp) bestanden sind, denn in gleichgestalteten Gegenden ohne diese Palmenart fehlen sie fast gänzlich.

Unter die charakteristischen Savannenvögel fallen auch Arten aus Genera, die sonst andere Lebensräume bevorzugen: Verschiedene große bis mittelgroße Adler der Gattungen *Aquila*, *Hieraaetus*, und sogar *Spizaetus* sind typische Beispiele; in den südamerikanischen Savannen helfen Karakaras und Chimangos den Neuweltgeiern die Kadaver zu beseitigen; in der Alten Welt begegnen wir dem Schwarzen Milan überall, sogar in Australien ist er häufig; Bussarde und ihre engen Verwandten, wie Savannenbussard, *Heterospizias*, und Wüstenbussard, *Parabuteo*, sind die häufigsten Arten. Viele der beobachteten Arten sind Waldbewohner, die sich ebenso in offener Landschaft zurechtfinden.

Innerhalb der drei artenreichsten Greifvogelgattungen (*Accipiter, Buteo* und *Falco*), bevorzugen 10 der 47 Habichtarten tropische Savannen und 32 Regenwälder. Einige *Accipiter*-Ar-

Weißrückengeier sind die häufigsten großen Geier der Baumsavannen.

ten haben sich dem Leben in Savannen angepaßt. Ihre nächsten Verwandten, die Singhabichte, besiedeln sogar überwiegend Savannen. Alle Bussarde ziehen vor, in offener Landschaft zu jagen. 11 der 26 Arten halten sich überwiegend in tropischen Savannen auf, 2 Arten, die gelegentlich hier erscheinen, sind eigentlich Regenwaldbewohner. Von 37 Edelfalken lassen sich 21 als charakterische Formen der tropischen Savannen einordnen, nur 7 brüten regelmäßig im Regenwald. Sie alle erbeuten ihre Nahrung, Vögel oder Insekten, außerhalb der Urwälder, über deren Laubkronen oder auf Lichtungen.

Im Winter erhöht sich die Artenzahl durch Zuwanderung von Wintergästen aus der gemäßigten Zone. Im allgemeinen überfliegen diese Greife die unwirtlichen Wüsten und die Regenwaldzone und genießen einen Winter mit Temperaturen die oft über denen des Sommers in ihrem Brutgebiet liegen. Viele Zugvögel überwinden dabei den Äquator. Präriebussard, Steppenbussard, Baumfalke, Rotfuß- und Rötelfalke suchen im Südsommer Lebensbedingungen, die denen ihrer Brutquartiere gleichen. Dennoch brüten sie niemals hier, obwohl ihre Verweildauer dazu ausreichen würde. Manchmal sind sie in den Winterquartieren zahlreicher vertreten als ihre Verwandten, die hier ständig beheimatet sind. Steppenbussard und Rötelfalken sind in Südafrika während des südlichen Frühlings und Sommers (Oktober bis März) häufiger als die einheimischen, nicht ziehenden Turmfalken und Schakalbussarde. Somit wird deutlich, daß auch die Wintergäste einen starken Einfluß auf die Populationen der Beutearten ausüben.

In den Tropen, wo die Temperaturen lediglich zwischen warm und sehr warm schwanken, ist die Notwendigkeit zu ziehen verständlicherweise geringer als in der Arktis oder den gemäßigten Breiten. Dennoch wechseln auch in den tropischen Savannen Perioden des Nahrungsüberflusses mit Hungerzeiten, hier hervorgerufen durch den Wechsel von Regen- und Trokkenzeit. Die Regenzeit dauert normalerweise 4–6 Monate. In den Nordtropen fällt der Niederschlag zwischen Mai und September, in den südlichen Tropen von November bis März. In Äquatornähe gibt es jährlich jeweils zwei dreimonatige Trocken- bzw. Regenperioden. Während des feuchten Zeitabschnitts sprießen hohe, üppige Grasbestände, die Bäume schlagen aus, Kleinvögel schreiten zur Brut – eine Periode berstenden Lebens, intensiver und dramatischer als je ein Frühling der nördlichen Breiten.

In der Trockenperiode verdorren die Gräser. Strohgelb und dürr setzt sie jeder Blitzschlag oder eine unbewachte Feuerstelle sofort in Brand, und ein Flammenmeer ergießt sich über die Savanne, das nur nackten schwarzen Boden, blattlose Baumskelette und die Wurzelstöcke von Büschen zurückläßt. Der optische Kontrast von Trockenzeit mit aschbedecktem, steinhart getrocknetem Boden zum weichen, üppigen Grün der Regenzeit ist auf seine Art genauso groß wie der einer nackten, schneebedeckten Winterlandschaft zum tiefen, sommerlichen Grün der gemäßigten Breiten.

Mindestens 7 Savannengreife werden zu den Zugvögeln gerechnet und rund 20 weitere Arten ziehen teilweise oder nomadisieren. Sechs der regelmäßig ziehenden Arten, der Schwalbenschwanzaar, eine Unterart des Schwarzen Milans, Schikra (der nicht im ganzen Verbreitungsgebiet zieht), Heuschreckenteesa, Salvadoribussard und Wahlbergsadler sind Afrikaner. Nur der Wahlbergsadler überfliegt den Äquator, die übrigen pendeln zwischen trockeneren Savannen nahe der Sahara und feuchteren Savannen in Äquatornähe.

Der einzige Zugvogel Südamerikas ist der grandiose Schwebeweih, ein naher Verwandter des Mississippiweih, der in gemäßigten bis subtropischen Steppen und Prärien lebt. Über sein Zugverhalten wissen wir noch recht wenig, vermutlich ziehen nicht alle Populationen. Exemplare vom Norden des Verbreitungsgebietes scheinen nach Süden zu wandern, die aus dem Süden in den Norden, offenbar jeweils zu verschiedenen Jahreszeiten. In Australien finden keine regelmäßigen Wanderungen statt und irreguläres Vagabundieren scheint für die semiaride, unberechenbare Klimazone charakteristisch.

Im Vergleich der tropischen Savannen mit bewaldeten, semitropischen Gebieten im Norden oder Süden, wird wiederum klar: Je näher Greife am Äquator leben desto geringer wird für sie die Notwendigkeit zu ziehen. Nur 7 von 112 typischen Savannenarten ziehen, oder knapp 6 Prozent. In den Subtropen sind es 20 von 73, das entspricht 27 Prozent. Die tropischen Savannen stellen also für nordische bis subtropische Arten ein bedeutenderes Überwinterungsgebiet dar als die subtropischen Zonen. Dies ist teilweise darauf zurückzuführen, daß viele nordische Arten ohne Unterbrechung direkt bis in die Tropen ziehen. Zudem leben aber in der gemäßigten Zone auch weniger Arten.

Es ist schwierig, 112 Savannenarten zu kennen und auseinander zu halten. Verteilen wir diese Arten aber auf Kontinente, bleiben für Afrika nur mehr 61 (einige davon auch für Asien und Europa) übrig. 26 sind in den asiatischen Savannen und Dschungeln beheimatet, 21 in Australien, und 34 beschränken sich ausschließlich auf Amerika. In den verschiedenen Savannengebieten Afrikas leben nicht alle der als Savannenbewohner aufgeführten Arten direkt nebeneinander. Im Großen und Ganzen schwankt die Zahl der tatsächlich in einem Areal vorkommenden Arten zwischen 20 und 30. Dazu gesellen sich dann noch 10 bis 15 Wintergäste.

Auf manchen Kontinenten haben sich bestimmte Gruppen von Savannenbewohnem besonders zahlreich entwickelt, wie etwa Bussarde und Bussardverwandte in Südamerika. Von 19 Savannenformen konzentrieren sich 12 auf Amerika (die Galapagosinseln eingeschlossen), 5 auf Afrika, eine Art ist nur auf Madakaskar verbreitet, 2 leben in der Orientalis. Von 4 aasfressenden Milanarten sind 2 für Australien endemisch. Dort ist kein Geier heimisch im Gegensatz zu 7 Vertretern in Afrika und 3 im tropischen Asien. 4 der 5 savannenbewohnenden Schlangenadlerarten haben den afrikanischen „Kontinentalpass", die 5. Art lebt in Waldgebieten Asiens, sucht aber gelegentlich offene Savannen auf.

Alle Singhabichte sind ausschließlich in Afrika verbreitet, ebenso wie 4 der insgesamt 10 savannenbewohnenden Habicht-Arten. Die 3 australischen Savannenhabichte sind nicht alleine auf diesen Biotop beschränkt. Der Fuchshabicht, *Erythrotriorchis*, aus den tropischen Savannengebieten stellt eine recht abweichende Form dar und gleicht eher einem Bussard als einem Habicht. Von der Savannengattung *Falco* beherbergt 9 von 23 Arten Afrika (Madagaskar und andere Inseln eingeschlossen), 3 kommen in Afrika als auch anderswo vor, 4 nur in Amerika, 2 in der Orientalis und 4 in den australischen Savannen.

In Australien haben, da Bussarde und Geier fehlen, andere Greife die Rolle der Abräumer übernommen. Jede Untersuchung zeigt, daß überall, wo eine ökologische Nische frei ist, diese durch Greife auch nicht verwandter Arten in gleicher Weise ausgefüllt werden kann. Neu- und Altweltgeier sind nicht miteinander verwandt, haben sich aber beide auf Aasfressen spezialisiert. Karakaras, südamerikanische Falkenverwandte, verhalten sich wie eine Mischung aus Krähe und Geier.

In der Savanne hängen Artendichte und unterschiedliche Lebensgewohnheiten eher von der Weite des Lebensraumes als von der Anzahl ökologisch verschiedener Biotope innerhalb des Lebensraumes ab. In Australien, mit einer großen Auswahl verschiedener Biotope – von Grasland, Waldgebieten bis zum Busch – leben weniger Savannenarten als in Afrika. Und keine der australischen Arten lebt ausschließlich in der Savanne.

Tropische Regenwälder

Der Übergang von Savanne zu tropischem Regenwald vollzieht sich meist abrupt. In der Savanne brennt die Sonne während der Trockenzeit umbarmherzig nieder, der Boden ist staubbedeckt und nackt, die knorrigen Bäume stehen unbelaubt. Wer den Schatten des Regenwaldes sucht, muß zunächst den dichten Vorhang grünen Unterwuchses beiseite schieben. Schon nach 50 m umfängt einen aber feuchte, dämmrige Kühle zwischen schlanken Baumstämmen, die wie Strebepfeiler in die Höhe ragen, und selbst das Jungholz ist höher als der größte Savannenbaum. Der Boden ist nicht von Staub, sondern mit einer dicken Lage Laub bedeckt, und dichter Busch sowie kriechende Ausläufer behindern das Vorwärtskommen.

In der Regenzeit ist der Kontrast nicht ganz so ausgeprägt, dann stehen die Savannenbäume ebenfalls in vollem Grün, und auch außerhalb des Regenwaldes ist es kühl und schattig. Man muß sich durch hüft- bis schulterhohes Gras durchkämpfen, aber bereits am Rand zum Regenwald ist der Grasbewuchs wieder verschwunden. Der größte Unterschied liegt nicht wie im Norden im Vorhandensein oder Fehlen von Baumbestand, sondern in der Komposition niederer, knorriger Bäume und hohem Grasbestand in grellem Sonnenlicht einerseits und riesiger Bäume ohne Unterwuchs in tiefem Waldschatten andererseits.

Im Regenwald treten nur minimale Temperaturunterschiede auf, die Schwankungen liegen im Bereich von 18°C–32°C. Es friert niemals, und obwohl es auch hier Regen- und Trockenzeiten gibt, sind ihre Auswirkungen nur gering. Regenwälder gedeihen nämlich nur auf gutem Boden, bei jährlich 1.250 mm Niederschlag. Man behauptet oft, Wälder erzeugen Regen. Aber meist sind sie doch das Resultat, nicht die Ursache der Niederschläge.

Tropische Regenwälder bedecken in Äquatornähe auch heute noch weite Teile von Südamerika, Afrika, tropisch-Asien bis nach Neuguinea oder Nordaustralien. Die größten zusammenhängenden Urwaldgebiete liegen mit 8 Millionen km^2 in Südamerika, auch wenn die Urwälder im Kongobecken nicht weniger beeindrucken. Hoher, majestätischer Regenwald gedeiht auch in Malaysien und Indonesien, setzt sich allerdings aus anderen Baumarten zusammen.

Die Zahl der typischen Regenwald-Arten ist um nur eine Art geringer als die tropischer Savannen (nämlich 111). 124 Arten erscheinen insgesamt, 6 weniger als in den Savannen. Der Regenwald besitzt auch weniger Gattungen, nämlich 43 (46 in Savannen), wovon 18 ausschließlich hier leben. Darunter sind 14 monotypisch, d. h., eine Gattung beschränkt sich nur auf eine einzige, hochspezialisierte Art, 2 haben 2 Vertreter und 2 jeweils 5. Die zwei letzteren Gattungen unterscheiden sich stark voneinander, jede ist aber eine echte Waldform. Die 5 merkwürdigen Waldfalken-Arten leben im dichten Unterwuchs des Waldes und wagen sich freiwillig niemals ins offene Gelände. Die 5 winzigen Fälkchen der Gattung *Microhierax* jagen zwar Fluginsekten über dem Blätterdach des Urwaldes, brüten aber in Spechthöhlen und sind auf hohe Bäume als jagdliche Startposition angewiesen.

Die 18 Regenwaldgattungen reichen vom nach menschlichen Maßstäben häßlichsten lebenden Vogel der Welt, der Harpyie, bis zum kleinsten lebenden Greif, den Fälkchen. Unter verschiedenen spezialisierten Gleitaaren und Weih-Arten finden wir den Langschnabelweih, *Chondrohierax*, der Schnecken von Bäumen sammelt, und den Doppelzahnweih, *Harpagus*, ein Kuckucksweihverwandter, der wie ein Habicht aussieht. 3 tropische Wespenbussarde und 2 Schlangenadlerverwandte Afrikas und Madagaskars leben ausschließlich im dichten Wald. Den Schlangenadler Madagaskars hat man allerdings schon seit Jahren nicht mehr gesichtet. Eine sehr spezialisierte Habichtform mit besonders langem Stoß ist der Langschwanzhabicht, *Urotriorchis*.

Vier große Adler (*Morphnus, Harpia, Harpyopsis* und *Pithecophaga*) sind in den Urwäldern von Südamerika, Neuguinea und der Philippinen beheimatet, 2 Echte Adler mit befiederten Tarsen (*Ictinaetus* und *Oroaetus*) leben in Regenwäldern Asiens bzw. Südamerikas. Zu guter Letzt müssen wir hier die aberranten, schlangenfressenden Lachfalken erwähnen, *Herpetotheres*, die Waldfalken aus dem Unterwuchs der Dschungel sowie die winzigen Luftakrobaten, die Zwergfalken.

Alle diese waldliebenden Greifvögel sind so interessante Studienobjekte, daß ihre geringe Erforschung und der schlechte Wissensstand verwundert. 18 Gattungen gibt es überhaupt, von 14 wissen wir praktisch gar nichts, und von den restlichen 4 auch nicht allzuviel. Die einzig gut untersuchte Art ist der Kronenadler, *Stephanoaetus*, der zwar am liebsten Regenwälder bewohnt, dessen Verbreitungsgebiet aber über den Regenwald-Gürtel hinausgeht. Unsere Unwissenheit ist einerseits auf die Unwirtlichkeit des Lebensraumes, andererseits auf die Tatsache zurückzuführen, daß 15 der 18 Arten in Südamerika, der Orientalis und Australasien verbreitet sind, wo es kaum gute Feldornithologen gibt.

Weitere 14 Gattungen mit 94 Arten bevorzugen ebenfalls Urwälder als Lebensraum. Diese Gattungen, die wir auch in Savannen antreffen, umfassen 18 typische Savannen- und 70 Urwaldarten. Wenn wir die Gattung *Accipiter* ausschließen, die mit 32 Urwald- und 10 Savannenarten vertreten ist, verbleiben noch weitere 38 Urwald- und 8 Savannenarten. In jedem Fall übertrifft die Zahl der Regenwaldarten die aus Savannen um das Doppelte bis Dreifache. Verschiedene Urwaldgattungen, von denen wenige Arten auch bis in Savannen vordringen, sind primär Regenwaldbewohner. Unter ihnen befindet sich der farbenprächtige Königsgeier, *Sarcorhamphus*, diverse Weiharten, *Aviceda*, Wespenbussarde, *Pernis*, Schlangenweihen, *Spilornis*, und die kuriosen, wenig erforschten, offensichtlich reptilienfressenden Bussarde der Gattung *Leucopternis*. Viele von ihnen verlassen den Urwald nur selten, andere wiederum jagen an seinen Grenzen.

Wesentlich mehr Greifarten verlassen die Wälder zur Jagd, als daß sie sie aufsuchen, was zusätzlich den exklusiven Charakter der Urwaldbiotope betont. Nur 17 von 112 Savannenarten suchen jemals auch Regenwälder auf. Und von diesen können 4 Arten, nämlich der Schwarze Milan und drei Geier, nur in der

Nähe menschlicher Siedlungen existieren, wo Abfall anfällt. Geier, die ihre Nahrung vornehmlich mit den Augen ausmachen, könnten im Urwalddickicht niemals Beute erspähen. Bei den übrigen handelt es sich um Vögel, die eigentlich Urwäldern den Vorzug geben, teilweise aber in Savannen ausweichen müssen. Denn keine echte Savannenart begibt sich jemals auf Urwaldboden. Die einzige Ausnahme bildet vielleicht die Rohrweihe, die auf der Insel Reunion gleichwohl im Urwald wie in offener Landschaft vorkommt.Eine sehr stark bedrohte, seltene Urwaldart ist der Mauritius-Turmfalke.

Im Gegensatz dazu verstreichen mindestens 36 Regenwaldbewohner in offene Savannen, um zu jagen – darunter der häufige, noch wenig untersuchte Königsgeier, *Sarcorhamphus papa*. Alle Kuckuksweihverwandten waren ursprünglich Urwaldarten, die aber bevorzugt in Lichtungen oder am Urwaldrand jagen, ebenso wie viele waldbewohnende Schlangenweihen und die Höhlenweihe. Beide Urwaldbussarde gehen lieber außerhalb auf Beutefang und nutzen damit ebenso wie verschiedene Urwaldadler die Vorteile offener Landstriche. Der amerikanische Schwalbenweih und die kleinen östlichen Zwergfälkchen sowie alle 5 Regenwald bewohnenden Edelfalken – mit Ausnahme des seltenen Mauritius-Turmfalken – greifen ihre Beute außerhalb oder im Flug über dem Dach des Dschungels. Der Mauritius-Turmfalke lebt hauptsächlich von Waldechsen. Sein Lebensraum ist heute aber so eingeengt, daß diese Art im Verhalten möglicherweise gestört ist.

An das Leben im Regenwald am besten angepaßt sind die Habichte. Von 31 waldbewohnenden Arten überwinden nur 4 öfter einmal die Urwaldgrenzen. Die riesige Harpyie wie verwandte Urwaldadler bleiben ebenfalls stets im Urwalddickicht, und auch die außergewöhnlichen Waldfalken werden ihren dämmerigen Lebensraum nie verlassen. Ein gefangenes Exemplar, dem man in offener Savanne die Freiheit gab, versteckte sich zuerst in einem Erdloch, dann unter einem Grasbüschel.

Ein Waldfalke würde eine Lichtung nie überfliegen wie etwa ein Habicht, sondern stets einen Bogen darum machen. Diese Beobachtungen zeigen, daß die Regenwaldregion von ihren Bewohnern mehr Anpassungen erfordert als jede andere. Eine Art, die auf diesen Lebensraum spezialisiert ist, findet sich außerhalb seiner Grenzen nicht mehr zurecht. Gewöhnungen an das Leben außerhalb könnten überall dort stattfinden, wo Urwaldzungen auf Bergrücken und Savannenzonen in Tälern sich mosaikartig miteinander verzahnen. Hier finden wir eine besonders hohe Artendichte vor, höher als in reinem Urwald oder Savannengebiet.

Obwohl Urwaldarten eher bereit sind, ihren Lebensraum zu verlassen als Savannenarten bereit sind, den Urwald zu betreten, ist eine Adaption nur über entwicklungsgeschichtliche Zeiträume möglich. Solche Anpassungen werden durch schrittweise Veränderungen ihrer Umwelt, bedingt durch langandauernde Klimaschwankungen ermöglicht. Zur Zeit vernichtet der Mensch weltweit die Regenwaldzone, mancherorts in alarmierendem Ausmaß. Einmal abgeholzt, folgt dem Urwald meist Busch oder Savanne (Sekundärwald), oft ist die ursprüngliche Landschaft in weniger als einem Jahrhundert vernichtet.

Der majestätische Affenadler der Philippinen ist mindestens ebensosehr durch Umweltveränderungen gefährdet wie durch Abschuß, von dem er erst jetzt gesetzlich geschützt ist. Seine Anpassung an das Leben außerhalb des Urwalds vollzieht sich nur schwerlich, da er keine hohen Brutbäume und vor allem keine Affen als Futtertiere findet. Sein afrikanisches Gegenstück, der Kronenadler, weicht allerdings auch in offenes Land aus und schlägt noch andere Beutetiere. Aber auch er müßte, wenn man den gesamten afrikanischen Regenwald abholzte, aussterben, da eine so schnelle Umstellung nicht möglich ist. Regenwaldarten werden nur in Gebieten überleben, die groß genug sind, um genügend Brutpaaren darin Reviere zu bieten.

Da das Klima im tropischen Regenwald sehr ausgeglichen ist und die Notwendigkeit zu ziehen mit steigenden Temperaturen abnimmt, werden nur wenige Regenwaldgreife einen anderen Winterstandort wählen. Außerdem birgt der Regenwald keine so krassen Gegensätze zwischen Dürre und Üppigkeit, wie vielleicht nur wenige hundert Meter entfernt, in der Savanne. Tatsächlich zieht, soweit bekannt, keine Greifvogelart des Regenwaldes. Einige vermutliche Zugvögel sind Bewohner des „Regenwald-Luftraumes", wie der amerikanische Schwalbenweih oder Arten, die auch in Savannen leben.

So weit wir wissen, ist der tropische Regenwald als Winterquartier für Zugvögel aus gemäßigten bis subtropischen Breiten ungeeignet. Eine der wenigen Arten, die anscheinend öfter in afrikanischen Urwäldern überwintern, ist der Wespenbussard, der in Europa in dichten Laub- und Nadelwäldern brütet, in Asien sogar im Regenwald. Wartenjäger, wie Habichte, kämen auch als Wintergäste im Regenwald in Frage. Aber die nordeuropäischen und asiatischen Vertreter überqueren selten den Äquator und überwintern in Savannen. Die amerikanischen Arten, Eckschwanz- und Rundschwanzsperber, überwintern südwärts bis Costa Rica, vielleicht auch im Regenwald. Der Steppenbussard, Brutvogel in europäischen Waldgebieten, schlägt sein Winterquartier im offenen Gelände, in Waldungen oder am Rand von Urwaldzonen auf, aber niemals direkt im Regenwald. Baumfalke und Schreiadler überfliegen die äquatorialen Regenwälder, um die Savannen Südafrikas zu erreichen.

Nirgendwo sonst sind Greifvögel so schwer zu beobachten wie im Regenwald. In Baumkronen lebende Arten können vom Boden aus durch das dichte Blätterdach nur schwer gesichtet werden. Am Waldboden verhindern Dämmerlicht und verfilzter Unterwuchs fast jegliche Beobachtung, selbst wenn der Greif rufen sollte. Arbeitet man sich vorsichtig und geräuschlos durch das Dickicht vor, fliegt plötzlich ein bisher unentdeckt gebliebener Greif davon, meist bevor man ihn richtig identifizieren konnte.

Markierung mit Miniatur-Sendern ist wahrscheinlich die einzige Möglichkeit, Genaueres über die Biologie der Urwaldgreife zu erfahren. Dazu muß man sie fangen, mit kleinen Sendern ausstatten und ihre Bewegungen über ein Empfangsgerät verfolgen. Leider funktionieren Radiosender im Urwald nicht sonderlich gut, weil die Bäume den Empfang stören.

Regenwälder sind nicht nur der reichste Lebensraum in bezug auf vorkommende Artendichte, sondern sie beherbergen auch die meisten spezialisierten Arten, was gleichzeitig einen ebenso eindeutigen Ausschluß anderer Genera bedeutet. Urwälder sind die am wenigsten erforschte Zone der Welt und damit die Zone, in der wir die größten Fortschritte in der Wissenschaft erreichen könnten. Dies sollte durch gezielte Bemühungen, Anwendung neuer Methoden und eine gut durchdachte technisch hochstehende Ausrüstung möglich sein. Solche Untersuchungen sind sicher trotzdem ein hartes Stück Arbeit, aber jeder der die Schwierigkeiten meistert, wird bestimmt durch zahllose Offenbarungen des geheimnisvollen, beinahe unheimlichen Regenwaldes belohnt.

Tropische Montangebiete

In diversen Teilen der Tropen erheben sich hohe Gebirgszüge bis hinauf zur Schneegrenze. Das größte Gebiet dieser Art ist die Andenkette zwischen Venezuela und Argentinien; nahe des Äquators gibt es aber auch in Ostafrika, Neuguinea und Borneo größere Bodenerhebungen. Diese Montangebiete sind besonders interessant, weil sie eine Fülle merkwürdiger, einmaliger Lebensformen beinhalten – allerdings keine bemerkenswerten Greife. Die meisten Arten, die in den vielfach nur kleinen Montangebieten leben, stammen aus anderen Biotopen und haben sich den großen Höhen angepaßt. Um 3.000 bis 3.500 m Höhe liegt die obere Baumgrenze des Montanwaldes, in der auch Nachtfröste auftreten. Spezielle Vegetationsformen ersetzen die Wälder: Zwischen 3.600–3.900 m erstrecken sich offene Graslandschaften oder weite, wüstenartige Flächen mit geringem, stacheligem Pflanzenwuchs. Untertags verbrennt eine glühende Sonne die Haut des ungeschützten Wanderers, nachts umschließt der Frost das Land mit eisernem Griff. Wir können das Klima am besten mit tagsüber Sommer, nachts Winter umschreiben. Ewiger Schnee bedeckt die riesigen Gletscher der höchsten Gipfel über 4.500 m.

Die Hochgebirgswälder werden oft als eigene Region, – Montanwaldzone oder Nebelwälder – bezeichnet. Für unsere Zwecke genügt es, die botanisch eintönigen Montanwaldtypen als Subbiotope der Urwaldzone der Niederung einzustufen. Mancherorts, wie in Neuguinea, reichen die Regenwälder von den Niederungen bis ins Hochland, und hier sind Mantel- und Prachthabicht auf die Montanwaldzone beschränkt. Ebenso entflieht der Archboldsperber der Konkurrenz dreier Habichte durch Ausweichen in Nebelwälder. In den nicht sehr hohen Gebirgen Malayas, existiert der Traueradler überall als Bergwaldbewohner.

Rotbauchsperber und Bergbussard besiedeln in Kenya tropische Montanwaldgebiete, sind aber ebenso in subtropischen Waldgebieten der Niederungen Südafrikas verbreitet. Der afrikanische Baumfalke gilt in Ostkenya als Montanwaldart (weil es dort Urwälder nur als Inseln auf den höchsten Gebirgen gibt), sucht in Uganda und Westkenya aber regelmäßig feuchte Savannengebiete und Regenwaldränder auf. Obwohl solche Arten mancherorts für Bergwälder typisch sind, kann man sie kaum als echte Montanwaldvertreter bezeichnen.

4 Andenarten sind hingegen echte Formen der hochgelegenen Waldregionen, 3 davon ausschließlich auf diesen Lebensraum beschränkt. Bemerkenswert der Andenkondor: der größte Teil seines Verbreitungsgebietes liegt zwar in den Tropen, aber im südlichen Teil seines Verbreitungsgebietes (bis Feuerland) erscheint er häufiger. Der Punabussard, *Buteo poecilochrous*, hat besonders interessante Eigenschaften: Im Feld ist er kaum vom Rotrückenbussard *Buteo polyosoma* zu unterscheiden, so daß Systematiker erwägen, ob er nicht nur eine Unterart der letztgenannten darstellt. Der Rotrückenbussard kommt entlang der gesamten Andenkette von Feuerland bis Bolivien vor, der Punabussard lebt von Chile bis Kolumbien mit ihm sympatrisch, brütet aber vielleicht in größeren Höhen. Er ist gewöhnlich größer als der Rotrückenbussard, die größten Exemplare des Rotrückenbussards kommen aber gerade innerhalb des Verbreitungsgebietes des Punabussards vor. Detaillierte Feldstudien sind nötig, um Licht in die verwandtschaftlichen Beziehungen dieser zwei Arten zu bringen; denn sie müssen sich in irgendeiner Weise voneinander unterscheiden, wenn sie weiterhin als zwei verschiedene Arten geführt werden sollen.

Streifen- und Bergkarakara, nahe Verwandte des Weißkehlkarakara, leben nur im tropischen Nord- und Mittelteil der Anden. Alle Arten der Gattung *Phalcoboenus* übernehmen dort die Rolle des Kolkraben in den europäischen Alpen und ernähren sich von Insekten, Eiern, kleinen lebenden und größeren toten Säugetieren.

Rotrückenbussard und der Aguja, *Geranoaetus*, gehören ebenfalls zu den hauptsächlichen Bewohnern der Andenhochwälder, sind aber genauso am Fuß des Gebirges und in den weiten Ebenen im Süden anzutreffen. Der Augurbussard ist in ähnlicher Weise eine Charakterart der montanen Graslandschaften Ostafrikas. Er ernährt sich dort hauptsächlich von Ratten und brütet noch in 3.600 m, ist aber ebenso ein typischer Bewohner der Savannen in 1.800 m. Der südafrikanische Schakalbussard lebt gleicherweise in jeder offenen Landschaft von den Niederungen der Kapprovinz bis in die 3.300 m hohen Gebirge von Lesotho. Hier handelt es sich um Savannen- bzw. Steppenarten, die sich an das Leben in Berghöhen angeglichen haben. Augurbussarde segeln um die höchsten Gipfel des Mount Kenya in mehr als 4.800 m, der sogenannte Bergbussard überschreitet aber nie die obere Waldgrenze in 3.300 m Höhe.

Jeder andere Greifvogel in den montanen Graslandschaften ist entweder eine weitverbreitete Art, die auch hier noch existieren kann oder ein Durchzügler. Fast jeder größere Geier oder Adler kann Gebirge bis zu Höhen von 6.000 m überfliegen. Brutnachweise für den Kaffernadler liegen zum Beispiel in Kenya in 300 m wie auf 4.050 m in den Bale-Bergen Äthiopiens vor – einmal in der Halbwüste, das andere Mal in montanem Grasland. Ich habe selbst Gaukler in 3.900 m Höhe bei der Rattenjagd beobachtet, und ziehende Weihen aus Europa trifft man oft in den hochgelegenen Grassteppen Ostafrikas an. Der aus der Paläarktis stammende Bartgeier bewohnt innerhalb seines Verbreitungsareals nur Berggebiete. Er überquert in Afrika auf seinem Zug von Äthiopien bis Lesotho die höchsten ostafrikanischen Gebirge. Die Sherpas nennen den Mount Everest auch *Schomolungma*, das bedeutet „Vögel können nicht darüberfliegen" -aber sie können es doch! Einen der größten Höhenrekorde hält der ganz gewöhnliche Tiefland bewohnende Steppenadler mit 7.500 m. In dieser Höhe hat man ihn am Südpaß des Himalaya tot gefunden. Den absoluten Spitzenrekord hat jedoch der Sperbergeier inne, der in 11.100 m Höhe bei Abidja, Elfenbeinküste, mit einem Flugzeug zusammenstieß, 10.800 m über dem Erdboden.

Während des Pleistozän, 1 Million bis 10.000 Jahre vor unserer Zeitrechnung, reichten die Gletscher des Mount Kenya bis auf 3.000 m herab. Montanes Grasland bedeckte damals viele tausend Quadratkilometer Ostafrikas, heute sind es nur mehr wenige hundert. Seltsamerweise spezialisierte sich in der Zeit kein Greif auf diesen Lebensraum, im Gegensatz zu vielen Pflanzenarten. Obwohl sich in den Grasgebieten am Mount Kenya oder der Bale-Berge Ratten im Überfluß aufhalten und die Gebiete denen von Neuseeland oder der Südanden gleichen, wo zahlreiche Grau- und Rohrweihen brüten, läßt sich hier keine Weihenart nachweisen. Vielleicht ist die überraschende Tatsache, daß kein Greifvogel sich auf das Leben in montanem Grasland spezialisiert hat, Hauptkennzeichen dieses Lebensraumes aus unserer Sicht.

Feuchtgebiete

Wasser birgt Leben in Überfluß, vorausgesetzt es ist nicht gefroren. Daher ist es nicht weiter verwunderlich, daß sich von arktischen Meeren bis hin zu tropischen Sümpfen, Greifvögel auf Jagd am oder im Wasser spezialisiert haben. Wir finden Fischfresser in den verschiedensten, nicht miteinander verwandten Gruppen. Einige ernähren sich von Wasserschnecken, Krabben oder eine ganz ausgefallene Art verzehrt Früchte der Ölpalme und kleines Wassergetier. Ein bemerkenswerter Aspekt dieses Lebensraumes ist, daß nicht automatisch überall dort, wo Wasser, Fische und andere wassergebundene Futtertiere vorhanden sind, auch Greife auftauchen und dieses Angebot nützen. Die Schnecken- und Krabbenfresser existieren überwiegend in der Neuen Welt, und obwohl auch Karakaras gelegentlich die ölhaltigen Früchte der eingebürgerten Ölpalme verspeisen, ist alleine der Palmgeier, auch Geierseeadler genannt, von dieser Nahrungsquelle abhängig.

Zu Feuchtgebieten zählen Küsten und Flußdeltas, Seen und Sümpfe, Flüsse und Moraste. Im Sumpf treffen Land und Wasser aufeinander und verschmelzen miteinander. Greifvogelarten, die wir hier antreffen, meist sind es Weihen-Arten, jagen genauso über offenen, trockenen Landstrichen. Und typische Savannenbewohner wie der Savannenbussard Südamerikas jagen auch über Sumpflandschaften. Die Ufer großer Seen und Flüsse bilden deutliche Trennlinien zwischen Wasser und Land. Hier gehen Greife entweder in dem einen oder dem anderen Lebensraum auf Beutefang. Feuchtgebiete befinden sich auch mitten in der Halbwüste. Der Bindenseeadler ist an den Seen im Tibetanischen Hochland genauso zu Hause wie am Brahmaputra-Fluß oder am Kaspischen Meer.

Die meisten Arten, die an Gewässern leben, ernähren sich von Fisch. Dazu zählen der Fischadler, 8 Seeadler der Gattung *Haliaeetus*, 2 der Gattung *Ichthyophaga* und der Fischbussard, *Busarellus nigricollis*. Obwohl ihre Hauptmahlzeiten aus Schuppenträgern bestehen, schlagen Seeadler zur Abwechslung auch Meeres- oder Wasservögel sowie Säuger oder fressen Aas. Der Fischbussard bessert seinen Speisezettel mit Eidechsen, Schnecken und Nagern auf.

Der beinahe kosmopolitische Fischadler ernährt sich fast ausschließlich von Fischen und ist auch anatomisch an Fischfang am besten adaptiert. Gelegentlich nimmt er zwar auch Vögel oder einen Kleinsäuger zu sich, mit Abstand besteht der Großteil seiner Beute aber aus Fischen, die er lebend aus offenem Wasser fischt. Nur selten vergreift er sich einmal an einem toten. Wir begegnen ihm als Brutvogel oder Durchzügler an Meeresküsten und Binnengewässern der ganzen Welt. Seinen bescheidenen Ansprüchen genügt ein guter Fischgrund und ein Brutplatz. Ist kein Baum verfügbar, nimmt er auch mit einem Felsen vorlieb. Merkwürdigerweise brütet er nicht regelmäßig in Afrika südlich des Äquators und nicht in Südamerika. Da er aber an den Küsten Australiens horstet, stellt das Klima der südlichen Breiten offensichtlich für ihn kein Hindernis dar. Das Motiv für seine eigenartige Verbreitung könnte nur in unterschiedlichen Nahrungsangeboten begründet sein.

Die Seeadlerarten sind insgesamt häufiger anzutreffen als der Fischadler. Wir finden sie von der arktischen Region entlang der Küsten bis über den Äquator nach Südafrika. Sie fehlen aber in Südamerika. Was hindert die Seeadlergruppe, in Südamerika zu brüten? Die Flüsse sind dort breiter und fischreicher als sonstwo in den Tropen. In eindeutig weniger günstigen tropischen Regionen von Afrika, Asien und Australien hat er sich dagegen angesiedelt. Der Braunschwanzseeadler sucht noch wesentlich kleinere Ströme mitten im Urwald auf. Dies ist der zweite Fall einer merkwürdigen Verbreitung eines an Gewässern lebenden Vogels.

Das Verbreitungsareal eines sehr aberranten Seeadlers, des afrikanischen Geierseeadlers (Palmgeiers) stimmt mit dem Verbreitungsgebiet der Ölpalme, *Elaeis guineensis*, überein. Die Geierseeadler leben in Mangrovesümpfen oder an Flußufern und fressen dort kleine Fische, Krabben oder auch Schnekken. An einem großen, fischreichen Fluß wie dem Zambesi wird man sie vergeblich suchen; es gibt dort keine Ölpalmen. Der Palmgeier ist auf die Frucht der Ölpalme angewiesen und brütet nur dort, wo er sie häufig findet; in Regenwäldern oder auch Savannen, oft weitab von jedem Gewässer. Vermutlich ist er von seiner Abstammung her ein aquatischer Greif, der später erst zur vegetarischen Ernährung übergegangen ist.

In Südamerika entwickelte sich in der sehr variablen Bussardgruppe ein Fischfresser, der Fischbussard; drei große Bussarde verzehren fast ausschließlich Krabben. Der Fischbussard hat die ökologische Stellung der in Südamerika fehlenden See- und Fischadler übernommen, die nur südwärts bis Florida brüten. Ihrer Konkurrenz wäre der viel kleinere und zartere Fischbussard kaum gewachsen. Er konnte sich nur dort ausdifferenzieren, wo er keine Konkurrenz zu fürchten hatte.

Krabben finden sich an jeder Küste. Kleine Winkerkrabben besiedeln in Unmengen die Mangrovesümpfe im tropischen Amerika, Afrika und Asien und Gespenst-Krabben (*Ocypoden*) laufen über jeden tropischen Meeresstrand. Sie bieten Verfolgern stets die selben Probleme: harte Panzer und Scheren, sowie ein mutiges, sehr angriffslustiges Verhalten auch wesentlich größeren Gegnern gegenüber. Wenn das Drohen meistens auch nur reiner Bluff ist, er tut meist seine Wirkung. Trotz des reichen Angebotes finden wir Krabbenspezialisten nur in Südamerika, wo drei unterschiedlich große Bussarde aus verschiedenen Lebensräumen sich dieser Nahrung zugewandt haben. Der Palmgeier wiederum kann, wenn er das Gebiet der Ölpalmen verläßt, auf Krabben als Nahrungsquelle ausweichen. Im Normalfall verzehrt es sie höchstens als Dessert.

Eine ähnliche Spezialisierung innerhalb eines bestimmten geographischen Gebietes finden wir bei den beiden mittelamerikanischen Weiharten der Gattung *Rostrhamus*. Beide haben sich anatomisch so entwickelt, daß sie in der Lage sind, Schnekken zu öffnen. Sie ernähren sich hauptsächlich von Arten der Gattung *Pomacea*, großen, runden, sehr nahrhaften Schnecken, dem in Südamerika wahrscheinlich am häufigsten Weichtier. Obwohl es auf allen Kontinenten zahllose Molluskenarten gibt, hat sich kein anderer Greifvogel auf deren regelmäßigen Verzehr spezialisiert. Der Palmgeier verspeist sie zwar mitunter, doch nur als Leckerbissen.

Ich bin der ungewöhnlichen Auffassung, daß auch Eleonoren- und Schieferfalke zu den aquatischen Arten zu zählen sind, weil sie sich auf Zugvögel als Nahrung spezialisiert haben, die sie erbeuten, wenn diese auf dem Zug in breiter Front das Mittelmeer bzw. das Rote Meer überqueren. Der Eleonorenfalke brütet auf Mittelmeerinseln, der Schieferfalke im Roten Meer und am Persischen Golf. Vom Eleonorenfalken ist nur eine einzige Festlandkolonie aus Marokko bekannt, aber den Schieferfalken hat man auch mitten in der Libyschen Wüste als Brutvogel angetroffen. Beide Arten überwintern in Madagaskar, und ihre Reiseroute führt entlang der Küste um das afrikanische

Horn. Nichts deutet auf eine echte Beziehung zum Wasser, dennoch sind sie mehr vom Wasser abhängig als selbst der Fischadler. Sie brüten auf Meeresinseln und erbeuten die Zugvögel, die geschwächt vom langen Flug gerade auf den Inseln Zuflucht suchen, wo ihre Feinde lauern.

Eine Fülle von Arten, wie etwa Rohrweihen, sind nur oberflächlich betrachtet wasserliebend. Sie leben in Sümpfen und jagen einen Großteil ihrer Beute am oder auf dem Wasser. Der Brahminenweih und der Keilschwanzweih stellen Bindeglieder zwischen Gleitaaren und Seeadlern dar. Selbst manche Trokkengebietbewohner, wie den froschfressenden Chinesenschikra, *Accipiter soloensis*, den südamerikanischen Savannenbussard und den nordamerikanischen Rotschulterbussard, müssen wir hier mit erwähnen, da sie ebenfalls viele Amphibien verzehren. Gewässer sind nicht der einzige Lebensraum, in dem sie vorkommen, sie müssen nicht einmal besonders häufig Gewässer aufsuchen -möglicherweise entwickeln sie sich gerade erst zu Gewässerspezialisten. Die Rohrweihe ist eine besonders anpassungsfähige, auch auf Inseln brütende Art. Wir treffen sie im Schilfgürtel, über dem Weizenfeld, sogar im Urwald (auf der Insel Reunion). Sie entflieht in Europa der Konkurrenz anderer Weihenarten, indem sie in den Sumpf ausweicht. Dieselben sumpfbewohnenden Individuen jagen im Winterquartier Afrika jedoch in Grassteppen oder Kulturland.

Feuchtgebiete liefern, zumindestens in Küstennähe, das ganze Jahr hindurch ein ausreichendes Nahrungsangebot. Keine Greifvogelart die von Fisch oder Wassertieren lebt, muß daher ziehen. Fischadler aus Nordamerika und Europa verstreichen bis in die südliche Hemisphäre, wo keine Fischadler brüten, Tiere anderer Populationen sind Jahresvögel. Der europäische Seeadler, Riesenseeadler, Weißkopfseeadler und Bindenseeadler sind Teilzieher, von denen oft nur Jungvögel den Standort wechseln, ältere Individuen überwintern. Die Unterart des Weißkopfseeadlers aus Florida brütet in der kühleren Jahreszeit und zieht nach Norden, um wahrscheinlich dem heißen Sommer zu entgehen. Seine Vettern aus Alaska fliegen südwärts, um dem kalten nordischen Winter auszuweichen. Beide Unterarten treffen, jeweils zu verschiedenen Jahreszeiten, im Herzen der USA und Kanada ein. Auch bei dieser Art ziehen nicht alle Individuen. Eleonoren- und Schieferfalke sind Vollzieher, aber es ist zweifelhaft, ob man sie an dieser Stelle erwähnen sollte.

Bei der Betrachtung von Greifvögeln als Bewohner der Feuchtgebiete hat mich immer wieder verblüfft, daß sie auf das Angebot leicht erreichbarer, im Überfluß vorhandener Nahrung und gutgeschützter Brutplätze auf entlegenen Inseln so ungleich reagieren. Warum brüten Fischadler auf der südlichen Halbkugel nur in Australien? Und warum sind die anderswo so erfolgreichen Seeadler an keinem Fluß Amazoniens zu finden? Das sind Rätsel, deren Antwort wir vielleicht nie erfahren werden.

Stadtgebiete

Großstädte sind ein Phänomen sehr rezenter menschlicher Entwicklungsgeschichte. Mittelgroße Städte und Dörfer hingegen gab es schon vor Hunderten von Jahren, vor allem im europäischen und asiatischen Raum. In Nord- oder Südamerika existierten zur gleichen Zeit keine großen Städte. Dennoch haben im tropischen Amerika Greife genauso erfolgreich Städte besiedelt wie Schwarze Milane in Kleinasien, die dank ihrer Bereitwilligkeit, sich den Menschen anzuschließen, zur häufigsten und erfolgreichsten Greifvogelart der Welt geworden sind.

Obwohl sich kein Greifvogel ausschließlich in Städten aufhält, sind manche Arten hier zahlreicher anzutreffen als auf dem freien Land. Das Stadtleben ziehen außer dem Schwarzen Milan einige Altweltgeier, besonders der Schmutzgeier und in der Neuen Welt der Rabengeier vor. In Äthiopien sind Bartgeier rund um Städte und Dörfer häufiger anzutreffen als in den offenen, unbewohnten Bergen. Sie brüten aber niemals in der Stadt.

Die höchste Brutdichte an Greifen ist aus Neu Delhi in Indien gemeldet worden. Auf 37 km^2 fanden Beobachter 715 Brutreviere mit 679 besetzten Horsten. Im Durchschnitt ergibt dies 19,3 Paare pro km^2. Davon waren 83 % Schwarze Milane (16,1 Paar pro km^2 was etwa einem Paar auf 6,5 ha entspricht). Die nächsthäufigsten Arten bilden Geier, hauptsächlich Bengalengeier mit einer Kolonie von 400 Paaren. 100 Schmutzgeier brüteten in alten Ruinen und Tempeln, mehr als im gesamten südeuropäischen Verbreitungsgebiet. Da ich selbst schon indische Städte gesehen habe, wo Schwarze Milane einen buchstäblich umschwärmen, überraschen mich diese Zahlen nicht. In Neu-Delhi ließen sich etwa 2.400 Paare nachweisen und bei gleichbleibender Bestandsdichte muß sich die gesamte Städtepopulation an indischen Schwarzen Milanen wohl auf etwa 1 Million belaufen. Die gleiche Dichte in Europa vorausgesetzt, müßten wir in London 15.000 bis 20.000 Paare antreffen.

Ähnliche Verhältnisse sind aus afrikanischen und südamerikanischen Städten bekannt. In Kampala kommen durchschnittlich 4 Kappengeier auf 1 km^2 (200 bis 210 leben dort insgesamt auf einem Gebiet von 44 km^2). Sie halten sich vorwiegend auf Müllplätzen auf. In Addis Abeba lassen sich an einem Tag mehr Geier und Milane beobachten als innerhalb einer Woche im Nairobi National Park. Greifvogelzählungen entlang der äthiopischen Straßen haben ergeben, daß Aasfresser in Stadtnähe 86 % aller registrierten Greife ausmachen. In Südamerika unterstrichen Zählungen in verschiedenen Biotopen von Brasilien und Paraguay, daß der Rabengeier, *Coragyps atratus*, der häufigste Greifvogel ist. Er konzentriert sich vor allem in Städten. Aasfressende Arten und Abräumer zusammengenommen, also inklusive Karakaras und Chimango, übertrafen alle anderen Greife in einem Verhältnis von 8 : 1. In jedem Land mit einer großen Fülle von Greifen werden Stadtbewohner alle anderen Arten bald an Dichte übertreffen.

Diese unnatürlich hohen Zahlen werden vom Menschen und seiner Stadtlandschaft verursacht. Hauptsächlich trifft das für den Orient und Afrika zu, aber die Zählungen in Südamerika beweisen, daß sich eine ähnliche Situation in kurzer Zeit auch in bisher nicht bevölkerten Regionen ergeben kann. Bei einigen Arten ist dieser Anpassungsprozeß noch nicht abgeschlossen. Der Raubadler z. B. ist in Indien und Nordafrika ein häufiger Stadtvogel, jedoch nicht in Südafrika. Keiner sollte im übrigen Einwände gegen abfallverzehrende Greifvögel in Städten erheben, besonders nicht in den Tropen, denn sie erfüllen als Gesundheitspolizei nützliche Dienste, indem sie faulende Fleisch- und Knochenreste abräumen.

Vielfach ist die Individuenzahl der Greife in Städten größer als der des eigentlichen Brutbestandes. Schwarze Milane ziehen zum Beispiel von Europa ins tropische Afrika, die dort heimische Unterart zieht auch wiederum. In Kampala und Nairobi übersteigt die Zahl der Wintergäste die der Brutvögel um ein Vielfaches. Sie streifen bis zu 30 km außerhalb Nairobis umher, suchen die Straßen nach überfahrenen Tieren ab und kehren zum Schlafen an bestimmte Plätze zurück. Der Rote Milan, einst Brutvogel auf Londoner Häusern ist in keiner Stadt mehr anzutreffen, ausgenommen auf den Cap Verde Inseln. Durch ausgedehnte sanitäre Verbesserungen sind Greife aus Städten verschwunden. Dafür haben in Nordamerika und Europa Möwen die Müllhalden erobert.

Die meisten Stadt-Greife nützen das Überangebot an Abfall. Aber einige Arten leben hier auch, weil sie künstliche Klippen zum Brüten und zahlreiche Beutetiere vorfinden. Viele Falkenarten nisten in Städten, wo ihnen im Überfluß Ratten und Mäuse auf blankem Grund geboten werden. Rötelfalken horsten in den Türmen spanischer Kathedralen. Wanderfalke, der indische Laggarfalke und der afrikanische Lanner brüten auch an Gebäuden oder anderen vom Menschen errichteten Gebilden. Auch vom Habichtsadler wird gelegentlich berichtet, daß er an Häusern seinen Horst errichtet. Für diese Arten stellen Städte eine künstliche Felsenlandschaft mit zahllosen Tauben, Ratten, Mäusen und Kleinvögeln als Nahrungsangebot dar. Diese Greife sind keine echten Stadtbewohner wie die Aasfresser, sie haben bloß künstliche Felsen für sich entdeckt. Ihr Brutgeschäft kann durch zusätzliche Nesthilfen erleichtert werden wie das Beispiel des berühmten Wanderfalkenpaares zeigt, das 12 Jahre hindurch am Sun Life Gebäude in Montreal gebrütet hat.

Ein Nahrungsspezialist setzt einen Grenzfall. Der Fledermausaar, *Machaerhamphus*, ein sehr langflügeliger, schnellfliegender und dämmerungsaktiver Aar, lebt fast ausschließlich von Fledermäusen. Meist erbeutet er sie während der kurzen Abenddämmerung, wenn die Flattertiere ihren Tagesunterschlupf, meist Höhlen, zum Insektenfang verlassen. Dort lauert der Aar und schlägt dann Fledermäuse und Salanganen die ihre Höhlen verlassen, zum Beispiel vor der großen Niah-Höhle auf Borneo. Aber auch Fledermäuse haben erkannt, daß Häuser dunkle Höhlen enthalten. Deshalb halten sich unzählige tropische Fledermausarten auf Dachböden auf. Sie schwärmen in der Abenddämmerung und werden dann von Fledermausaaren über Golfplätzen, Tennisplätzen, Rangierbahnhöfen und dergleichen bejagt. Ich habe Fledermausaare bei der Jagd im Neonlicht über den Hotels von Malindi beobachtet. Einmal stellte ein Fledermausaar während einer Festveranstaltung seiner Beute nach, die von Insektenschwärmen angelockt wurde, die ihrerseits zu tausenden um die Flutlichtbeleuchtung schwärmten.

Städte nehmen ständig an Zahl und Umfang zu. Möglicherweise werden sie auch in Zukunft von weiteren Greifvogelarten besiedelt. Oft kommt es hier zu Kleinvogel-Konzentrationen in Gärten, eine attraktive Unterbrechung in der sonst trokkenen, steinernen Umgebung. So entsteht eine neue Nahrungsquelle, die in einiger Zeit vielleicht von Greifern noch mehr ausgeschöpft wird. Ich teile nicht die weitverbreitete Befürchtung, daß in kürzester Zeit, verursacht durch das rapide Bevölkerungswachstum, die ganze Welt nur mehr von Städten bedeckt sein wird. Denn Stadtbewohner sind auf Nahrungsprodukte von Farmern angewiesen, wenn auch von nur wenigen. Eher findet ein Massensterben von Stadtmenschen statt; was wieder einen zeitweiligen Nahrungsüberschuß für Geier ergeben würde.

Platzmangel hat mich gezwungen, die Lebensraum-Übersicht und Anpassung der Greife stark zu vereinfachen. Ökologische und anatomische Anpassung bedeutet, daß Greife verständlicherweise nicht in allen Biotopen der genannten Zonen vorkommen, nicht einmal auf einem Kontinent. Dies gilt besonders für die artenreichen Zonen. Deutlich ist jedenfalls – je wärmer eine Lebensstätte, desto größer ihr Artenreichtum. Finden wir in der Tundra nur 4 Arten, erhöht sich die Zahl in den Tropen auf über 100 für jeden Lebensraum. Daraus resultiert: die Tropen sind am besten für das Studium der ökologischen und anatomischen Anpassungen der Greifer geeignet.

Unglücklicherweise wird es in den letzten Jahren durch politische Umstände immer schwieriger, in dieser Region Untersuchungen vorzunehmen. Gleichzeitig dringen aber auch Technik und Zivilisation in den Regenwald vor. Was vor 50 Jahren noch ein aufregendes Abenteuer war, ist heute ein bequemes Reiseunternehmen. Die größten Chancen, unser Wissen zu vermehren, liegen in den Regenwaldzonen von Südamerika, Asien, Australasien und Afrika, und zwar in eben der angegebenen Reihenfolge, weil die afrikanischen Arten der Tropen am besten, die aus Südamerika fast gar nicht erforscht sind.

Anatomie, Morphologie und Lebensweise

Greife besitzen die wesentlichen Merkmale aller flugfähigen Vögel. Es sind bilateral symmetrische, warmblütige Wirbeltiere, ihre Haut ist von Federn bedeckt, das Herz besteht aus vier Kammern. Das Kleingefieder schützt den Körper vor Auskühlung und steht zusätzlich im Dienste der Signalbildung, Tarnung oder gar Mimese. In Flügeln und Schwanz sind die Federn zu hochspezialisierten Flugmechanismen umgewandelt worden.

Verglichen mit ihren nächsten Verwandten, Hühnervögeln und Enten, bestehen Greifvögel, bildlich gesprochen, ganz aus Federn. Ein gerupfter Greif würde jeden Koch tief enttäuschen, obwohl Wespenbussarde und Eleonorenfalken in den Mittelmeerländern als Delikatesse gelten. Ein Habichtadler wiegt etwa so viel wie ein junger Hahn. Mit ihm umgehen zu müssen steht aber auf einem anderen Blatt. Man sagt, ein männlicher Höckerschwan könne den Arm eines Mannes zerschmettern, und in Erregung wirkt er auch recht gefährlich. Die etwa gleichschwere Harpyie stellt, wenn sie gereizt ist, einen zweifellos gefährlicheren Gegner dar. Verglichen mit anderen Vogelgruppen sind ihre Kräfte erstaunlich groß.

Im weiteren entwickle ich ein Modell (eine Hypothese), wie sich der ursprüngliche Vogelkörper durch die besondere Lebensweise verändert hat. Die größten Änderungen vollziehen sich an Kopf und Schnabel. Sie betreffen das Sehen, die Hörfähigkeit und Fraßgewohnheiten. Umgestaltungen an Flügeln und Schwanz wirken sich auf Flug und Manövrierfähigkeit aus. Die Läufe sind zum gefährlichsten Körperteil eines Greifs geworden, sie entwickelten sich als Werkzeug zum Töten der Beute. Alle aufgezählten Körperteile können wiederum vom Lebensraum des Vogels gestaltgebend beeinflußt werden. Flügel und Schwanz passen sich den jeweiligen Jagdmethoden an, Beutespezialisation bringt eine bestimmte Form der Schnäbel, Läufe und Krallen hervor.

Als Vergleichsvogel wählen wir eine typische, unspezialisierte Greifvogelgruppe, Bussarde der Gattung *Buteo*, die in den verschiedensten Biotopen von Polargegenden bis zum Äquator, von Meeresniveau bis in 6.000 m Höhe leben. Ihre Nahrung setzt sich aus einer breiten Auswahl an Beutetieren zusammen, die von Käfern bis zu größeren Säugern und Vögeln reicht, ja sie gehen sogar an Kadaver. Ihre Flügel sind von durchschnittlicher Spannweite und gerundet, ihr Stoß mittellang, Läufe und Krallen mäßig stark. Ihr Gewicht liegt zwischen 300 g (Wegebussard) und 2.000 g (Mongolenbussard), Gestalt und Flugbild aller Arten sind jedoch sehr ähnlich. Jeder Ornithologe kann einen Bussard sofort ansprechen und ihn von Habicht oder Weihe unterscheiden (Abb. 4).

Abb. 4. Am Flugbild des Mäusebussards erkennen wir Lage und Form jeder einzelnen Feder.

Der europäische Mäusebussard ist ein durchschnittlich großer Vertreter dieser Gruppe. Hier einige Standardmaße (in mm) der europäischen Nominatform – Männchen: Gewicht 535 bis 985 g, im Durchschnitt 806 g; Flügellänge 350 bis 400 (375); Schwanzlänge 190 bis 210 (200), ca. 53 % der Standardflügellänge; Tarsus 70 bis 80. Weibchen sind, wie bei vielen anderen Greifen auch, größer: Gewicht 700 bis 1.200 g (938); Flügellänge 375 bis 425 (400); Schwanzlänge 210 bis 233 (222), etwa 55 % der Flügellänge; Spannweite 1.285, das 3,2fache der Flügellänge; Tarsus 70 bis 80. Im Durchschnitt ist der Tarsus der Männchen etwas kürzer als der der weiblichen Artgenossen, die Maße überlappen jedoch häufig. Viele andere Bussarde sind gleich proportioniert. Die meisten Arten wiegen zwischen 600 und 1.200 g.

Der Mäusebussard ist ein mittelgroßer Greif. Seine Spannweite ist nicht übermäßig groß, die Flügel bilden zusammengefaltet keine Schultern. Er hat kurze Läufe mit mäßig kräftigen Fängen, keinen besonders starken Schnabel und Schwanz.

Abb. 5. Greifvogelköpfe im Profil: Beim Truthahngeier sind Kopf und Vorderhals nackt; der Gänsegeier hat einen völlig nackten Hals, um an die Eingeweide von Kadaver zu gelangen; der Schmutzgeier-Kopf ist teilweise befiedert, er wird nie tief ins Aas gesteckt; der Bartgeier besitzt einen völlig befiederten Kopf und einen Bart aus Borsten, dessen Funktion nicht bekannt ist.

Der Kopf eines Bussards ist bis auf den Zügel, eine Stelle vor dem Auge, völlig mit Federn bedeckt. Am Zügel stehen zahlreiche Borsten. Der Schnabel ist weder besonders lang noch kurz, der Oberschnabel weist weder Zähnelung noch einen Zahn auf. An seiner Basis geht er in die Wachshaut über, in der die unspezialisierten, runden Nasenlöcher liegen. Bei ausgefärbten Bussarden ist die Wachshaut wie bei anderen Greifvogelarten gelb, bei Jungtieren vielfach düsterer, grünlich oder grau gefärbt. Die genaue Funktion der Wachshaut, nur bei wenigen anderen Vogelgruppen ausgebildet (z. B. Tauben und Papageien), ist noch unklar. Sie ist jedoch druckempflindlich und blutet leicht.

Die Mundwinkel eines Bussards liegen weit hinter seinem Schnabelende. Das verleiht dem Greif, wenn man ihn von vorne ansieht, einen „grinsenden" Gesichtsausdruck. Der weite Rachen ermöglicht das Herunterschlucken unzerkleinerter Beutetiere. Bussardaugen liegen seitlich im Schädel, gerade über den Schnabelwinkeln und sind groß, rund, relativ unbeweglich: Sie können sowohl nach vorne als auch seitwärts blicken. Bei den meisten Arten sind sie von einem knöchernen Kamm geschützt, der genau über den Augen dem Schädel entspringt. Er schützt, gemeinsam mit der Nickhaut, die auch drittes Lid genannt wird und willentlich über das Auge gezogen werden kann, den Augapfel, wenn Greife in dichter Vegetation jagen, sich wehrende, zappelnde Beute erlegen oder gierige Junge füttern müssen.

Dieses allgemeine Schema kann nun auf verschiedene Weise abgewandelt werden. Neuwelt- und Altweltgeier sind gekennzeichnet durch nackte oder fast nackte Köpfe und Hälse, die manchmal von wenigen dunigen oder borstenförmigen Federn bedeckt sind. Die aasfressende Lebensweise bedingt Kahlköpfigkeit: Die Geier müssen ihre Köpfe oft durch sehr enge, blutige Öffnungen von Kadavern stecken. Jeder, der schon einmal nach Sezieren eines Flußpferdes versucht hat, seine Haare zu waschen, wird die Vorteile eines kahlen Kopfes zu schätzen wissen! Einige Altweltgeier, wie der Sperbergeier, stecken Hals und Kopf besonders tief in den Kadaver. Dementsprechend sind bei ihnen Hals und Kopf vollständig unbefiedert. Unter den Neuweltgeiern haben Kondore fast völlig nackte Köpfe und Hälse, Truthahn- und Rabengeier sind hingegen befiedert, und beim Schmutzgeier der Alten Welt sind nur mehr Gesicht und Scheitel federlos – er pickt nur an der Kadaveroberfläche oder liest herabgefallene Fleischbrocken auf. Beim Bartgeier ist der Kopf vollständig befiedert, seitlich des Schnabels hängt ein „Bart" aus steifen Borsten herab. Diese Art hat sich auf Verzehr von Markknochen spezialisiert. Der Bart, dessen Funktion nicht geklärt ist, hängt vielleicht mit der Nahrungsaufnahme zusammen. Meiner Meinung nach könnte er verhindern, daß der Geier seinen langen Schnabel zu tief in die Röhrenknochen steckt (Abb. 5).

Die nackten Hautstellen sind in erster Linie als Anpassung an das Aasfressen zu verstehen. Sie haben sich aber auch bei manchen Arten zu bunten Signalorganen entwickelt, die im Droh- und Balzverhalten eingesetzt werden. Den farbenprächtigen

Portrait eines immaturen Habichts. Die „Augenbraue“ oder das Supraorbitale schützt das durchdringend blickende gelbe Auge. An den Schnabelrändern sitzen keine Zähne.

Kronenadler

Schlangenadler

Wespenbussard

Karakara

Abb. 5 Fortsetzung
Beim Kronenadler fällt sein mächtiger Schnabel und ein Schopf auf, der bei Drohen oder in der Balz aufgestellt werden kann; der Schlangenadler besitzt leuchtend gelbe Augen und einen runden Schädel; Wespenbussarde sind vor den Augen besonders dicht befiedert, um vor Wespenstichen geschützt zu sein; das Gesicht des Karakara ist teilweise nackt, was mit der Ernährungsweise dieser Aasfresser zusammenhängen kann.

amerikanischen Königsgeier zeichnet ein grelloranger Hals aus, die faltige Haut um die Augen ist gelblich, davor hängt ein purpurroter Lappen; seine ausgedehnte, mit Lappen versehene Wachshaut ist leuchtend orangerot. Nicht umsonst nennen ihn Künstler den „malerischsten“ Greif.

Auch andere Arten sind äußerst farbenprächtig: beispielsweise die rotköpfigen Truthahngeier Amerikas und die asiatischen Kahlkopfgeier. Das leuchtendgelbe Gesicht des Schmutzgeiers setzt sich von einer struppigen Federkrause ab. Beim Ohrengeier formen Hautfalten ohrenartige Gebilde. Bei anderen Arten bewirkt Erregung eine Verstärkung der Farben. Das rosa Gesicht des Kappengeiers läuft beim Drohen rot an, und beim Andenkondor wechselt das düstere Gelb von Kopf und Nacken in leutendes Hellgelb, wenn er sich während der Balz vor seinem Weibchen verbeugt und den Nacken präsentiert. Aus der Primärfunktion, beim Aasfressen sauber zu bleiben, hat sich eine zweite Funktion, die des Imponierens (während Balz oder Drohens) abgeleitet.

Auch einige andere aasfressende Vögel besitzen teilweise nackte Gesichter. Beispielsweise Karakaras, der Geierseeadler (Palmgeier) und die afrikanische Höhlenweihe. Beim Palmgeier könnte die nackte Gesichtspartie ebenfalls mit der Ernährungsweise zusammenhängen. Palmgeier fressen vorwiegend die schmierigen Früchte der Ölpalme. Auch die Höhlenweihe verzehrt sie gelegentlich. Die grünschattierten Gesichter der

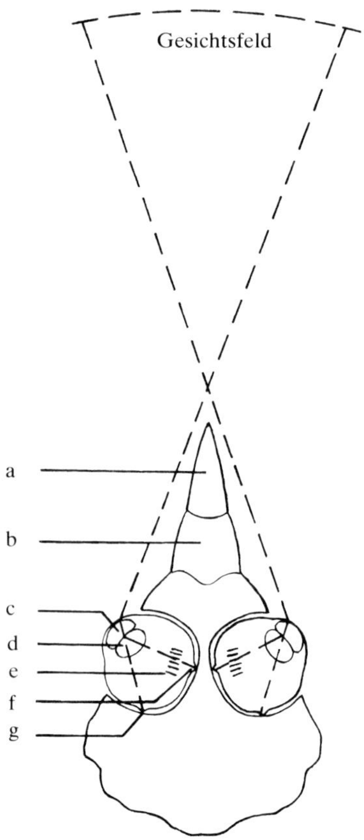

Abb. 6. Bau eines schematisierten Greifvogelkopfes und Lage des Auges beim beidäugigen Fixieren.
a. Oberschnabel
b. Wachshaut
c. Cornea
d. Linse
e. Pecten
f. mittlere Fovea
g. seitliche Fovea

Höhlenweihe laufen rosa oder rot an, wenn sie drohen, oder wenn Partner sich am Nest treffen. In ihrem Fall ist die Primärfunktion – Schutz vor Beschmutzung – ohne Bedeutung.

Betrachten wir zwei Arten, die stechende, giftige Wespen verzehren: Der Wespenfalke hat ein nacktes Gesicht, beim Wespenbussard sind besonders dichte, schuppenartige Federn ausgebildet. Den Wespenbussard scheint die besonders dichte Befiederung am Zügel gut vor den Stichen seiner bevorzugten Beute zu schützen. Die amerikanischen Wespenfalken besitzen nicht so einen schützenden Schild aus harten steifen Federchen, dafür aber möglicherweise einen chemischen Abwehrstoff, der die Wespen davon abhält, in das nackte Gesicht zu stechen.

Oft sind die Federn der Scheitelregion verlängert und können beim Drohen als Haube aufgestellt werden. Das läßt eindeutig Imponierverhalten erkennen. Aber auch bei der Balz und am Nest richten Vögel ihre Hauben auf. Einige große, agressive Arten, wie Harpyie und Kronenadler, tragen Hauben, aber auch wenig angriffslustige Insektenfresser, wie Kuckucksweih und einige Wespenbussarde. Die eindrucksvollste Haube aus langen, weichen Federn schmückt einen harmlosen Nagerfresser, den afrikanischen Schopfadler. Es ist schwer, den Hauben eine eindeutige Funktion zuzuweisen, zum Überleben sind sie sicherlich nicht notwendig. Beim Haubenadler machen einige Unterarten ihren Namen durchaus Ehre, andere wieder aber nicht. Weder die unspezialisierten, plastischen Bussarde noch Falken tragen Schöpfe, und auch nur wenige Habichtarten.

Augen sind für Greife lebenswichtig – und oftmals umwerfend schön! Das Auge des Mäusebussards ist so groß wie meins, aber ich bin achtundfünfzig mal so schwer! Die großen, runden Greifvogelaugen liegen fast unbeweglich in den Höhlen und können nur geringfügige seitliche Bewegungen ausführen. Um alles übersehen zu können, muß der Greif seinen Kopf drehen. Er kann beidäugig nach vorne sehen, wie wir auch (Abb. 6). Um nach hinten zu schauen, dreht er seinen Kopf, was ihm duch den sehr flexiblen Nacken nicht schwer fällt.

Das Gesichtsfeld beim beidäugigen Sehen beträgt etwa 35–50°, das seitliche Gesichtsfeld eines Auges ca. 150°, die Werte variieren von Art zu Art. Der blinde Fleck, die Stelle in der Netzhaut, an der Greife nicht sehen können ohne den Kopf zu bewegen, liegt bei 20°. Fischadler, denen das Supraorbitale fehlt, sind mit besonders großen, vorstehenden Augen ausgestattet, die wahrscheinlich ein besseres Blickfeld nach rückwärts ermöglichen. Kein Greif kann aber auf seinen Hals schauen wie eine Rohrdommel oder hinter sich wie eine Waldschnepfe. Sie können ihre Augen auch nicht konvergieren, wie dies Kuckucke tun, um vorwärts oder rückwärts zu blicken.

Greife sehen sehr scharf, weil einerseits das gesamte Gesichtsfeld scharf auf der Retina abgebildet ist und andererseits besonders zahlreiche Sehzellen in ihr liegen. Das Auflösungsvermögen der Nezthaut ist etwa drei- bis viermal größer als beim Menschen. Außerdem liegen in der Greifvogel-Retina zwei Sehgruben oder *Fovae*, eine seitwärtsgerichtete für monokulares Sehen und eine vorwärts gerichtete für binokulares Sehen. Dort sind die Sehzellen besonders dicht konzentriert. In der Fovea eines Bussards stehen beispielsweise rund 1 Million Zapfen pro mm^2. An dieser Stelle übertrifft sein Auflösungsvermögen das des Menschen um etwa das Achtfache. Das klingt unwahrscheinlich, ist aber wahr. Ich habe einen Augurbussard beobachtet, der aus 100 m Höhe eine kleine grüne Heuschrecke inmitten grüner Kräuter entdeckte. Ein ähnlicher Grashüpfer, den ich offen auf einen Pfahl setzte, verschwamm bereits nach 30 bis 32 m vor meinen Augen.

Dieser schematisierte Bauplan variiert von Art zu Art. Fledermausaare, die in der Abenddämmerung Fledermäuse bejagen, besitzen besonders große Augen, ebenso der Schlangenbussard, der im Zwielicht des Regenwaldes haust. Waldfalken, die im noch lichtschwächeren Unterwuchs der Urwälder leben und auch in der Dämmerung noch aktiv sind, besitzen zwar große, aber nicht übermäßig große Augen. Sie gleichen das aus, indem sie teilweise auch nach dem Gehör jagen.

Kein Greif kommt an den majestätischen durchdringend orangebraunen Blick des Uhus heran, doch kann auch die Iris des Greifvogelauges kräftig gelb, orange, ja rot gefärbt sein. Der Mäusebussard hat wie die meisten seiner nahen und weiteren Verwandten hellbraune Augen. Sind bei ausgewachsenen Vögeln die Augen gelb, zeigen Jungvögel oft graue oder braungefärbte Iris. Den Kornweihen-Nachwuchs kann man schon im Nest nach Geschlechtern unterscheiden: die Iris ist bei Männchen schon in diesem Alter heller. Eine leuchtend rote oder gelbe Iris dokumentiert häufig Geschlechtsreife. Junge Schlangenadler verlassen hingegen schon mit gelben Augen das Nest.

Schlangenadler, vogelfressende Habichte und einige wendige, kleine Adlerarten – z. B. der Fleckenadler, der auch Vögel schlägt – kennzeichnen eine leuchtend gelbe oder orangerote Iris. Die Augen verschiedener großer, kräftiger Adler, wie Stein- oder Kaffernadler, sind braun, die des vogelfressenden Kampfadlers gelb. Der Affenadler hat eine bläulich gefärbte Regenbogenhaut. Bei Geiern, die selbst keine Beute mehr schlagen, ist die Iris meist braun gefärbt, aber Bartgeier und Königsgeier haben weiße, von roten Rändern gesäumte Augen. Geschlechtsspezifische Unterschiede finden wir auch beim Andenkondor: Braune Augen beim Männchen, granatrote beim Weibchen. Die meisten schnellen vogelfressenden Falken sind dunkeläugig, ihre Augenlider oft gelb. Der Steppenfalke, eine ziemlich träge Art, hat weiße Augen.

Es verführt, gelb oder rot gefärbte Augen mit Schnelligkeit oder scharfem Sehen in Verbindung zu bringen. Die meisten Schlangenadler – auf ein gutes Sehvermögen angewiesen, um ihre getarnte Beute im Versteck zu erspähen – haben gelbe Augen. Beim naheverwandten Gaukler sind sie sanft braun. Er ist aber nicht ausschließlich auf Schlangen als Nahrung angewiesen. Einige Vogeljäger haben gelb- andere braungefärbte Iris. Auch insektenfressende Arten, wie Wespenbussarde oder Kuckucksweihe, besitzen hervortretende Augen mit gelber Regen-

Andenkondor

Schneckenweih

Mäusebussard

Sperber

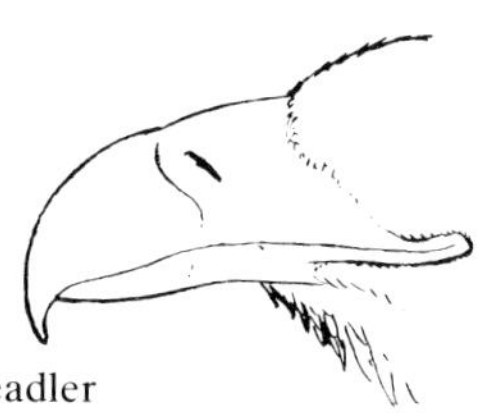

Seeadler

Abb. 7. Schnabelformen: Der männliche Andenkondor trägt einen fleischigen Kamm über Wachshaut, Stirn und Vorderscheitel, und je einen Lappen an der Kehle. Mit seinem mächtigen Schnabel kann er große Beutetiere zerschneiden; der lange und gebogene Schnabel des Schneckenweih ist ein spezialisiertes Schneckenbesteck; Mäusebussarde besitzen mäßig große, unspezialisierte Schnäbel; der Schnabel des Sperbers ist kurz, zum Zerlegen kleiner Vögel geeignet; der Seeadler hat einen sehr mächtigen gelbgefärbten Schnabel.

bogenhaut. Die gelbe Iris mancher Habichte und des Fleckenadlers verfärbt sich im Alter rot.

Es wäre denkbar, daß die Irisfarbe Signalträger ist. Vermutlich sehen bei Arten, deren Junge dunklere Augen besitzen, Jungtiere ebenso scharf wie ihre helläugigen Elternteile. Es ist anzunehmen, daß auch hier die Farbe der Regenbogenhaut zum Erkennen dient. Jede genauere Analyse zur Funktion der Irisfärbung endet in vielfältigen Widersprüchen, so daß wir vermuten können, ihr kommen neben einer Verbesserung des Sehvermögens, eindeutig weitere Funktionen zu, zum Beispiel die des Komunikationssignals. Nur weitere Untersuchungen über die Zahl der Sehzellen bei braun- und gelbäugigen Arten können bei der Lösung dieser Frage weiterhelfen.

Bei den Schnabelformen sind alle Übergänge vom stumpfen, hühnerartigen Schnabel mancher Karakara-Arten über den mächtigen, gekrümmten Schnabel eines Seeadlers oder Geiers bis hin zu den übertrieben gebogenen Formen von Langschnabel- und Schneckenweih vertreten (Abb. 7). Gestalt und Stärke des Schnabels hängen von der Ernährungsweise und den Beuteobjekten ab. Bei Geierfalken der Gattung *Daptrius* und *Phalcoboenus* ist der Schnabel noch gerade und erinnert an einen Hühnerschnabel. Karakaras, die einen großen Anteil ihrer Beute selbst schlagen, haben kräftigere, bereits gekrümmte Schnäbel. Vielleicht verzehren sie mehr Aas und weniger Insekten und Raupen, darüber wissen wir noch zu wenig.

Der Oberschnabel aller anderen Greife ist gekrümmt und ragt über den Unterschnabel. Wir ziehen wieder die unspezialisierte Form des Mäusebussardschnabels als Vergleichsbasis heran. Schnäbel vogelfressender Falken und Habichte sind im Verhältnis kürzer, die Säugetiere schlagender Adler kräftiger und länger. Schnäbel weiblicher Greife sind gewöhnlich größer und stärker gekrümmt als die ihrer männchlichen Artgenossen, was möglicherweise auch das Schlagen größerer Beutetiere zuläßt.

Affenadler und Riesenseeadler, beides ungewöhnlich kräftige Arten, besitzen übertrieben große, seitlich abgeflachte, schon beinahe grotesk zu nennende Oberschnäbel. Beim Riesenseeadler ist er wie die Wachshaut leuchtend orangegelb gefärbt. Auch beim europäischen Seeadler ist der Schnabel gelb gefärbt, aber lange nicht so stark gekrümmt. Die enorme Krümmung hat sich eher zur Kommunikation als zum Nahrungserwerb ausgebildet. Die seitliche Kompression des Schnabels ist notwendig, damit der Vogel beim beidäugigen Fixieren überhaupt an seinem riesengroßen Schnabel vorbeisehen kann. Es ist unwahrscheinlich, daß ein so überproportionierter Schnabel zum Fressen notwendig ist, denn sowohl der riesigen Harpyie als auch dem Kronenadler (beide ernähren sich von Säugern stattlicher Größe) fehlt ein solch mächtiges Werkzeug.

Langschnabel- und Schneckenweih tragen verlängerte, stark gekrümmte spitze Oberschnäbel als Anpassung an die Ernährungsweise. Der Langschnabelweih frißt baumbewohnende Landschnecken, bevorzugt die Gattung *Polymita* und *Stropho-*

ceilus. Wie er sie aus dem Gehäuse holt, ist bis heute noch nicht geklärt. Die Schnäbel verschiedener Unterarten sind unterschiedlich stark gekrümmt, möglicherweise in Abhängigkeit von der jeweiligen Molluskenart, die sie verzehren. Auf eine besondere Art setzt der Schneckenweih, der sich auf Wasserschnekken der Gattung *Pomacea* als ausschließliche Nahrungsquelle spezialisiert hat, seinen Schnabel ein. Er windet die scharfe, gekrümmte Spitze seines Schnabels um die Spindel des Schnekkengehäuses und zerschneidet den Columellarmuskel, mit dem die Schnecke im Haus befestigt ist. Diverse andere Molluskenfresser, wie Klaffschnabel und Rallenkranich, zerschneiden ebenfalls den Spindelmuskel, um die Schneckenkörper aus der Schale zu bekommen.

Wenn Freilanduntersuchungen über den Zusammenhang von Schnabelform und Beutebevorzugung Gründe für adaptive Veränderungen aufdecken können, müßte umgekehrt auch die Schnabelform dort Aufschluß über Beutetiere bringen, wo diese nicht bekannt sind. Die Schnabelformen von sechs in der Serengeti lebenden Geierarten sind eindeutig an ihre spezielle Funktion angepaßt. Deshalb sollte diese Methode auch bei den weniger gut erforschten Neuweltgeiern angewendet werden können. Es wurde bereits versucht, die Nahrung bislang wenig untersuchter Habichtarten von Form und Stärke ihrer Schnäbel und Fänge abzuleiten. Solche Schlußfolgerungen sind jedoch nicht unfehlbar und sollten von einigen Stichproben tatsächlich geschlagener Beutetiere untermauert werden.

Alle Falken besitzen Zähnelungen oder zwei „Zähne“ im Oberschnabel. Edelfalken gebrauchen sie, um ihrer Beute damit das Genick zu brechen, nachdem sie sie mit den Fängen gegriffen haben. Diese einmalige Verhaltensweise finden wir sonst bei keiner Taggreif-Gruppe wieder. Solche Hornzähne besitzen aber auch einige wenig agressive Weiharten. Bei den Kukkucksweih-Verwandten, Gattung *Aviceda*, und dem Doppelzahnweih, Gattung *Harpagus*, sind es sogar zwei. Der Doppelzahnweih sieht wie ein „grimmiger Habicht“ aus, ernährt sich aber von Insekten und Eidechsen. Kuckucksweihe (die ihren Namen dem kuckucksartig gefärbten Federkleid verdanken), sind vorwiegend insektivor, erbeuten aber gelegentlich auch Echsen.

Die meisten Insekten- oder Echsenfresser unter den Greifen, wie Sekretär oder Singhabichte, besitzen keinen Zahn. Die Notwendigkeit einer Ausbildung von Zähnen bei Kuckucks- und Doppelzahnweih ist somit anzweifelbar. Kuckucksweihe schneiden für den Nestbau allerdings frische grüne Zweige ab, und zwar so sauber wie mit der Heckenschere. Ich nehme aber nicht an, daß die Zähne alleine für diesen Zweck entwickelt wurden.

Die Nasenöffnungen liegen in der Wachshaut und sind in verschiedener Weise adaptiert. Ganz allgemein können Greife nicht riechen, die Nasenöffnungen dienen nur der Atmung. Neuweltgeier aber haben keine Nasenscheidewand und ihr Geruchssinnesorgan ist gut ausgebildet (Abb. 8). Dennoch schei-

Riesenseeadler

Wespenfalke

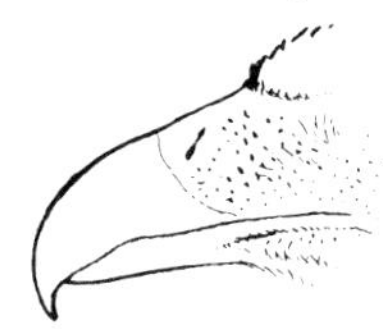

Karakara

Kuckucksweih

Wanderfalke

Abb. 7. Fortsetzung.
Der Schnabel des Riesenseeadlers ist fast übertrieben groß; die omnivoren Wespenfalken tragen kaum gekrümmte Schnäbel; beim Karakara ist der Schnabel schon von typischer Greifvogelgestalt; der Kuckucksweih-Schnabel ist von zwei deutlischen Zähnen besetzt, deren Funktion nicht eindeutig ist; der Zahn im Oberschnabel des Wanderfalken dient dazu, geschlagener Beute das Genick zu brechen.

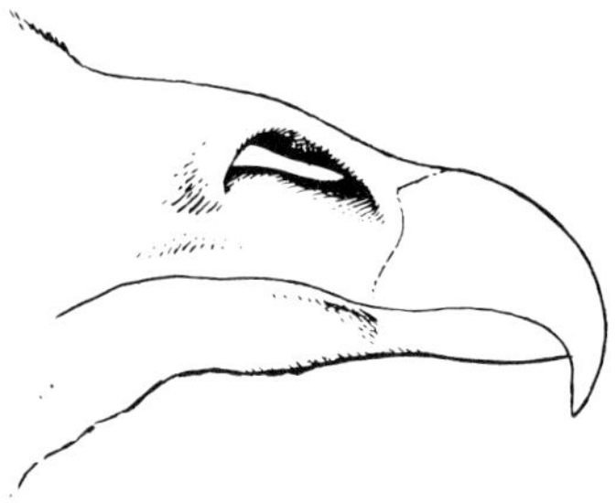

Abb. 8. Ein Charaktermerkmal aller Neuweltgeier ist die durchbrochene Nasenscheidewand; hier am Beispiel des Truthahngeiers dargestellt.

nen auch sie nicht besonders gut riechen zu können, denn im Experiment fanden sie die in der Nähe liegenden stinkenden Kadaver nicht immer. Die Riechfähigkeit des Truthahngeiers scheint hingegen stark entwickelt. Er kann Lecks in Gasleitungen ausfindig machen, wenn man dem Gas etwas fauligen Aasgeruch zusetzt. Der Königsgeier, eine besonders interessante, aber wenig bekannte Art, ist offensichtlich der einzige Neuweltgeier, der Wälder als Lebensraum bevorzugt. Man könnte daraus folgern, daß er fähig ist, seine verfaulende Beute alleine nach dem Geruch aufzuspüren. In Südamerika gibt es nur wenige aasfressende Großsäuger, die wie die Hyänen in Afrika sonst als erste zur Stelle wären.

Der Fischadler kann seine schlitzförmigen Nasenlöcher verschließen, eine eindeutige Anpassung an seinen Fischerwerb. Fischadler stürzen sich mit voller Wucht senkrecht ins Wasser, die Fänge weit von sich gestreckt. Manchmal tauchen sie beim Aufprall völlig unter. Die Fähigkeit, die Nasenlöcher zu verschließen, verhindert das sonst unvermeidliche Eindringen von Wasser. Ein Mensch der vom Sprungturm mit den Füßen voraus ins Wasser springt, hält sich ja auch die Nase zu, wenn kein Wasser eindringen soll.

Einige Greife, besonders der schnelle, wendige Wanderfalke, haben knöcherne Erhebungen in den Nasenöffnungen. Man nimmt an, daß sie bei Flügen in Spitzengeschwindigkeiten dämmend wirken und verhindern, daß der Luftdruck in den Lungen zu stark ansteigt. Ein Falke muß während des Sturzflugs normalerweise weiteratmen. Diese Anpassung ist als großer Vorteil beim Jagen und während der spektakulären Balzflugspiele zu verstehen. Wenn ein Wanderfalke, wie einige Autoren annehmen, nur 38 m/sec während des Sturzfluges erreicht, brauchte er genau genommen keine so speziell entwickelten Luftbrecher, denn selbst ich kann mit meinen großen Nasenöffnungen und meinem weichen Menschengesicht leicht gegen einen Sturm von 44 m/sec ankommen.

Greifvogelohren sind nicht imstande eine Stecknadel fallen zu hören, Eulen können dies. Das Ohr ist beim glatzköpfigen Geier als einfache runde Öffnung zu erkennen, eine äußere Ohrmuschel fehlt. Bei den meisten Greifen ist der Eingang mit Federn verdeckt, die vermutlich den Schall etwas dämpfen. Dennoch hören Greife ausgezeichnet: Ihr Hörbereich dürfte nur eine Oktave weniger umfassen als unserer.

In dichten Wäldern kann das Gehör zum Aufspüren von Beutetieren wichtig sein. Bei den Waldfalken sind die Federn der Ohrregion besonders schmal wie steif und bilden eine kleine abstehende Krause. Die Ohröffnungen sind besonders groß. Zweifellos jagen sie teilweise nach dem Gehör; und sie bewegen sich auch im Halbdunkel mit Leichtigkeit fort. Tonbandwiedergaben ihrer Rufe locken sie bis auf 5 m heran. Leider sind die Waldfalken schwierige Studienobjekte und daher noch recht wenig erforscht. Weihen sind viel besser untersucht, da sie fast ausschließlich über offener Landschaft jagen. Auch bei ihnen ist eine kleine Federkrause hinter einer großen Ohröffnung ent-

standen, die manchmal eine Art Muschel formt. Weihen jagen im Aufwind, in langsamen, heiter wirkenden Schaukelflügen. Es wäre ihnen eine große Hilfe, könnten sie die Maus im dichten Gras hören, über dem Geräusch schweben, um, wenn die Beute exakt lokalisiert ist, sich auf sie zu stürzen. Oftmals scheint dies auch so zu geschehen.

Verlassen wir nun die Kopfregion und wenden uns dem Hals zu. Bei Geiern ist, wie schon gesagt, der Hals nackt oder nur von kleinen Dunenfedern überzogen. Die längsten (und auch die nacktesten) Hälse haben wiederum diejenigen Geierarten, die gesellig an einem großen Kadaver fressen und nur durch kleine Körperöffnungen an die Weichteile gelangen. Kein Neuweltgeier besitzt einen derartigen langen, nackten Hals. Allerdings sind die Hälse der Kondore, die sich unter Umständen an größere Kadaver heranmachen, kahler als die der kleinen Arten, etwa Truthahn- und Rabengeier. Dies ist vielleicht ein Parallelfall zu den Befiederungsunterschieden, wie wir sie bei Altweltgeiern (Sperber- und Schmutzgeier) finden.

Greifvogelhälse sind weder als besonders lang noch als besonders kurz einzustufen. Sie sind aber sehr beweglich und werden mit Ausnahme einiger Geierarten während des Fluges nicht eingezogen. Einige Vertreter, Schlangenadler ganz besonders, können Kopf- und Nackenfedern beim Imponiergehabe zu einer eindrucksvollen Haube aufrichten. Ich bin versucht zu behaupten, daß sie diese Drohgesten einsetzen, um Kobras und

Beim Fischadler schützt kein Supraorbitale das Auge. Wenn er beim Fischfang im Sturzflug ins Wasser taucht, kann er seine schlitzförmigen Nasenlöcher verschließen.

Mambas, die ebenfalls drohen, indem sie Hauben aufstellen bzw. den Hals abflachen, einzuschüchtern.

Bei vielen Geierarten werden die Federn am Halsansatz zu Balzsignalen eingesetzt. Den Halsansatz des Andenkondors ziert eine schneeweiße Federkrause, der orangegelbe Hals des Königsgeiers ist von einem Kranz haarförmiger grauer Federn eingefaßt. Zumindest der Andenkondor präsentiert während der Balz seinen gekrümmten, leicht aufgeblähten Hals. Einige Altweltgeier, z. B. Ohrengeier, stellen ihren aus besonders langen, lanzettförmigen Federn bestehenden Kragen auf, wenn sie andere Geier am Aas androhen. Bezüglich der Frage, wie buntgefärbte Hälse und große Halskrausen bei der Balz eingesetzt werden, fehlen uns noch viele Informationen.

Altweltgeier besitzen einen besonders ausgeprägten und vorspringenden Kropf. Er liegt am Halsende und ist gewöhnlich von kurzen Federchen bedeckt. Beim Gänsegeier stehen am Kropf braune, haarförmige Federn, von weißen Dunenfedern umgeben. Der Kropf dient zum Aufbewahren von größeren Nahrungsvorräten. Die anderen Greifvogelgruppen besitzen ähnliche, jedoch kleinere Kröpfe. Den Kropf nach Belieben füllen oder leer lassen, können die Schlangenadler. Wenn sie eine Ratte erbeutet haben, wird sie im Kropf gespeichert; eine Schlange jedoch verschlingen sie und lassen sie „nach Art der Schwertschlucker" direkt in den Magen gleiten.

Die Körper der Greife sind im Verhältnis zur Tragfläche ihrer Flügel und der Masse an Federn, die sie bedecken, klein und unbedeutend. Der Umfang der die Flügel betätigenden Brustmuskulatur, variiert von Art zu Art; im Verhältnis zur Größe des Vogels ist sie meist klein. Viele Geier und Adler segeln, eine Flugweise die nur geringen Kraftaufwand erfordert. Segelnde Arten sind auch nicht in der Lage, längere Strecken unter ständigem Flügelschlagen zurückzulegen. Die Brustmuskulatur einer Brieftaube, die große Entfernungen durchgehend im Schlagflug zurücklegt, ist im Verhältnis zu der eines Geiers oder Kondors riesenhaft. Die kurzen Strecken, die Geier im Schlag- oder Ruderflug bewältigen, scheinen ihnen auch Mühe zu bereiten. Ebenso betätigen große Adler nur selten längere Zeit hindurch ihre Flügel. Normalerweise machen sie ein paar Schläge, gleiten, suchen einen Aufwind und steigen dann bis in große Höhen, wo ihnen das Segeln keine Mühe mehr bereitet.

Die aktiven, vögelschlagenden Sperber und Habichte müssen ihre Geschwindigkeit im Schlagflug rasch steigern können, um die Beute zu erreichen. Große, wendige Falken, die über offener Landschaft jagen, vermögen im Ruderflug weite Strecken zurückzulegen. Im gradlinigen Flug könnte ein Wanderfalke weder eine Taube noch einen Rotschenkel überholen. Der Falke muß seine Beute aus der Höhe überraschen. Auch ein Habicht, der von der Faust des Falkners entlassen wird, kann den muskulösen Fasan nur überholen und schlagen, wenn die Verfolgungsjagd nicht zu lange dauert. Es geht ihm ähnlich wie dem Geparden, der trotz seiner höheren Schnelligkeit eine Gazelle nie lange verfolgt, weil er leicht außer Atem gerät.

Die kräftigsten Schlagflieger sind Turmfalken und Gleitaare, die über offener Landschaft rütteln, das heißt, schnelle Flügelschläge mit steil gestellten Flügeln ausführen, so daß der Vogel „auf der Stelle" fliegt. Obwohl sie den Kraftaufwand durch Spreizen des langen Stoßes vermindern – er verleiht ihnen mehr Auftrieb –, ist jede gefangene Maus schwer verdient. Bei schwirrenden Vögeln, besonders Kolibris, ist die Brustmuskulatur gut entwickelt.

Weihenarten fliegen länger im Schlagflug als andere Greife. Der Schlag ihrer langen Flügel ist beinahe sanft zu nennen, wird von kurzem Gleiten unterbrochen und sieht zweiffellos weniger mühevoll aus als das Rütteln der Turmfalken. Sie segeln selten, sind aber eher bereit als andere Greife, große Wasserflächen zu überqueren, weil sie von der Thermik unabhängig sind. Weihen finden wir auf den Fidji-Inseln, Reunion und Neuseeland, wo es keine typischen Segelflieger gibt.

Die „Körperanhänge", – Flügel, Schwanz, Läufe und Fänge – sind mannigfaltiger gestaltet als der Körper selbst. Grob gesagt sind ihre Flügel zum Fliegen ausgebildet, sei es nun für den Ruder- oder für den Segelflug; Schwänze zum Steuern sowie Manövrieren und die Läufe mit den Fängen zum Töten und Halten der Beute. Greife verwenden ihre Läufe normalerweise nicht zum Umherlaufen (weshalb sie übrigens in der jagdlichen Fachsprache auch „Ständer" heißen), ausgenommen der Sekretär. Die meisten Arten sind überhaupt sehr „schlecht zu Fuß".

Abb. 9. Flügelformen: Beim Mäusebussard ist er als unspezialisierter Segelflügel angelegt. 10 Handschwingen und 10–11 Armschwingen sind ausgebildet, die Einbuchtungen der Handschwingen mäßig entwickelt; der Gleitflügel des Gauklers ist mit mehr als 20 Armschwingen besonders lang; Mönchsgeier-Flügel sind für den Segelflug entwickelt. Die Handschwingen sind stark eingebuchtet, am langen Unterarm sitzen 20 Armschwingen. Der Segelflügel des Roten Milan ist im Ellbogengelenk stark gewinkelt; die Kornweihe trägt die Hand nur wenig gewinkelt, sie fliegt in schaukelndem Ruderflug; Sakerfalken haben spitze, schmale Flügel, um hohe Geschwindigkeiten beim Sturzflug zu erreichen; der Schikra besitzt den typischen kurzen, runden Habichtflügel mit wenig eingebuchteten Handschwingen, der zusammen mit dem langen Schwanz wendiges Fliegen in Deckung erlaubt.

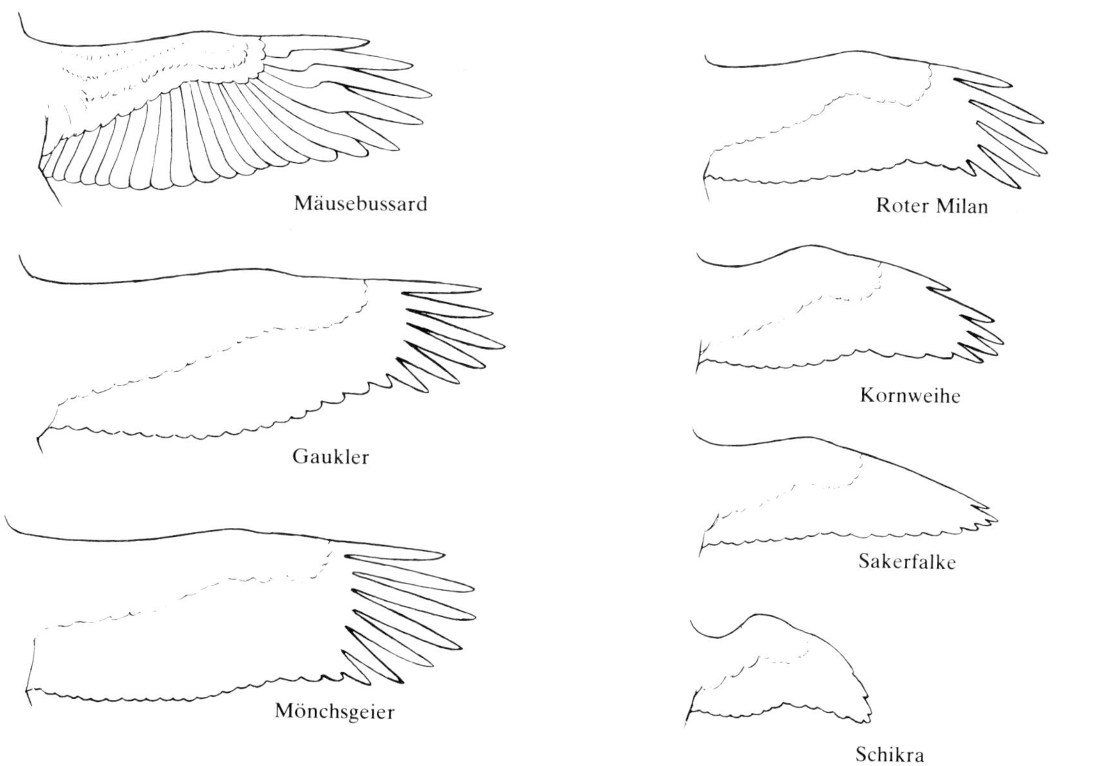

Oben: Trockenzeit: Nach einem Buschfeuer stehen in der Sudan-Savanne Baumskelette auf verbranntem Grund. Beutetiere finden keine Dekkung und können hier leicht gefangen werden.

Rechts: Regenzeit: Beinahe unglaubhaft ist der Kontrast üppigen Grüns nach den ersten Regenfällen, ein typisches Merkmal tropischer Savannen.

Der Wegebussard, ein Echter Bussard der südamerikanischen Savannen, verdankt seinen Namen der Angewohnheit, entlang großer Straßen aufzubaumen, wie seine übrigen Verwandten auch.

Der eher durchschnittlich geformte Flügel des Mäusebussards ist mittellang, mäßig breit und für Gleitflüge mit wenigen Ruderschlägen angelegt. Der „Bauplan" eines typischen Gleitflügels ist in Abb. 9 dargestellt. Der Flügel besteht in der Hauptsache aus besonders starken Federn, deren Kiele an den Hand- und Armknochen befestigt sind. Die (jeweils oberen und unteren) kleinen, mittleren und großen Deckfedern verbergen die Kiele. Gewöhnlich sind 10 Handschwingen ausgebildet, die an der Hand, *Manus*, anschließen und 10 Armschwingen, die an den Knochen des Vorderarms, *Ulna* liegen. An der Basis des *Humerus* sind manchmal auch noch Flügelfedern ausgebildet, sogenannte Oberarmschwingen, denen aber beim Flug keine besondere Bedeutung zukommt. Der erste Finger, der Daumen, steht frei und trägt den Daumen- oder Nebenfittich, die *Alula*, ein Bündel steifer Federchen, das, abgespreizt, das Absacken während des Fluges verhindert. Die Zahl der Handschwingen schwankt bei Greifen zwischen 9 und 11. Ihre Gestalt, Länge und der Grad der Einbuchtungen am oberen Teil der Feder unterliegt vielfältigen Abwandlungen. Beim Bussard sind die ersten 5 Handschwingen an der Innenfahne etwas eingebuchtet. Dadurch entstehen Spalten oder Schlitze an den Flügelspitzen. Bei Geiern oder Adlern, die häufiger segeln als Bussarde, sind 6 bis 7 Handschwingen an der Innen- und Außenfahne verschmälert. Sie zeigen tiefere, deutlich sichtbare Kerben mit kantigen Basen. Bei Sperbern, die selten segeln, sind die Einbuchtungen im Gegensatz dazu nur gering. Waldbewohnende Adler, die beinahe dieselbe Flügelform besitzen, können aber ausgezeichnet segeln und auch spitzflügelige, schnelle Falken sind in der Lage, wunderbare Segel- und Gleitflüge zu vollführen.

Offensichtlich hängen die ausgeprägten Einkerbungen der Handschwingen aber doch mit Segelflug-Eigenschaften zusammen, denn auch andere Segler, wie Pelikane und Störche, zeigen denselben Aufbau der Schwingen. Die Einbuchtungen wirken auf zweierlei Arten: Flügelspalten reduzieren Turbulenzen an den Flügelspitzen, wodurch das Landen erleichtert und ein Absacken während des Fluges verhindert wird. Zweitens kann jede der weit auseinander liegenden Federn als individuelle Tragfläche fungieren. Sie wirken wie zahlreiche zusätzliche kleine Flügel an der Spitze der eigentlichen Tragflächen. Diese Federn wölben sich auch je nach Lage am Flügel und Stärke der Belastung verschieden durch. Die längsten Handschwingen, gewöhnlich die 7. und 8., sind am flexibelsten. Bei geradliniger Strecke liegen sie teilweise übereinander und verstärken, den Tragflächen eines Doppeldeckers vergleichbar, den Auftrieb an der Flügelspitze. So werden überlange Flügel vermieden, die, wie der Albatros beweist, besonders gut zum Segeln geeignet sind. Flügel von Albatroslänge behinderten einen Adler zwangsläufig beim Beutefang, sogar in offener Landschaft, und machten eine Bodenlandung oder gar Aufbaumen äußerst schwierig. Die Schwierigkeiten der Albatrosse in dieser Hinsicht dürften ja wohl bekannt sein.

Beim Malayenadler sind die äußersten Handschwingen besonders lang, weich und biegsam und können extrem weit gespreizt werden. Auch die afrikanische Höhlenweihe besitzt ähnlich gestaltete Schwungfedern. Ich glaube, daß diese extrem langen, weichen Handschwingen für langsame Suchflüge entwickelt wurden, die beide genannten Arten zum Aufspüren ihrer Beute unternehmen. Theoretisch müßten dem Malayenadler seine tiefen Flügelspalten und die besonders beweglichen Federn an der Flügelspitze besseren Auftrieb und damit einen langsamen Flug ermöglichen. Diese Behauptungen sind durch weitere Untersuchungen zu festigen.

Form und Zahl der Armschwingen verändern einen Flügel weit mehr als Unterschiede in der Handschwingengestalt (Abb. 10). Mäusebussarde haben zehn Armschwingen, also einen mäßig langen Arm. Die Spannweite der Flügel von Altweltgeiern beträgt bis zu 2,8 m; sie besitzen fünfundzwanzig sehr lange Armschwingen, so daß ihre Flügel trotz bedeutender Länge breit und eckig wirken. Beim Falten der Flügel bekommen die langen Ellen eine Schultergestalt, besonders bei Geiern und Kondoren stark ausgeprägt, die dem Adler sein majestätisch militärisches Aussehen verleihen. Ein Sperber mit kurzer *Ulna* und dementsprechend weniger Armschwingen wirkt dagegen stromlinienförmiger.

Die Flügel des Gauklers, lang und ausgefallen in der Form, tragen fünfundzwanzig Armschwingen und ausgeprägte spitze Handschwingen. Weil seine Armschwingen aber recht kurz sind, wirkt der Flügel insgesamt lang und schmal. Die Flügelenden werden oft so nach hinten angelegt, daß sie dem Delta-

Im Flug spreizt der Ohrengeier seine acht äußersten Handschwingen. Dadurch entstehen breite Spalten zwischen den je nach Belastung verschieden bewegbaren Schwungfedern. Der besonders lange Unterarm trägt mehr als 20 Armschwingen. Arten mit großer Spannweite wirken beim Ruhen mit gefalteten Flügeln „breitschultrig“.

Oben: Der Lachfalke ist eine aberrante, schlangenfressende Falkenart. Seine Flügel sind rund wie die typischer waldbewohnender Arten, sein Schwanz lang.

Links: Der Godare Fluß strömt träge durch tropisches Waldgebiet in Südwest-Äthiopien. An solchen Stellen finden wir wasserliebende Greifvogelarten und Urwaldbewohner nebeneinander vor.

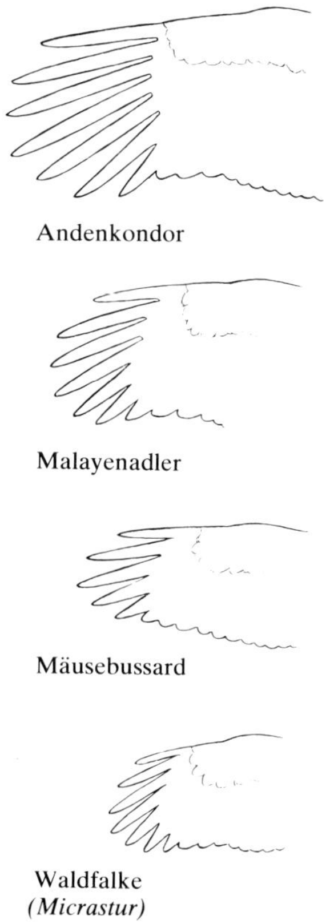

Abb. 10. Verschiedene Einbuchtungsformen an den äußersten Handschwingen. Beim Andenkondor sind sieben seiner langen, steifen Handschwingen an beiden Fahnen weit eingebuchtet; beim Malayenadler unterstützen sechs lange, stark gekerbte Handschwingen seine langsamen, segelnden Suchflüge; beim unspezialisierten Flügel des Mäusebussards sind die vier äußersten Handschwingen leicht eingebuchtet; Waldfalken haben runde, kurze Flügel der Waldbewohner, aber ihre Handschwingen sind gekerbt.

oder Schwenkflügel eines Düsenflugzeuges ähneln. Diese Flügelform scheint besonders gut für kontinuierliche Gleitflüge mit hoher Geschwindigkeit (55 bis 90 kmh) geeignet zu sein; denn Gaukler können pro Tag 300 bis 400 km zurücklegen. Nur der amerikanische Truthahngeier legt annähernd große Strecken zurück. Der Schwanz des Gauklers mißt nur 1/5 seiner Flügellänge, während der vom Truthahngeier halb so lang wie sein Flügel ist.

Das Verhältnis von Flügellänge zu Flügelbreite bezeichnen wir als Flügelindex. Lange, schmale Flügel weisen einen hohen Index auf, kurze, runde hingegen einen niedrigen. Je höher der Index, desto besser ist der Flügel zum Segeln und Gleiten geeignet. Der Wert für den Albatros beträgt 20, für eine Sturmschwalbe 12, der Gänsegeier erreicht nur einen Index von 7. Daran läßt sich ablesen, daß der Gänsegeier gar kein so guter Segler ist, wie häufig angenommen wird. Die Werte für Steinadler sollten etwas höher liegen, weil die verhältnismäßig kurzen Armschwingen sich positiv auf den Indexwert auswirken. Der Index eines Gauklers beträgt dennoch nur 8. Große, segelnde Geierarten und Adler müssen einen Kompromiß zwischen Segelleistung und Landefähigkeit eingehen. Gaukler und Bartgeier mit höheren Indexwerten landen mit schnellen, taubenartigen Flügelschlägen – deutlich anders als etwa Sperbergeier, die unter mühevollem lautem Flappen landen.

Der Flügelindex verändert sich nicht mit dem Körpergewicht, sondern hängt allein von linearen Maßen ab. Allerdings ändert sich die Flügelbelastung, die mindestens von gleicher Bedeutung für jede Flugmaschine, Fledermaus oder Vogelart ist, mit dem Körpergewicht. Die Flügelbelastung hängt also mit dem Volumen des Vogelkörpers oder seiner Länge zur dritten Potenz zusammen. Man versteht darunter das Gewicht, das von jeder Flächeneinheit des Flügels getragen wird, gemessen in Newton pro m^2 (N/m^2). Die Tragfläche des Flügels verändert sich in der zweiten, Volumen und Gewicht in der dritten Potenz, das bedeutet praktisch: Je größer und schwerer ein Vogel einer bestimmten Form ist, desto höher belastet er seine Flügel. So stimmen Flügelbelastung von Arten mit recht unterschiedlichem Flügelindex überein. Sie beträgt beim kurzflügeligen, waldbewohnenden Kronenadler 67 N/m^2 und beim langflügeligen, bergbewohnenden Steinadler etwa 65 N/m^2.

Flügelindex und Flügelbelastung sind am lebenden oder frischtoten Vogel leicht zu bestimmen. Wir benötigen nur das Gewicht des Vogels und die Umrisse seines Flügels. Dazu breiten wir den Flügel des Greifes am besten auf Millimeterpapier aus und ziehen seine Konturen nach. Aus diesen wenigen Maßen lassen sich die gewünschten Daten errechnen. Leider wissen wir zu diesem Thema noch recht wenig. Meine Daten stammen zum größten Teil vom inzwischen verstorbenen Colonel Richard Meinertzhagen. Er erzählte mir, er hätte noch mehr Material an die Luftwaffe gesandt, wo es meines Wissens nach bis zum heutigen Tag in staubigen Ordnern mit der Aufschrift „Streng geheim“ vermodert.

Alle Bussarde – vom 700 g schweren, schmalflügeligen afrikanischen Bergbussard bis zum 1.400 g wiegenden breitflügeligen Augurbussard – zeigen eine einheitliche Flügelbelastung zwischen 40 und 45 N/m^2. Veränderungen am Flügelindex könnten vielleicht dazu beitragen, die Flügelbelastung auszugleichen. Alle bisher untersuchten Weihenarten zeigen hingegen eine nur geringe Flügelbelastung (20 bis 30 N/m^2), große Adler und Geier wiederum 70 bis 120 N/m^2. Eine 1 kg schwere Weihe weist einen Belastungswert von 30 N/m^2 auf, ein gleichschwerer Bussard 45, ein Habicht 55 und ein schneller Falke 70. Die Index-Maße der etwa flächengleichen runden Schwingen eines Habichts und die schmalen, spitzen eines Falken sind stark voneinander verschieden.

Vereinfacht ausgedrückt, kann ein Vogel mit geringer Flügelbelastung langsamer und länger fliegen, einer mit starker Belastung jedoch sehr schnelle Sturzflüge ausführen. Weihen bewegen sich auf ihren Beutesuchflügen ausgesprochen langsam fort, Falken auf ihren Sturzflügen dagegen rasend schnell. Habicht-Arten, bei denen die Flügelbelastung im Verhältnis zum Gewicht (verglichen mit Weihen oder Bussarden) besonders stark schwankt, müssen niemals langsam fliegen.

Bei manchen Arten, die sich, wie der Bartgeier, spezialisiert haben, ist die Flügelbelastung geringer als beim unspezialisierten Gänsegeier, obwohl sie einen ziemlich hohen Index aufweisen. Sein Flug verleiht dem Bartgeier raschen Auftrieb, er ist auch fähig, sehr langsam zu gleiten. Nach diesen Gesetzmäßigkeiten wage ich vorauszusagen, daß ein Malayenadler oder eine Höhlenweihe ihre Flügel nur gering belasten. Zwei gefangene Höhlenweihen im Londoner Zoo wogen 750 und 950 g und besaßen eine Flächenbelastung von nur 31,5 bzw. 36 N/m^2, die unter der eines gleichschweren Bussards liegt.

Der Durchmesser des Aufstiegkreises ist ebenfalls von der Flügelbelastung abhängig. Je geringer die Belastung, desto kleiner der Kreis. Ein kleiner Segelflieger, etwa ein Schwarzer Milan oder Schmutzgeier, kann schon früher am Tag schwache Aufwinde ausnutzen und vor den großen Aasgeiern aufsteigen. In den Tropen schrauben sich große Geier selten vor 9 Uhr vormittags hoch. Erst dann erzeugt nämlich die rasch zunehmende Hitze die ersten Warmluftblasen. Bereits um 5 Uhr nachmittags müssen sie aber wieder landen. Schmutzgeier können hingegen schon kurz nach der Morgendämmerung aufsteigen; Schwarzmilane, wenn sie Segeln mit Schlagflug kombinieren, mit dem ersten Licht auf Nahrungssuche gehen. An einem Tag waren in Dessie, Äthiopien, Milane bereits um 7.25 Uhr, sofort nach dem Erwachen, unterwegs. Kappengeier erschienen erstmals gegen 8.30 Uhr, gefolgt um 8.42 Uhr von Bartgeiern. Die Flächenbelastung eines Schwarzmilan-Flügels beträgt 25 N/m^2, beim Kappengeier 48 und beim Bartgeier 55. Die Vögel erschienen also immer genau zu der theoretisch für ihre Belastung berechneten Uhrzeit.

Bei steilen Sturzflügen erhöht eine starke Belastung der Flügel die Fallgeschwindigkeit. Außerdem hängt die Endgeschwin-

Lannerfalken tragen am Oberschnabel einen Zahn, mit dem sie Beutetieren das Genick brechen. Die runde Erhebung im Nasenloch soll als Luftbrecher während des Sturzfluges wirken. Die meisten Falken haben dunkle Augen.

Es ist unklar, warum der Schnabel des Affenadlers so extrem schmal und hoch geformt ist. Möglicherweise vergrößert diese Form sein Gesichtsfeld. Die Nasenlöcher sind lang und schlitzförmig. Fühlt er sich bedroht, spreizt der Affenadler Kopf und Nakkenfedern zu einer „Abwehrmaske". Dieser Art wurde in der Vergangenheit stark nachgestellt. Heute steht sie unter Schutz, ist aber durch Zerstörung ihres Lebensraumes immer noch gefährdet.

Oben: Am Kopf des Bussards erkennen wir das Supraorbitalschild, das die großen Augen schützt, daneben die von Borsten bestandene Zügelregion und die gelbe Wachshaut mit den Nasenöffnungen. Bussardschnäbel sind mäßig kräftig und besitzen keinen Zahn, der Rachen ist weit, am Gaumen stehen feine Zähnchen, die einmal gefaßte Beute am Entgleiten hindern.

Links: Gleitaare besitzen wunderbare korallenrote Augen, die von breiten Federsäumen beschattet und beschützt werden.

Beim Ruderflug verdreht der Seeadler seine sieben vordersten Handschwingen. Greife, die in Feuchtgebieten leben, besitzen vielfach sehr breite Flügel, die gemeinsam mit dem kurzen gefächerten Schwanz optimale Tragflächen abgeben und geeignet sind, schwere Lasten zu heben.

Abb. 11 *rechte Seite*. Schwanzformen: Der Mäusebussard trägt einen unspezialisierten, mäßig langen, zum Segeln geeigneten Schwanz; der des Bartgeiers ist extrem lang und rautenförmig, vielleicht für langsames Fliegen entwickelt; beim Langschwanzhabicht ist der Schwanz besonders lang und gestuft, extremer als bei anderen Habicht-Arten; Schwalbenweihe tragen die längsten Gabelschwänze. Die versteiften äußersten Federn fungieren jeweils als Tragflächen, gemeinsam mit den Flügeln bilden sie „Doppeldecker"; die langen Schwänze der Sperber gestatten rasantes Manövrieren auf engem Raum; Schreiseeadler haben die kurzen Schwänze der breitflügeligen am Wasser lebenden Arten: der extrem kurze Schwanz des Gauklers ist zum Steuern und Manövrieren ungeeignet. Die Füße überragen beim erwachsenen Tier die Schwanzspitze.

digkeit vom Gewicht eines Objektes im Verhältnis zu seiner Vorderfläche ab. Je schwerer ein Objekt, desto höher ist die erreichte Beschleunigung, bevor der Luftwiderstand das Erreichen noch größerer Geschwindigkeiten abbremst. Der Gerfalke müßte demnach schneller fallen und eine größere Endgeschwindigkeit erreichen als der Wanderfalke. Denn obwohl der Gerfalke doppelt so schwer ist wie der Wanderfalke ist die Fläche seines Vorderkörpers nicht erheblich größer. Hohe Flügelbelastung beeinflußt auch den Anstellwinkel bei raschem Fliegen. Dies wirkt sich beim Überlandfliegen positiv aus. Ballastaufnahme verringert die Tendenz des Absackens während eines Fluges mit hoher Geschwindigkeit.

Schätzungen, wie schnell Wanderfalken „vom Himmel fallen" divergieren stark. Die Vermutungen bewegen sich zwischen 38 und 126 m/sec. Ein Steinadler, der auf leicht ansteigendem Kurs von Frazer Darling gestoppt wurde, erreichte 53 m/sec. Deshalb kann ich mir nicht vorstellen, daß es ein Wanderfalke nur auf 38 m/sec bringt; seine theoretische Endgeschwindigkeit müßte bei 80 m/sec liegen.

Diese Beispiele veranschaulichen die Bedeutung physikalischer Proportionen und Flügelformen in Abhängigkeit von Gestalt, Gewicht und Größe eines Greifvogels. Wir benötigen aber noch weiteres Datenmaterial, um endgültige Schlußfolgerungen zu ziehen. Diese Daten könnten Falkner, Zoologische Gärten und Vogelberinger liefern. Unterlagen von der letztgenannten Gruppe wären besonders wichtig, weil sie Wildfänge untersuchen. Es sollte ihnen leicht fallen, neben Gewicht und Mauserzustand auch die Flügelkonturen festzuhalten.

Heben die Flügel den Vogelkörper und bewegen ihn vorwärts, so steuert und lenkt der Schwanz (Abb. 11). Auch beim Flugzeug, dessen Tragflächen starr am Rumpf befestigt sind, setzt der Pilot Flügelklappen und Ruder bei engen Kurven gleichzeitig ein, desgleichen haben auch Vogelflügel und Schwanz gleiche, einander ergänzende Funktionen. Im Wald und anderen räumlich begrenzten Lebensräumen sind Schwänze wichtigere Steuerorgane als Flügel. In offener Landschaft geben sie auch in völlig entfaltetem Zustand nur geringen zusätzlichen Auftrieb. Flügel- und Schwanz-Proportionen variieren dennoch stark, zum Beispiel durch Verlängerung der innersten Armschwingen. Beim Augurbussard sind sie zum Beispiel so lang, daß die ausgebreiteten Schwingen beinahe an den gefächerten Schwanz stoßen. Sie bilden bei Segel- oder Gleitflug eine zusammenhängende Tragfläche. Beim Kaffernadler, ebenfalls einer bergbewohnenden Art, sind die inneren Armschwingen sehr kurz, zwischen Flügeln und Schwanz klafft eine große Lücke. Das trifft auch für den großen Bartgeier zu. Den genauen Zweck dieser Unterschiede herauszufinden bleibt zukünftigen Untersuchungen vorbehalten.

Der zwölffedrige Schwanz eines Mäusebussards mißt etwa 54 % seiner Flügellänge, dies ist die typische Schwanzform eines Bewohners lockerer Wälder. Beim sitzenden Vogel wirkt er ekkig, im Flug fächerförmig. Vögel dichter Wälder tragen längere, gestufte Schwänze, solche aus offener Landschaft kürzere, quadratisch geformte. Die Schwänze der meisten Habichtarten messen 65 bis 85 % ihrer Flügellängen, die von Adlern der Gattung *Spizaetus* betragen 65 bis 80 % ihrer Flügellängen, von Waldfalken 75 bis 105 %. Der abgestufte Schwanz des afrikanischen Urwaldbewohners *Urotriorchis*, des Langschwanzhabichts, ist um 1/5 länger als sein Flügel. Der Zusammenhang zwischen dem Verhältnis von Flügel zu Schwanzlänge und dem Lebensraum von Greifen ist in den Abb. 12 bis 18 dargestellt.

Habichte und andere Waldbewohner setzen ihre langen, fächerförmig gespreizten Schwänze als Steuerruder oder Bremsblöcke ein. Im dichten Unterwuchs ist wendiges Fliegen notwendig. Beim Segeln spreizen Habichte den Stoß, um auf diese Weise zusätzlichen Auftrieb zu bekommen, den ihnen die kurzen, runden Flügel nur ungenügend geben. Beim Absteigen aus der Höhe heben oder senken Greife ihre „Heckfedern". Die Menge der durchströmenden Luft reguliert das Tempo des Niedergangs. Auf diese Weise steuert der große, plump wirkende Kronenadler auf einen gewählten Ast zu und landet dort mit eleganter Präzision. Man sagt der mächtigen Harpyie nach, daß sie sich dank ihres langen Schwanzes mit außerordentlicher

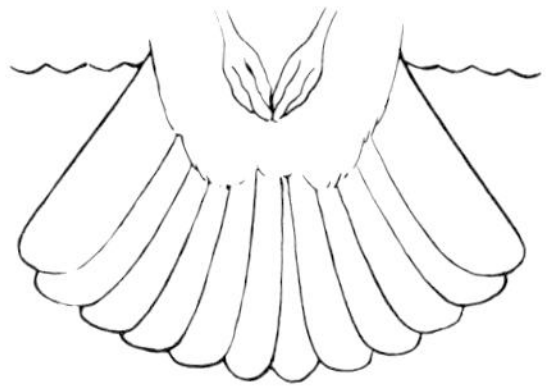
Mäusebussard

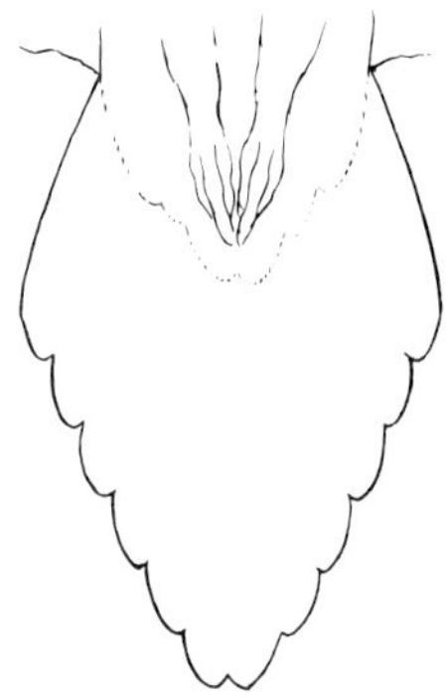
Bartgeier

Langschwanzhabicht

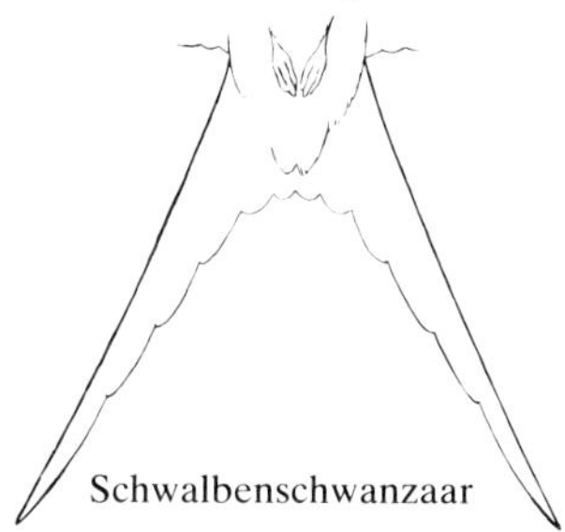
Schwalbenschwanzaar

Sperber

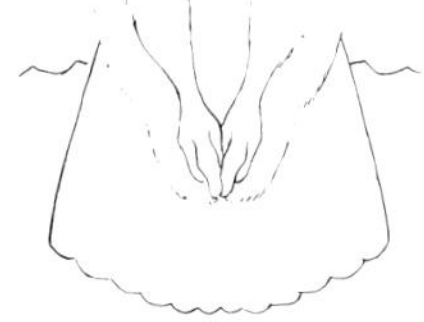
Schreiseeadler

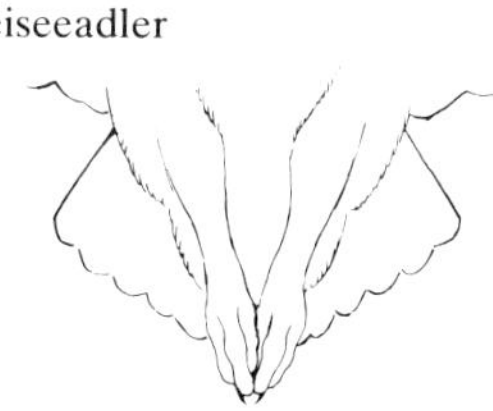
Gaukler

Rechts: Grell bunt gefärbt und auffallend geformt ist der Kopf des Königsgeiers. Färbung und Form stehen kaum mehr in Zusammenhang mit dem Aasfressen, sondern fungieren in Balz- und Drohverhalten als optische Signale.

Unten: Grazil und anmutig stellt sich die Kornweihe zur Schau. Fünf Handschwingen und der Nebenfittich sind stark gespreizt. Ihre Beine sind besonders lang, um auch in dichter Vegetation die Beute greifen zu können. Die verhältnismäßig kleinen Fänge sind gut geeignet, kleine Säuger oder Insekten festzuhalten. Das Gefieder der Männchen ist blaßgrau, bei der amerikanischen Unterart braun gesprenkelt, während ihre Weibchen dunkelbraun gefärbt sind.

Oben: Ein Mäusebussard gleitet von seiner niedrigen Warte, um seine Beute zu greifen. Diese Jagdmethode erfordert keine besondere Geschicklichkeit oder Beweglichkeit.

Links: Ein *Accipiter*, in unserem Fall ein amerikanischer Habicht, kurz vor dem Zuschlagen. Die Fänge sind zum Greifen bereit, das rote Auge fixiert die Beute.

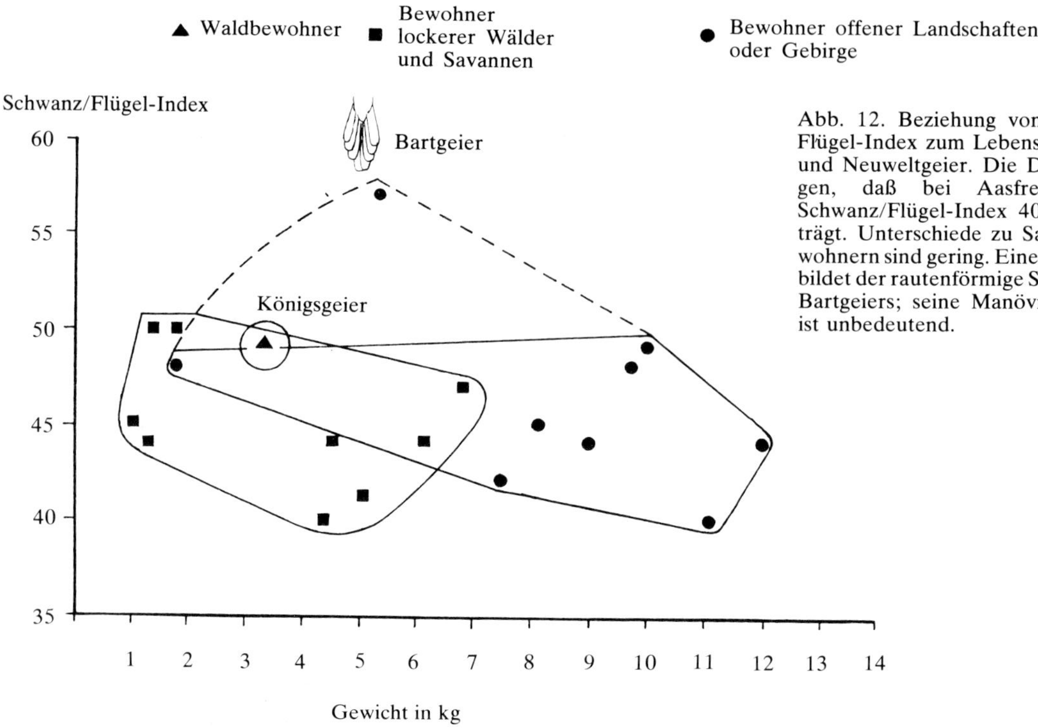

Abb. 12. Beziehung von Schwanz/Flügel-Index zum Lebensraum. Alt- und Neuweltgeier. Die Daten besagen, daß bei Aasfressern der Schwanz/Flügel-Index 40–50 % beträgt. Unterschiede zu Savannenbewohnern sind gering. Eine Ausnahme bildet der rautenförmige Schwanz des Bartgeiers; seine Manövriereignung ist unbedeutend.

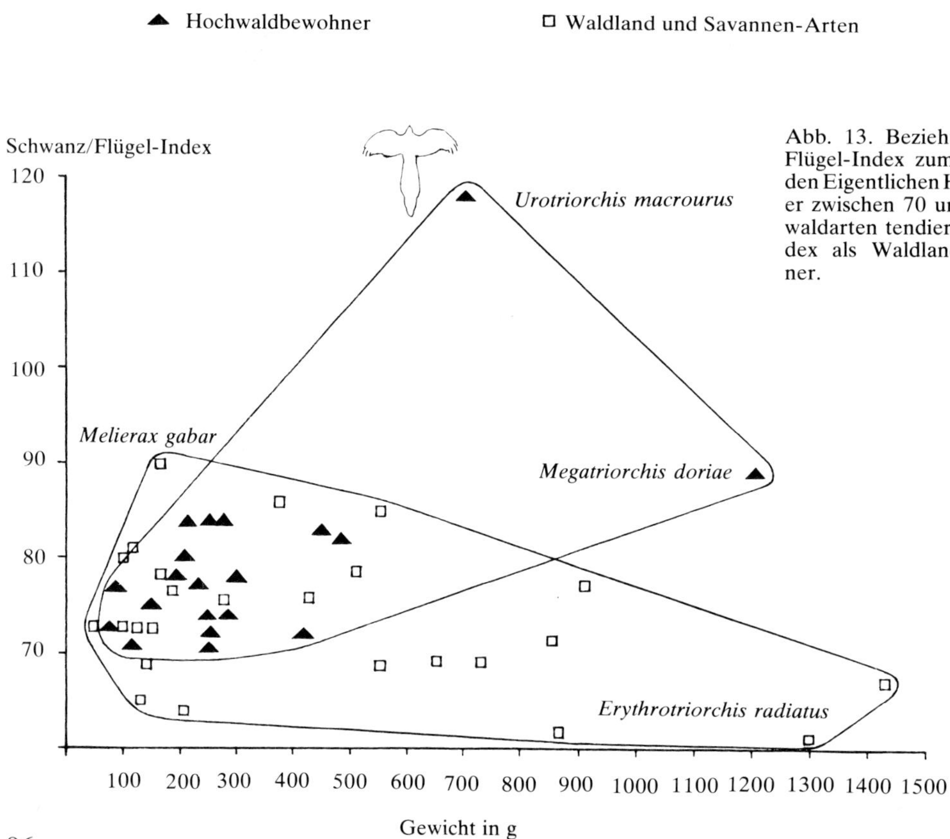

Abb. 13. Beziehung von Schwanz/Flügel-Index zum Lebensraum. Bei den Eigentlichen Habichten schwankt er zwischen 70 und 80 Prozent. Urwaldarten tendieren zu höherem Index als Waldland/Savannenbewohner.

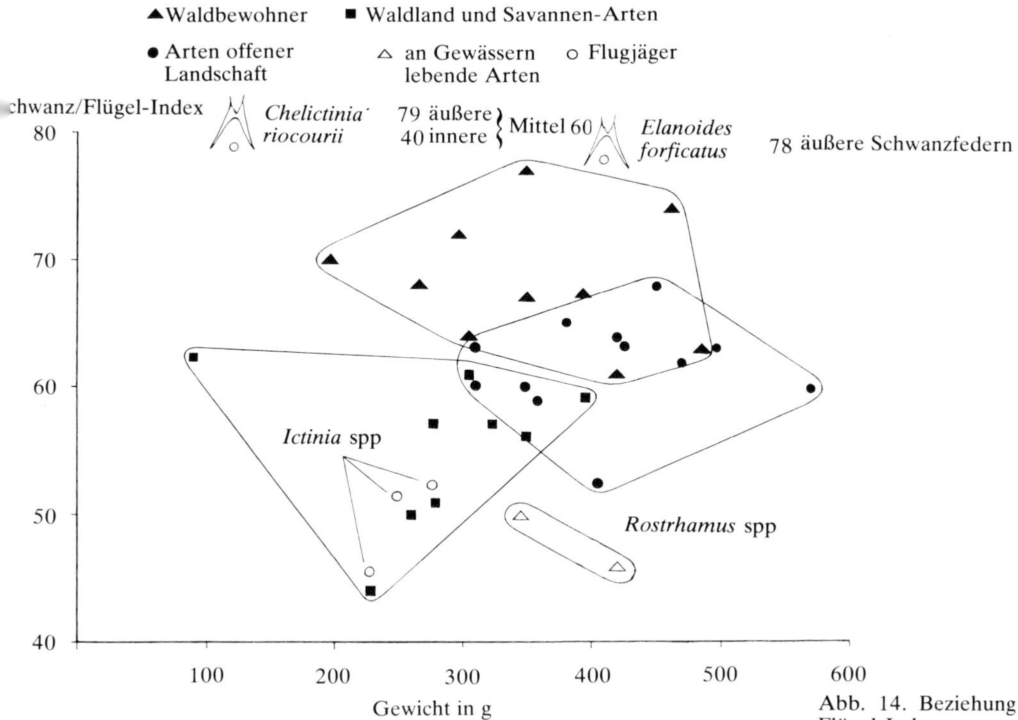

Abb. 14. Beziehung von Schwanz/Flügel-Index zum Lebensraum. Greife unter 500 g Körpergewicht. In dieser Gruppe besitzen Urwaldbewohner eindeutig längere Schwänze und kürzere Flügel als Savannen- und Waldlandbewohner. Bei den Arten der offenen Landschaft handelt es sich fast nur um langschwänzige und langflügelige Weihen, die vom Körperbau her zum Ruderflug geeignet sind. Luftjäger und am Wasser lebende Arten besitzen kurze, rechteckige Schwänze. Gabelschwänzige Flugjäger fallen unter die Werte der Savannen/Waldlandbewohner.

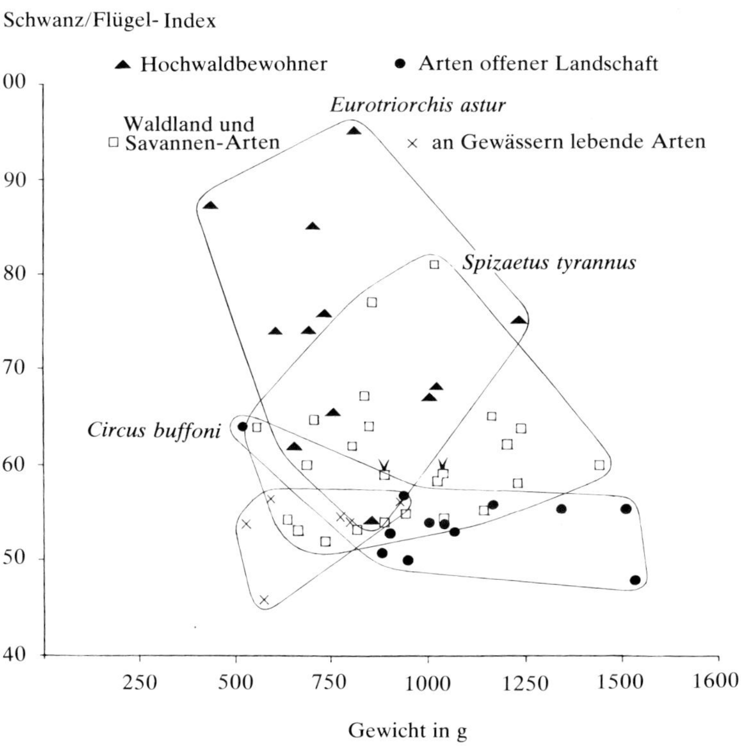

Abb. 15. Beziehung von Schwanz/Flügel-Index zum Lebensraum. Accipitridae zwischen 500 und 1.500 g Körpergewicht. Urwaldbewohner zeigen Werte zwischen 54 und 95 % (meist 62 bis 95 %, nur der Fleckenadler, *Hieraaetus dubius*, 54 %). Waldland/Savannenbewohner 52 bis 81 % (meist 52 bis 67 %) V ♂ Bei gabelschwänzigen Milanen Durchschnittswerte der äußeren und inneren Schwanzfedern. Arten der offenen Landschaft weisen mit Ausnahme einer Weihe Werte von 48 bis 57 % auf. Gewässerbewohner (incl. Rohrweihe) 45 bis 57 Prozent. Manche Werte überschneiden sich mit denen von Waldland/Urwaldbewohnern.

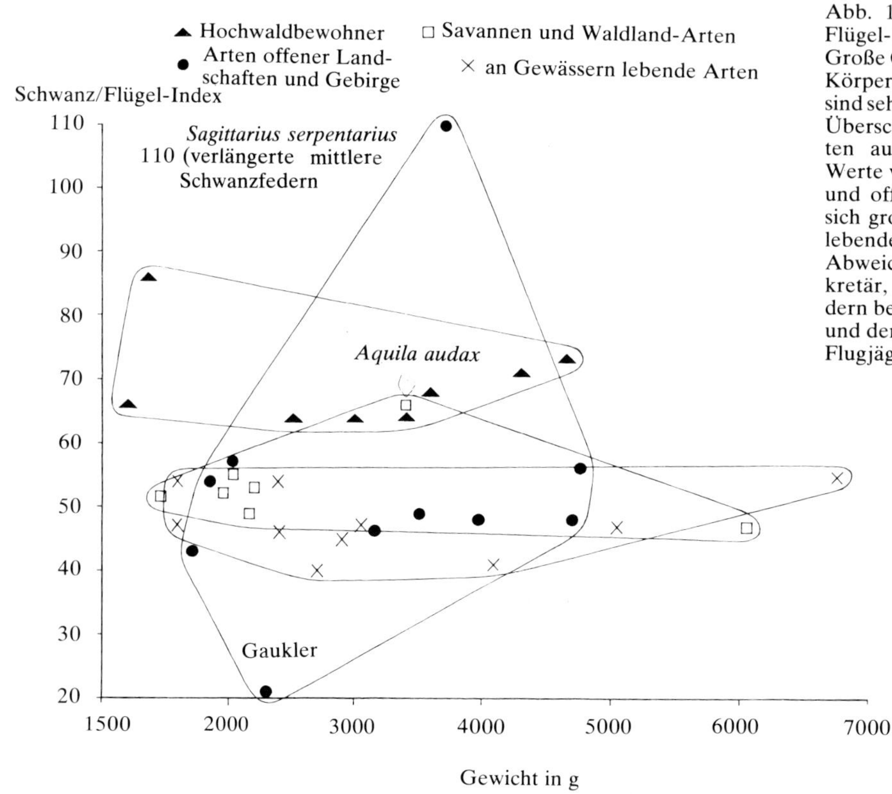

Abb. 16. Beziehung von Schwanz/Flügel-Index zum Lebensraum. Große Greife zwischen 1.5 und 7.5 kg Körpergewicht. Alle Urwaldarten sind sehr langschwänzig. Es gibt keine Überschneidungen mit Waldlandarten außer beim Keilschwanzadler. Werte von Bewohnern der Savannen und offenen Landschaft überlappen sich großteils, die der an Gewässern lebenden Arten weniger als andere. Abweichende Werte zeigen der Sekretär, seine mittleren Schwanzfedern besitzen einen Index von 110 % und der Gaukler von 21 %. Er ist ein Flugjäger der offenen Landschaft.

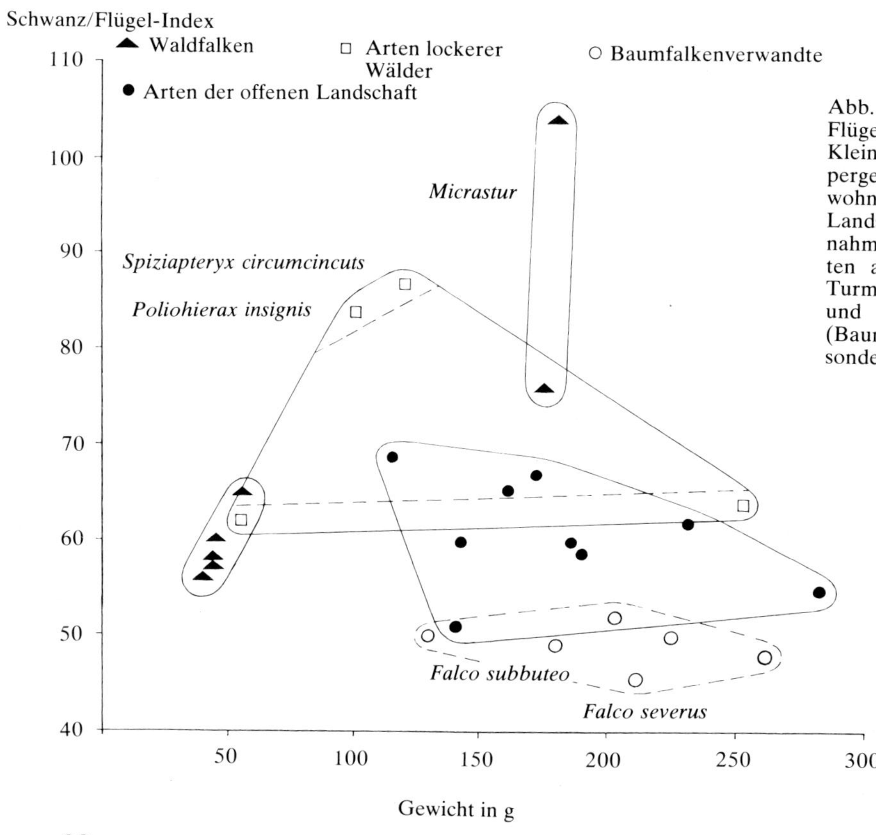

Abb. 17. Beziehung von Schwanz/Flügel-Index zum Lebensraum. Kleine Falkenarten unter 300 g Körpergewicht. Werte von Waldlandbewohnern und Falken aus offener Landschaft überlappen sich mit Ausnahme zweier aberranter Arten. Arten aus offener Landschaft, meist Turmfalken, sind langschwänziger und rundflügeliger als Flugjäger (Baumfalken-Verwandte), die besonders lange Flügel besitzen.

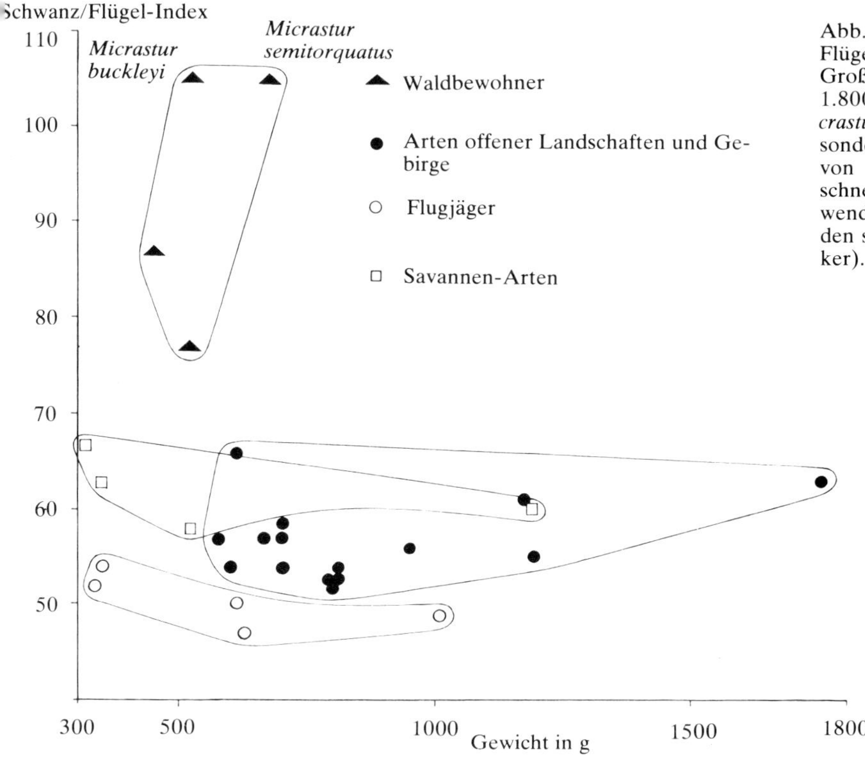

Abb. 18. Beziehung von Schwanz/Flügel-Index zum Lebensraum: Große Falken zwischen 300 und 1.800 g. Echte Urwaldarten (*Micrastur* und *Herpetotheres*) sind besonders langschwänzig. Indexwerte von Savannenbewohnern überschneiden sich mit solchen schneller, wendiger Falken, die Beute am Boden schlagen (Gerfalke, Lanner, Saker).

Gewandtheit zwischen den Urwald-Baumriesen fortbewegt. Waldfalken sollen sehr wenig fliegen und niemals in großen Höhen. Ihre Schwänze sind gegabelt, vielleicht um bei Fortbewegung auf dem Erdboden ein Abnutzen der langen Mittelfedern zu vermeiden.

Nicht nur Wald- oder Urwaldbewohner tragen lange Schwänze. Die äußeren Schwanzfedern von Schwalbenweih, Schwalbenschwanzaar und Rotmilan betragen 65 bis 80 % der Flügellängen dieser Arten. Auf den Durchschnittswert aller Schwanzfedern bezogen, sind die Proportionen weniger ungewöhnlich. Ein Schwarzer Milan, der gewandt zwischen Telefondrähten, Fußgängern, Verkehr und anderen gefährlichen Hindernissen manövriert, um ein paar Brocken von der Straße aufzulesen, benutzt seine Flügel zum Gleiten und beschleunigt mit gelegentlichem Flügelschlag. Sein Stoß ist jedoch ständig in Bewegung; er dreht ihn von einer Seite zur anderen um zu steuern, spreizt ihn plötzlich und bremst, wenn er nach Futter schnappt. Wir wissen noch nicht eindeutig, welche besondere Funktion der extrem gegabelte Schwanz des Schwalbenschwanzaars hat. Gespreizt wirkt er wie eine lange Flügelklappe, die von der Vortrieb leistenden Flügelkante durch einen Spalt getrennt wird und so den Auftrieb bei niedrigen Geschwindigkeiten erhöht. Andererseits könnte der gefächerte Stoß eine kleine, separate Tragfläche abgeben, die ein wenig unterhalb der Flügelebene liegt und so dem Vogel etwas von der Wendigkeit eines Doppeldeckers verleiht.

Jeder, der wie ich eine „Tiger Moth" geflogen ist, weiß, daß ein Doppeldecker langsamer und wendiger fliegen kann als eine

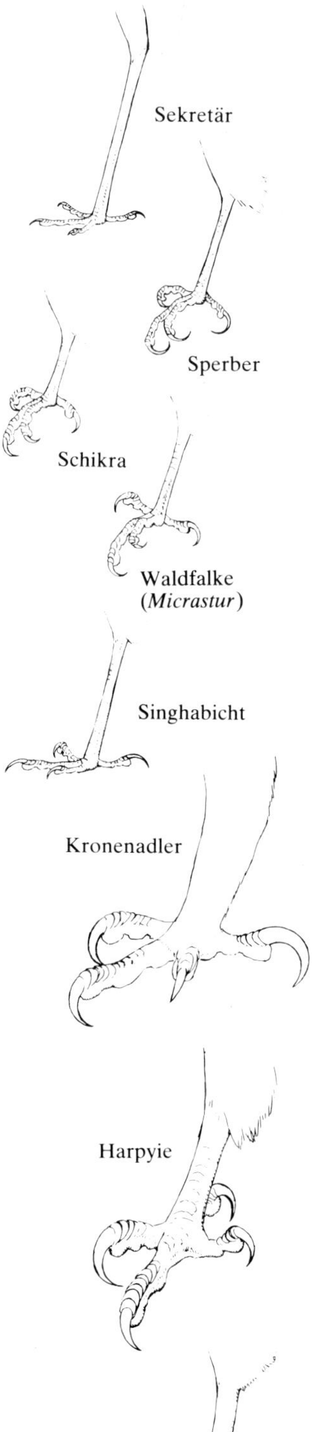

normale Maschine. Vögel mit langen Gabelschwänzen sind auch Spezialisten in Langsamflug, Rütteln und Manövrieren auf engstem Raum. Es wäre der Mühe wert, den ebenfalls extrem gabelschwänzigen Schwalbenweih Amerikas auf seine aerodynamischen Fähigkeiten zu untersuchen.

Einige Arten der offenen Landschaft wie Schmutzgeier, Bartgeier und Keilschwanzadler sind durch lange, abgestufte oder keilförmige Schwänze gekennzeichnet. Der des Bartgeiers ist rautenförmig, körperlang, mißt aber nur 60 % der Flügellänge. Trotz ihrer Größe sind Bartgeier elegante Segelflieger, die in Afrika geschickt zwischen den Eingeborenenhütten dahingleiten. Vielleicht unterstützen der äußerst lange Schwanz und die starke Flügelbelastung die Fähigkeit langsam zu fliegen. Der Bartgeier dreht seinen Stoß aber nie so stark wie etwa ein fliegender Milan.

Am kürzesten sind die Schwänze der Seeadler, bei einigen Arten fallen sie auch keilförmig aus. Sie müssen kaum jemals auf engem Raum manövrieren, denn sie fangen ihre Beute über offenem Wasser.

Der Gaukler weißt den kürzesten Stoß auf und gebraucht ihn nie als Steuer. Kippbewegungen seiner Flügel bestimmen die Richtung seines Fluges. Gaukler, eine schlechte Übersetzung des französichen Bateleur, seines ursprünglichen Namens, bedeutet nichts anderes als „der Balancierer" oder Seiltänzer, entstanden und angelehnt an die Balancierstangen, die Seiltänzer zum Austarieren des Gleichgewichtes benutzen.

Wir haben nun Freß- und Flugeinrichtungen besprochen, es bleiben noch, Läufe und Fänge, die Jagd- und Greifwerkzeuge zu behandeln. Läufe werden nur mehr selten zum Laufen, ihrer Primärfunktion, eingesetzt. Nur der Sekretär legt regelmäßig am Tag mehrere Kilometer zu Fuß zurück. Seine ungeheuer langen Beine (sie sind etwa dreimal so lang wie die eines gleichgroßen Adlers) enden in ziemlich kurzen Zehen. Dies scheint die geeignetste Beinform für die Vogelarten zu sein, die im Grasland lange Strecken zu bewältigen haben. Denken wir an die ähnlich geformten Beine der Trappen. Zum kraftvollen Erfassen von Beute sind sie weniger geeignet. Sekretäre „zertreten" ihre Beute und schlucken sie ganz. Den langen Schwanzfedern kommt keine spezielle Funktion zu, es sind Zierrate, die der Sekretär tragen kann, weil er so langbeinig ist. Sonst würden sie sie nämlich schnell abnutzen.

Auch andere per pedes am Boden jagende Greife besitzen längere Beine als gleich große Greife, die ihre Beute im Flug ausmachen. Schrei- und Schelladler haben z. B. überdurchschnittlich lange Läufe. Beide Arten jagen manchmal Frösche oder Insekten, indem sie zu Fuß Wiesen durchstreifen. Auch die Beine des Singhabichts weisen eine beachtliche Länge und Stärke auf. Ihre langen Schwänze berühren im Stehen nicht mehr die Erde. Krabbenbussarde besitzen ebenfalls längere Läufe als die übrigen Bussardarten, was sich beim Krabbenfang im seichten, schlammigen Wasser vorteilhaft auswirkt.

Auch bei den Waldfalken treffen wir verhältnismäßig lange

Gehwerkzeuge an. Wir wissen über ihr Leben in der Wildnis nur ungenügend bescheid. Ein in Gefangenschaft gehaltenes Exemplar bewegte sich am Boden aber leicht und sicher fort, ebenso entlang größerer Äste. Dieser Waldfalke verfolgte ein flüchtendes Kaninchen am Boden und schlug es im dichten Gestrüpp. Dabei verhielt er sich ähnlich wie ein Rennkuckuck (*Geococcyx*). Der beschriebene Vogel lief viel am Boden umher und flog von dort auf höhere Äste, um baumbewohnende Kleinsäuger zu greifen. Es ist zu vermuten, daß sich Artgenossen im Urwald ähnlich verhalten.

Lange Ständer sind auch bessere Greif- und Haltewerkzeuge für den Beutefang. Manche Sperber haben auffallend lange, dünne Schenkel wie lange, dünne Zehen und nadelscharfe Krallen. Der lange Schenkel erhöht den Fangradius, während die langen Zehen die Kraft des Zugriffs verstärken. Bei Weihen sind lange Läufe vonnöten, um die Beute tief aus der dichten Vegetation zu ziehen. Ihre Zehen sind im Verhältnis stumpf und kurz – sie töten meist kleine Säugetiere. Der vogelfressende Fleckenadler besitzt ebenfalls im Verhältnis zu seiner Körpergröße lange Beine. Beim mächtigen Kampfadler, der sich bevorzugt von Hühnervögeln ernährt, sind sie länger und die Fußspanne weiter ausgebildet als beim fast gleichgroßen, säugerverzehrenden Kronenadler. Letzterer benötigt seine kräftigen Läufe mit kurzen, aber besonders starken Zehen, um seine heftig zappelnde Beute von oft vierfachem Körpergewicht zu überwältigen.

J. Wattel untersuchte bei Habichten Lauf-, Schnabel- und Flügelproportionen. Er kommt, trotz Auftretens von intermediären Zwischenformen, zu dem Schluß, daß lange Beine und schlanke Zehen mit nadelscharfen Krallen auf das Schlagen fliegender Beutetiere schließen lassen, während Arten, die weniger agile Beute am Boden bejagen, kurze Beine und dicke Zehen besitzen. Eine verlängerte Mittelzehe ist ebenfalls typisch für Arten, die fliegende Vögel schlagen. Eine mächtige Hinterzehe mit starker Kralle zeigt die Fähigkeit an, große Säuger zu töten.

Ursprünglich hat man die heutige Gattung *Accipiter* auf zwei Gattungen aufgeteilt: *Accipiter* nannte man Habichte mit langen Läufen und schlanken Zehen, *Astur* jene Arten, mit kürzeren Läufen und kräftigeren Zehen. Der europäische Habicht müßte der letzteren Gattung zugeordnet werden, der Sperber verbliebe in der Gattung *Accipiter*. Ein Vergleich des Beutefangverhaltens beider Arten unterstützt diese Hypothese: Sperber schlagen fast ausschließlich Kleinvögel, Habichte Kaninchen und manchmal Hasen. Aber auch der Habicht stellt vorwiegend Vögeln nach. Der kleine Schikra, *Accipiter (Astur) badius*, soll hauptsächlich Eidechsen am Boden erbeuten. Seine Tarsen sind, wie seine Zehen, kurz. Ähnlich gebaut sind auch die Läufe von Kurzfanghabicht und Chinesenschikra. Letztgenannte Art verzehrt am liebsten Frösche. Einen Parallelfall bilden unter den Falkenarten Baum- und Turmfalke: Baumfalkenbeine sind lang und feingliedrig wie für einen Vogelfänger

Abb. 19 *linke Seite*. Fußformen: Dem Sekretär erleichtern seine langen Läufe mit kurzen Zehen das Schreiten im Gras. Sperber – seine Läufe und Zehen sind lang und schlank gebaut, um Vögel zu greifen. Der Schikra erbeutet mit seinen kürzeren dikkeren Läufen und kräftigen Zehen Echsen. Die langen Läufe der Waldfalken lassen auf Vogelfang schließen. Singhabicht – seine relativ langen Beine helfen bei der Bodenjagd. Kronenadler besitzen mächtige Beine mit einer riesigen Hinterkralle zum Töten von Säugetieren. Harpyie – ihre Läufe sind kräftig, geeignet Säuger zu töten, der Tarsus ist nicht befiedert. Truthahngeier-Beine wirken hühnerartig, die Klauen sind stumpf, die Hinterzehe rückgebildet.

angebracht, der vorwiegend auf Säuger spezialisierte Turmfalke hat kurze Läufe mit kräftigen Zehen.

Bei Arten über deren Beutetiere und Beutefangverhalten wir nur wenig wissen, kann die Proportion ihrer Läufe wertvolle Hinweise geben. Natürlich müssen diese Mutmaßungen durch Beweise berifiziert werden. Das ist aber gerade bei tropischen Arten äußerst schwierig. A. Brosset hat mit dieser Methode vier verschieden große afrikanische Urwaldhabichte (Trauerhabicht, Tachirohabicht, Rotflankenhabicht und Waldsperber) untersucht. Seine Ergebnisse weisen darauf hin, daß sie verschiedene Beuteobjekte bevorzugen und deshalb nur wenig konkurrieren. Die Arbeit ist durch keine Nahrungsliste vervollständigt, aber seine Vermutung, der Trauerhabicht müßte nach dem Bau seines Schnabels und seiner Läufe Vögel erbeuten, hat sich inzwischen bestätigt.

Die Füße sind nicht bei allen Greifen zum Töten ausgebildet. Die Zehen der Neu- und Altweltgeier enden in stumpfen kurzen Krallen; bei den Neuweltgeiern ist die Hinterzehe noch dazu stark rückgebildet. Vom Bartgeier wird vermutet, daß er seine Beute teilweise selbst schlägt. Über Ohren- und Wollkopfgeier liegen sogar Berichte vor, daß sie Hasen oder frischgeborene Gazellen jagen. Ein Adler überwältigt seine Opfer mit festem Griff, ein Geier muß die Beute mit seinem Gewicht zu Boden drücken. Vermutlich besaßen auch Geier einmal kräftigere Beine, ihre Umstellung auf Aasfressen machte starke Fänge und lange Krallen jedoch überflüssig. Sie bildeten sich zurück, während der Hakenschnabel zum Zerschneiden der Kadaver erhalten blieb.

Verschiedene Arten, die gleiche Beutetiere bevorzugen, stimmen im Bau ihrer Fänge überein. Der ausschließlich Fische verzehrende Fischadler hat einen besonderen Greiffuß entwikkelt. Er besitzt als einzige Greifart eine Wendezehe und auf seinen Zehenballen stehen spitze Warzen, mit deren Hilfe er die schlüpfrige Beute besser halten kann. Die reversible Außenzehe ist für den Transport der Fische wichtig. Seeadler, die zum Teil auch Fische fressen, besitzen ebenfalls warzige Fußsohlen aber keine Wendezehe. Eine zweite vorwiegend fischfressende Art ist der südamerikanische Fischbussard. Auch seine Zehenballen sind von Warzen bestanden, und er trägt interessanterweise ein ähnlich gefärbtes Federkleid (weißer Kopf und kastanienbrauner Körper) wie manche Altweltseeadler und der Brahminenweih.

Die Läufe der Krabbenbussarde sind lang, ihre Zehen kurz und kräftig, zweifellos gerade recht gestaltet, harte Krabbengehäuse zu zerbrechen. Der Savannenbussard, dessen Läufe lang und mit kurzen Zehen versehen sind, ernährt sich großteils von Wasserschlangen. Die in Sümpfen lebenden Schlangenadler und Schlangenweihen besitzen alle eher kurze, kräftige Beine, die mit großen, rauhen Schilden bedeckt sind. Sie enden in kurzen, starken Zehen. Wenn man ein Stück Plastikschlauch durch die Finger gleiten läßt, wird klar, daß kurze, kräftige Finger zum Zupacken solcher Körper besser geeignet sind als lange,

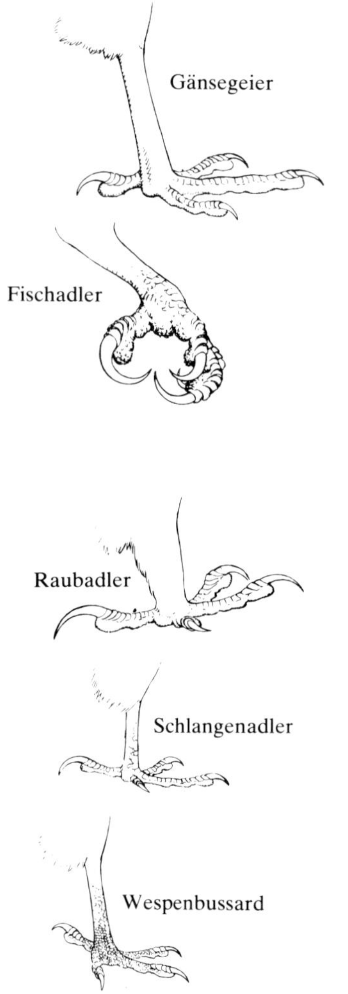

Abb. 19. Fortsetzung.
Gänsegeier – Aasfressen macht starke Klauen überflüssig. Fischadlerfänge sind mit rauhen Warzen bestanden, eine Zehe ist reversibel. Raubadler – sein mäßig kräftiger Fang ist nur zum Töten kleinerer Säugetiere geeignet, die Hinterkralle ist relativ kurz und schwach. Schlangenadler – kurze, gedrungene, kräftige Zehen ermöglichen das Festhalten und Töten von Schlangen. Wespenbussard – die Klauen seiner Zehen stumpfen beim Ausgraben der Wespennester ab.

schmale Künstlerhände. Der mit den Schlangenadlern verwandte Gaukler, der aber nur gelegentlich eine Schlange verzehrt, trägt noch den typischen Schlangenadler-Lauf; Flügel und Schwanz haben jedoch ihre ursprüngliche Gestalt verloren. Der nicht-verwandte südamerikanische Lachfalke, erbeutet viele Schlangen und hat ähnlich gebaute kurze Läufe und kräftige, dicke Zehen entwickelt. Es hat den Anschein, als könnte er Schlangen schon durch den heftigen Aufprall beim Zustoßen kampfunfähig machen, danach reißt er ihnen den Kopf ab oder bricht ihnen das Genick.

Die Krallen des Wespenbussards sind vom Ausgraben unterirdischer Wespennester oft ganz abgenutzt. Über den Speisezettel des Malayenadlers wissen wir noch sehr wenig. Augenscheinlich ernährt er sich von Jungvögeln und Vogeleiern, die er auf seinen sehr langsamen, segelnden Suchflügen auskundschaftet. Seine Zehen sind besonders lang und nur leicht gekrümmt, verleihen damit dem Fuß eine überdurchschnittliche Spannweite. Möglicherweise ergreift er damit Nester samt Inhalt, ohne seinen Flug zu unterbrechen.

Mächtige Arten, die dementsprechend gewichtigere Beutetiere schlagen, töten ihre Opfer meist durch bloßen Zugriff. Man muß die Kraft eines Adlerfangs am eigenen Leibe gespürt haben, um sie einschätzen zu können. Große, säugerfressende Adler haben sehr dicke, starke Zehen, die Hinterkralle ist lang, stark und scharf gekrümmt. Packt der Vogel beim Niederstoßen seine Beute, weisen drei Zehen nach vorne, eine nach hinten. Die riesige, dolchartige Hinterkralle sticht in den Körper. Der Griff erstickt die Beute, sofern der Aufprall sie nicht schon betäubte. Trotz der enormen Kraft und offensichtlichen Unempfindlichkeit eines Adlerfanges glaube ich, daß er mit viel Feingefühl in die richtige Lage gebracht wird, so daß bei großer wehrhafter Beute die Hinterzehe sofort eine tödliche Wirkung mit sich bringt.

An einer langen, sehr starken Hinterkralle alleine ist schon abzulesen, daß ein Adler Säuger zu töten vermag, und zwar teilweise Tiere von unglaublicher Größe. Die Hinterklauen des Habichtsadlers sind im Verhältnis zu seiner Größe sehr lang und stark, die von Stein- oder Kaffernadlern länger und kräftiger als von Raub- oder Steppenadlern. Dennoch dürfen solche Vergleiche nicht zu weit geführt werden. Untersuchungen aus jüngerer Zeit haben ergeben, daß sich Kampf- und Raubadler sowie Gaukler trotz der verschiedengestalteten Läufe im Tsavo-Nationalpark überwiegend vom Dik-Dik, einer kleinen Antilope ernähren.

G. E. Goslow hat das Beutefangverhalten amerikanischer Greife eingehend studiert und herausgefunden, daß sich der Fang der jeweiligen Größe der Objekte anpaßt. Während des Schließens erhöht sich gleichzeitig der an den Enden der Klauen ausgeübte Druck. Dieser geht teilweise auch von den Zehen selbst aus. Die Zehenbewegungen kontrollieren zwei kräftige Muskeln; der *Flexor digitorum longus* krümmt die Vorderzehen, der *Flexor hallicus longus* die Hinterzehe. Ohne Rücksicht

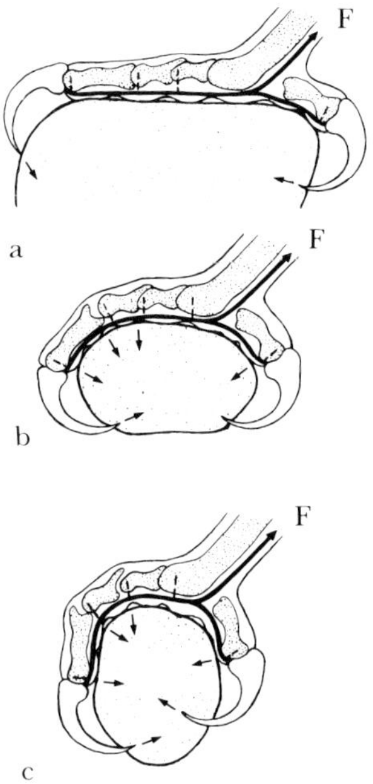

Abb. 20. Der Fang paßt sich jeweils an die Größe seiner Beuteobjekte an (nach G. E. Goslow):
a. bei großen Beuteobjekten übt die Klauenspitze die stärkste Kraft aus
b. bei mittelgroßer Beute wird auch von den vorderen Gliedern der Zehen Druck ausgeübt.
c. bei kleiner Beute geht die wirkende Kraft vom Fang, kaum von den Klauen aus.
F = Zugrichtung der Muskeln

Wiedergabe mit freundlicher Genehmigung der Zeitschrift Auk.

auf die Größe des gegriffenen Objekts schließen die Muskeln den Fuß, bis er auf Widerstand trifft. Ein kurzzehiger Schlangenadler hätte Schwierigkeiten, ein Kaninchen zu greifen. Ebenso dürfte es einem Habicht schwerfallen, seine langen Zehen um eine Schlange zu legen. Ein weiterer Muskel, der *tibialis anterior*, biegt das Gelenk. Er wird im Moment des Zuschlagens wirksam, wo der Greif seine Beute möglicherweise dicht am Körper hält. Sehr lange Läufe, wie sie der Sekretär besitzt, haben meist einen wenig kraftvollen Griff. Diese Details lassen sich aber besser in einer Skizze darstellen (siehe Abb. 19 und 20).

Bei Falkenarten, die fliegende Vögel schlagen, arbeitet der Flexor der Hinterkralle besonders effektiv. Die Läufe sind verstärkt, um den heftigen Aufprall abzufangen. Hinterklauen weiblicher Falken sind, wie die Tiere insgesamt, größer und kräftiger gebaut als bei Männchen. Dies deutet an, daß das Falkenweibchen größere Vögel schlagen kann. Bei Turmfalken, die ihre Nager am Boden schlagen, ist dieser Geschlechtsunterschied weniger deutlich ausgeprägt.

Jeder der Schnabel, Flügel, Schwanz, Läufe und Fänge einer Greifvogelart eingehend betrachtet, kann daraus ungefähr Lebensraum, Flugleistung und Jagdart des Tieres ableiten. Freilanduntersuchungen müssen die aufgestellte Hypothese dann stützen. Das Verhalten wildlebender Vögel variiert oft in verschiedenen Situationen, paßt sich den jeweiligen Gegebenheiten an. Ich habe selbst schon beobachtet, daß die an sich langsamen, eidechsenfressenden Singhabichte fliegende Perlhühner schlugen. Ihrem Körperbau nach hätte ihnen diese Leistung niemand zugetraut.

Methoden des Beuteerwerbs

Einer der interessantesten Aspekte in der Biologie der Greifvögel ist die spektakuläre Art ihres Nahrungserwerbs. Deshalb erstaunt es, daß wir dennoch so wenig über ihr Beutefangverhalten wissen. Die vermutliche Jagdmethode aus Schnabel-, Fuß-, Flügel- und Schwanzform von Museumsbälgen abzuleiten ist relativ einfach, wesentlich schwieriger hingegen die Beobachtung und Rekonstruktion des tatsächlichen Ablaufs einer Jagd im Freiland. Viele erfahrene Greifvogelbeobachter haben ihre Studienobjekte noch nie beim Schlagen erlebt, solche Beobachtungen erfolgten meist rein zufällig. In tausenden von Stunden haben Beobachter den Kaffernadler in den Matopos-Bergen Rhodesiens zweimal beim Schlagen von Klippschliefern gesehen – ein Vorgang, der jedesmal nur wenige Sekunden dauerte. In den 35 Jahren, in denen ich (mit Unterbrechungen) Steinadler belauert habe, ist es mir nur fünfmal gelungen, sie beim Beutegreifen zu sehen. Obwohl sich im Wald gegenüber meines Hauses in Kenya fast jeden Tag Kronenadler aufhielten, konnte ich noch nie den Vorgang des Tötens verfolgen. Mehrmals habe ich den Moment ganz knapp verpaßt, war aber noch imstande, den Vorgang zu rekonstruieren. Im Urwald bleibt es eben bloßer Zufall, genau den richtigen Augenblick abzupassen. So können wir auch hier nur sagen – so müßte es vor sich gehen. Aber findet es wirklich auch so statt?

Bei manchen Arten läßt sich die Jagdmethodik nur aus vielen verstreuten Einzeldaten zusammenpusseln. Dieses Stückwerk läßt sich nur durch systematische, sorgfältige Beobachtung über längere Zeiträume hindurch verbessern. In den vergangenen Jahren habe ich selbst Fischadler, meistens zwei Paare gleichzeitig, bis zu 48 Stunden hintereinander beobachtet. Als Ergebnis kann ich mit ziemlicher Genauigkeit sagen, wieviele Fische sie wie oft erbeuten, und wieviele sie insgesamt pro Tag verzehren. Vor einigen Jahren hat Gustav Rudebeck an der schwedischen Küste Greife genau observiert und eine der ersten Arbeiten über Jagderfolge veröffentlicht. Wenige andere haben es ihm gleichgetan, ein Teil der Ergebnisse sind widersprechend. Bei vielen Arten sind wir jedoch noch auf reine Vermutungen darüber, wie sie ihre Nahrung erbeuten, angewiesen.

Schwierigkeiten, quantitative Daten zu erhalten, resultieren erstens aus der Uneinsehbarkeit der meisten Lebensräume und zweitens aus der Weitläufigkeit der Greifvogelreviere. Habichte sind im dichtverwachsenen Wald nur schwer zu entdecken, und es ist ein hoffnungsloses Unterfangen, einem Gaukler kilometerweit über straßenlose afrikanische Savannen zu folgen, oder dem Steinadler von Berggipfel zu Berggipfel. Weitere Handicaps sind die geringe Frequenz des Beutefangs und die Art der geschlagenen Beute selbst. Es ist einleuchtend, daß wir einen Bussard, der täglich im offenen Grasland seine sechs Ratten schlägt häufiger beim Jagderfolg zusehen können als dem Kronenadler, der im dichten Dschungel jeden dritten Tag eine Antilope erbeutet.

Möglicherweise können wir Urwaldbewohner leichter untersuchen, indem wir sie fangen, mit einem kleinen Sender versehen, wieder freilassen und ihnen mit dem Empfänger zu Fuß folgen. Allerdings ist der Empfang der vom Sender am Greifvogelkörper abgegebenen Signaltöne nur über kurze Distanzen möglich. Nähern wir uns dem markierten Individuum zu sehr, fühlt es sich möglicherweise gestört und verhält sich dadurch anders. Lassen wir aber zu viel Spielraum und bleiben außer Sichtweite, können wir wiederum gerade den wichtigen Moment des Zupackens und damit aufschlußreiche Details versäumen. Dennoch wäre jede noch so bruchstückhafte Beobachtung besser als gar keine.

Verhaltensweisen von Arten mit einem großen Aktionsradius, wie etwa Steinadler, die täglich mehrere Quadratkilometer abfliegen, sind ebenso schwer zu erforschen. Diese Arten töten aber meist in offenem Gelände, so daß wir bessere Chancen haben, den Vorgang einmal zu Gesicht zu bekommen. Auch in diesem Fall haben sich Radiosender nur beschränkt bewährt. Sind sie klein genug, daß sie einen Vogel nicht behindern, ist ihr Signal aus einer Entfernung von mehr als 2 km nicht mehr zu vernehmen. Verstreicht ein Vogel in ein Tal, blockiert das dazwischen liegende Bergmassiv den Empfang. In jüngster Zeit hat sich die Ausführung der Geräte stark verbessert, meines Wissens sind viele Neuerungen noch gar nicht veröffentlicht.

Reviere des unspezialisierten Mäusebussards sind gewöhnlich nicht größer als 3 km². Er jagt vorwiegend in offenen Gebieten, entweder von Sitzwarten oder aus dem Rüttelflug. Daher ist er relativ leicht zu beobachten. So wissen wir über die Gewohnheiten verschiedener Bussardarten recht gut Bescheid. Die Brüder John und Frank Craighead aus Michigan folgten zwei Bussardarten, einigen Kornweihen und Buntfalken von der Morgendämmerung bis in die Abenddämmerung und erlangten so grundlegende Kenntnisse über ihre Jagdmethoden. Im Dartmoor konzentrierte sich Peter Dare auf Bussarde und beobachtete das ganze Jahr hindurch ihr Verhalten. Die Ergebnisse einzelner zufälliger Beobachtungen stimmen mit diesen gründlichen Studien der Jagdmethoden und Beutewahl des Bussards überein. Zufallsbeobachtungen können uns jedoch niemals quantitative Ergebnisse aufgenommener Nahrungsmengen geben.

Das Existenzminimum kann gegebenenfalls an Gefangenschaftstieren ermittelt werden. Käfigtieren fehlt es vielleicht an Übung, und sie verzehren daher weniger als ihre Artgenossen in Freiheit. Aber auch in diesem Fall sind Näherungswerte das beste was uns bis jetzt zur Verfügung steht. Die Craigheads lieferten uns in dieser Hinsicht ausgesprochen wertvolles Datenmaterial zum Nahrungsbedarf diverser Arten – vom Steinadler bis zum Turmfalken, aus Sommer und Winter, von Tieren mit und solchen ohne Erfahrung. Bedauerlicherweise sind nur wenige Ornithologen dieser Arbeitsrichtung gefolgt, obwohl die meisten Zoologischen Gärten Greife halten. Es ist natürlich immer schwierig, den Nahrungsverbrauch von Gefangenschaftstieren mit dem von freilebenden Individuen der gleichen Art zu vergleichen. Wir können nur selten wiegen, was der Wildvogel geschlagen hat. Manchmal läßt sich der Nahrungsbedarf nach der Vorzugsbeute schätzen. Zweimal hatte ich tatsächlich Gelegenheit Tiere zu wiegen, die der Kronenadler getötet hatte.

Am leichtesten lassen sich Greife, die an Gewässern leben, systematisch beobachten. Fisch- und Seeadler sowie einige andere Arten, wie der Eleonorenfalke, jagen nur oder doch vorwiegend über offenen Wasserflächen. Ausdauernde Beobachtungen offenbaren, welches Beutetier ein Greif wie oft schlägt, manchmal auch dessen Gewicht. Meine Seeadler-Studien am Naivasha See ergaben nicht nur eine gute Übereinstimmung verstreuter Einzelbeobachtungen mit genauen Ganztagsprotokollen, ich weiß genau, daß ein Seeadler 130 bis 140 g Fisch pro Tag fängt und beinahe vollständig verzehrt. Dies stimmt genauestens mit seinem errechneten Nahrungsbedarf aus Gehegen überein wie mit der Menge, welche die Brüder Craighead für Vögel dieses Gewichtes angeben.

Jeder, der schon einmal Fischadler beobachtet hat, wird feststellen, wie einfach es ist, herauszufinden, was er fängt, wie lange er braucht, um seinen Tagesbedarf zu decken, und wie leicht man seinen Jagderfolg (der oft sehr hoch ist) ermitteln kann. Ich kenne keine genauen Angaben über Nahrungsverhalten des Weißkopfseeadlers oder des europäischen Seeadlers. Es sollte aber nicht schwer sein, die aufgezählten Daten auch für diese Arten zu ermitteln. Als geeignetes Untersuchungsgebiet bieten sich die zahlreichen der Küste Norwegens vorgelagerten Inseln an. Auch dort könnten wiederum Radiosender helfen, Vögel wiederzufinden, die wir aus den Augen verloren haben.

In den USA haben Wissenschaftler kleine Miniatursender erfolgreich eingesetzt, um die winterlichen Aktivitäten des Weißkopfseeadlers zu erforschen. Verschieden geartete Signale zeigten an, ob der Adler gerade auf einer Warte saß, flog oder segelte. Obwohl die Signalauswertungen im allgemeinen mit Sichtbeobachtungen übereinstimmten, lieferten sie keine quantitativen Daten über Nahrungsverbrauch oder Art der geschlagenen Beutetiere. Sender, die in tote Fische eingebaut wurden, belegten, daß Fischadler in Minnesota im Durchschnitt 2,6 km pro Fisch per Flug zurücklegen und selektiv fischen. Sie bevorzugten Sonnenbarsche vor größeren Welsen und Hechten.

Greifvögel wenden verschiedene Methoden beim Beutefang an. Ich werde meine Übersicht der Fangmethoden bei Insekten beginnen und zu nächstgrößeren Beutetieren übergehen; Elefanten und Wale, die als Aas gefressen werden, sollen den Abschluß bilden. Arten, die Insekten fangen, gleich ob in der Luft oder vom Boden, sind ebenso gut zu beobachten wie Greife der Feuchtgebiete. Manchmal, wenn ein Turmfalke in hohem Gras

angenommene Methode

wirkliche Methode

Abb. 21. Lange Zeit glaubte man, daß Schneckenweihe Schnecken auf den Oberschnabel spießen bis sie gelähmt sind. In Wahrheit dreht der Weih seinen Schnabel um die Spindel des Gehäuses und zerschneidet den Columellar-Muskel. Dann zieht er die Schnecke in kleinen Portionen aus der Schale.

schlägt, können wir auch seine Beute nicht mehr erkennen. Arten, die hauptsächlich im Flug greifen, wie Schwalben- oder Mississippiweih, Baumfalke oder Schwarzer Milan, können wir beim Insektenfang gut verfolgen. Sie greifen die Insekten gewöhnlich mit dem Fuß, beißen dann den Thorax ab und verspeisen das genießbare Abdomen. Während der Regenzeiten verschlingen Ohren- und Schmutzgeier in Afrika Termiten schon gierig am Boden, bevor die Schwärme aufsteigen können, ebenso wie Raub- oder Kaffernadler, Augurbussarde oder Singhabichte. Die Termiten die entkommen, fallen Schwarzen Milanen, Baumfalken oder Lannerfalken in der Luft zum Opfer. Planmäßige Beobachtungen können offenbaren, wieviele Termiten der Raubadler am Boden greift, schon schwieriger ist festzustellen, wieviel ein Baumfalke in der Luft fängt.

Selten werden wir alle Arten zur gleichen Zeit antreffen, aber ich habe oft vier oder fünf Greifvogelarten an einem Termitenschwarm gezählt. Baumfalken, Rotfußfalken und auch große Steppenadler verzehren zur Winterszeit im südlichen Afrika Termiten als Hauptnahrung, in Kenya und Äthiopien hingegen fressen Steppenadler hauptäschlich Nagetiere. Viele Tierarten, auch der Mensch, greifen auf Termiten als Nahrungsbasis zurück. Wanderheuschrecken bildeten ebenfalls eine beliebte Nahrungsquelle, ihre Zahl ist in den letzten Jahren durch menschlichen Einfluß stark zurückgegangen. Obwohl solche Insekten fett und nahrhaft sind, braucht ein Steppenadler doch eine stattliche Menge, bis er satt ist. Ein Sekretär oder Turmfalke benötigt sicher weniger, aber auch das sind immer noch viele. Nur quantitative Beobachtungen, Abwiegen der adäquaten Menge Heuschrecken oder Termiten, kann brauchbare Schätzungen über den Nahrungsbedarf der einzelnen Arten geben.

Der Wespenbussard verzehrt neben verschiedenen Insekten vor allem Larven verschiedenster Wespenarten. Von seiner Warte am Rande einer Grasfläche beobachtet er, wo Wespen zu ihren unterirdischen Stöcken zurückkkehren. Dann beginnt er, an dieser Stelle zu graben, verschwindet oft ganz im Erdboden, bis er am Ende die papierartigen Waben, in denen die nahrhaften Larven sitzen, freigelegt hat. Gelegentlich nimmt er auch adulte Wespen zu sich; er zerschneidet sie in der Mitte und befreit sie vorsichtig vom Stachel bevor er sie verschluckt. In Afrika ergreift er freistehende Nester baumbewohnender Wespenarten oder Hornissen-Nester vom Hausgiebel. Die amerikanischen Wespenfalken, hängen sich kopfabwärts an die Papiernester tropischer Hornissenarten und verzehren deren Brut.

Träge Beutetiere, wie Schnecken, Regenwürmer und vielleicht Frösche, sind sicherlich noch leichter zu erbeuten als Insekten. Turmfalken enthäuten Nacktschnecken vor dem Schlucken. Gehäuseschnecken sind besonders interessante Beutetiere, werden in größerer Anzahl aber nur vom Schnekken- und Langschnabelweih gefressen. Nach einer sehr umfangreichen und überzeugenden Beschreibung von Lang, Guayana, soll der Schneckenweih eine *Pomacea* aufnehmen, mit der

Schnecke in einen Baum fliegen und warten, bis sie wieder aus dem Gehäuse kriecht. Blitzschnell soll der Weih dann den Schneckenkörper auf seinen nadelspitzen Oberschnabel spießen, sofort auf den Kiefer schieben, so daß er wie eine Nuß herausragt, dann den Kopf schütteln, bis schließlich die leere Schale in hohem Bogen wegfliegt. Darauf verschlucke er die Schnecke mitsamt Deckel.

Oben: Afrikanische Höhlenweihen suchen ihre Nahrung auf ganz besondere Weise: Sie strecken ihre Läufe, die sie im Gelenk nach oben und unten bewegen können, in schmale Spalten und Baumhölen und tasten nach kleinen Lebewesen.

Dieser Bericht, zu überzeugend geschrieben, um als unwahr zu gelten, erschien in sämtlicher Fachliteratur und verschleierte lange Zeit hindurch die tatsächlichen Vorgänge. Einige Kritiker bezweifelten schon anfangs, daß sich ein Schneckengehäuse so einfach abschütteln ließe. Denn der Schneckenkörper ist mit einem starken Spindelmuskel an der Schale befestigt. Und selbst wenn sich der Muskel (nehmen wir es einfach als Denkmodell) entspannte, weil der Greif das Ganglion, das die Muskelkontraktion bewirkt, mit dem Schnabel durchbohrt, könnte die Schale nicht so einfach weggeschleudert werden.

Tatsächlich haben neuere Untersuchungen des Freßverhaltens vom Schneckenweih gezeigt, daß er Schnecken mit dem Fuß faßt, aufbaumt, die Beute in die richtige Stellung bringt, so daß er seinen Schnabel als Hebel einsetzen kann, um den Dekkel zu entfernen. Dann dreht er die Schnecke wieder in die richtige Position und windet den Schnabel solange um die Gehäusespindel, bis der Muskel zerschnitten ist. Der Körper läßt sich jetzt leicht aus der Schale ziehen. Er verschluckt ihn auf einmal oder in mehreren Portionen (Abb. 21). Mit einem Metallwerkzeug läßt sich die Arbeit des Weihschnabels leicht nachvollziehen. Dennoch zögere ich, den umständlichen und minutiösen Bericht von Lang als unwahr hinzustellen.

Die Schneckenart *Pomacea* ist groß und rund, und vielleicht

Abb. 22. Die einmalige, doppelte Gelenkigkeit ermöglich der Höhlenweihe Beutetiere, etwa Nestlinge vom Boden der Höhle und schlafende Fledermäuse vom Höhlendach zu greifen.

Abb. 23. Ein Rauhfußbussard stürzt aus dem Rüttelflug auf eine Feldmaus. Nähert er sich dem Boden, hebt er seine Flügel hoch und senkt die Beine zum endgültigen Stoß.

fressen anderswo Greife keine Schnecken, weil sie dort nicht so günstig geformt sind. Die häufigen Riesenlandschnecken Afrikas, *Achatina*, sollten eigentlich ebenso nahrhaft und leicht zu erbeuten sein.

Die afrikanische Höhlenweihe und die amerikanische Sperberweihe spüren durch planmäßiges Suchen kleine, versteckte Beutetiere auf. Sie besitzen Läufe, die im Unterschenkelgelenk sowohl nach vorne als auch nach hinten beweglich sind, eine einmalige Einrichtung, um enge Spalten zu durchforsten. Die Höhlenweihe kann ihren Lauf um etwa 30° nach rückwärts drehen; sie hängt mit einem Bein am Höhlenrand und tastet mit dem anderen in das Innere der Öffnung, um vielleicht eine Fledermaus oder einen Nestling zu erhaschen (Abb. 22). Die Sperberweihe bricht unter Splittern und Krachen der Borke mit dem ganzen Kopf in größere Ausbuchtungen, steckt ihre doppelt gelenkigen Läufe aber in kleinere Spalten. Beide Arten haben Beutetiere gewählt, die sonst keinem Greif zugänglich sind, und beide wenden viel Zeit zum Durchstöbern geeignet erscheinender Beuteverstecke auf. Höhlenweihen hängen sich auch an Webervogelnester und zerstören diese systematisch, um an die Nestlinge zu kommen. Ich habe schon erwähnt, daß ihre flexiblen Handschwingen und die geringe Flügelbelastung sie für langsame Suchflüge besonders geeignet machen.

Amphibien werden von Weihen, Schlangenadlern, Seeadlern, einigen Bussarden und Milanen sowie von einer Habichtart verspeist, aber selten als Hauptnahrung, meist nur als Nebenkost; sogar Steinadler verschmähen Frösche nicht. Am einfachsten sind sie in der Fortpflanzungsperiode zu erbeuten, wenn sie sich zum Ablaichen in flachen Tümpeln sammeln. Schrei- und Schelladler jagen kleine Frösche, indem sie zu Fuß Sumpfwiesen durchkämmen. Ungarische Rotfußfalken fressen Frösche in größerer Menge. Kröten und Frösche sind recht wehrlose Kreaturen; ihre einzige Verteidigung besteht in der Flucht unter die Wasseroberfläche oder in dichte Vegetation, manche Arten sekretieren auch eine giftige Hautsubstanz. Als Greifvogelbeute fallen sie kaum ins Gewicht. Ihre Reste sind in Gewöllen zudem nur schwer zu entdecken, da die Knochen vielfach völlig verdaut werden.

Ratten und Mäuse sind hingegen für viele Greife vom Turmfalken und Gleitaar bis zum Steppenadler und Sakerfalken die wichtigsten Beutetiere. Viele Greife fressen Nager, wenn es sie in Unmengen gibt, andere, so Turmfalken, Gleitaare, Weihen, Bussarde und einige kleine Adlerarten, bevorzugen sie stets vor Heuschrecken, kleinen Bodenvögeln und anderer leichter Beute. Ratten werden meist von Warten oder aus dem Rüttelflug geschlagen. Als Sitzwarten dienen heute meist Zaunpfähle, Telegrafenmasten oder elektrische Leitungen. Regungslos sitzt der Greif und beobachtet den Grund mit scharfem Auge. Sieht er eine Bewegung im Gras, beugt er sich vor, bewegt den Kopf hin und her, sein Blick konzentriert sich. Hat er den genauen Aufenthaltsort der Beute herausgefunden, läßt er sich niedergleiten oder fällt wie ein Fallschirmspringer mit hochgestreckten Flü-

Beim rüttelnden Turmfalken verstärkt der breit gefächerte Schwanz den Auftrieb um ein Vielfaches. Suchend wendet er den Kopf von einer Seite zur anderen.

geln, erhöht dabei sein Tempo bis zur letzten Sekunde und stürzt beinahe senkrecht auf sein Opfer. Beim Aufprall beugt er die Läufe und schließt automatisch die Fänge. Eine 80 g wiegende Maus ist vom Aufprall eines 800 g schweren Bussards, selbst eines 200 g „leichten" Falken sofort erdrückt oder gelähmt. Mit einer, auf so einfache Art gefangenen Ratte kommt ein Turmfalke sicher einen Tag aus, dem Bussard genügen zwei oder drei pro Tag.

In Steppen und Grasland, wo geeignete Sitzwarten fehlen, müssen Greife durch Segeln, Rütteln oder Kreisen (Weihen) ihre Beute ausmachen. Die meisten Arten, die über Graslandschaften jagen, rütteln; Turmfalken tun dies regelmäßig, Bussarde oft, manchmal sogar Schlangenadler. Günstige Windverhältnisse machen Flügelbewegungen beinahe überflüssig. Bei nur leichter Brise kann der Vogel sich ausschließlich durch besonders rasche Flügelschläge und völliges Ausbreiten des Stoßes in der Luft halten. Zeitlupenaufnahmen rüttelnder Vögel belegten, daß der Kopf stets in derselben Stellung gehalten wird, während sich Körper-, Flügel- und Schwanzstellung ständig ändern. Genau genommen ist das Rütteln nichts anderes als eine „Sitzwarte in der Luft", von der aus genauso das Zielobjekt angepeilt wird, wie vom Baum oder Telegraphenmast aus. Der rüttelnde Vogel steigt langsam, meistens in ein bis zwei Etappen, herab und fällt plötzlich mit hochgestreckten Flügeln zu Boden (Abb. 23). Erhebt er sich sofort wieder, hat er vermutlich seine Beute verfehlt oder ein kleines Tier gegriffen. Bleibt er auf der Stelle sitzen, hat er offensichtlich einen größeren Fang gemacht, der sich dann leicht identifizieren läßt. Bei einer Störung wird er nicht in der Lage sein, die Beute fortzuführen.

Weihen halten nach kleinen Säugern in Grasland Ausschau und bewegen sich dabei in langsamem, schaukelndem Ruderflug gegen den Wind. Ihr Tempo ist oft nicht schneller als das eines Spaziergängers. Der Vorteil dieser ruhigen Fortbewegungsweise leuchtet ein, sobald wir uns vorstellen, daß wir einen verlorenen Golfball einmal im Sprint, dann im Schrittempo suchen sollen. Eine jagende Weihe prüft von Zeit zu Zeit auffällige Eindrücke, rüttelt im Fliegen kurz und folgt dann vielleicht einem Objekt, das sie gesehen oder gehört hat ein paar Meter weit. Ist das Tier geortet, stürzt sie sich in die verfilzte Vegetation und greift den Heuschreck, Frosch, einen nestjungen Vogel oder oftmals auch ein kleines Säugetier.

Einige sehr wendige Falken fangen Ratten wieder auf ganz andere Art. Vom Saker wird behauptet, er rüttle auf der Suche nach Hamstern wie ein riesiger Turmfalke über den Steppen Rußlands. Er fegt aber auch mit großer Schnelligkeit wenige Zentimeter über der Grasdecke dahin und versucht, auf diese Weise Ratten zu überraschen. Im Hochland von Äthiopien wenden Lannerfalken ähnliche Methoden an, um Ratten, die sich vor den Eingängen ihrer Höhlen aufhalten, zu überrumpeln.

Einige große, grabende Säuger wie Taschenmäuse, Maulwürfe oder Maulwurfsratten sind leichter zu bekommen. Ein Augurbussard oder Raubadler wartet an der Stelle, an der sich eine Wurzelratte (*Tachyoryctes*) unter der Erde weiterarbeitet. Sie kann den Greif ja nicht sehen, und dieser braucht, wenn der Nager an die Oberfläche kommt, nur ein kurzes Stück zu fliegen und zuzupacken. Beim Schließen der Fänge durchdringen die Klauen das lose Erdreich, greifen die Ratte und ziehen sie heraus.

Mäusebussarde verzehren zahlreiche Maulwürfe, den Raub- und Steppenadlern im Grabenbruch von Kenya dienen Wurzelratten als Hauptnahrung. Es ist für sie bestimmt nicht schwer, ihren Tagesbedarf zu decken, da die Nager oft in Gruppen leben. Andere größere Nagerarten, zum Beispiel amerikanische Erdhörnchen (Hauptbeute der Steinadler Alaskas) sind wesentlich aufmerksamer und daher schwer zu erbeuten. Die Greife

Erdhörnchen vor ihrem Schlupfloch. Sie wirken auffällig und leicht zu greifen, sind aber äußerst wachsam und werden von Greifen nur selten erbeutet.

müssen sie schon weit entfernt von den Wohnhöhlen überraschen und ihre Angriffe regelrecht „planen". In Utah beobachtete ich einst einen Steinadler, der schnell und knapp über dem Erdboden strich und ein Hörnchen hinter einem Beifußbusch griff. Er mußte den Nager schon von weitem beobachtet haben, sein rascher Angriff aus geringer Höhe war gut vorbereitet.

Viele der bisher besprochenen Beutetiere sind eher als wehrlos und langsam zu bezeichnen. Schlangen sind keins von beidem, und giftige Arten, wie Mambas, Kobras oder Puffottern, sogar recht gefährliche Gegner. In der Alten Welt fängt sie der Schlangenadler, in Amerika Lachfalken und Bussarde der Gattung *Leucopternis*. Auch Adler, Echte Bussarde und Rohrweihen verzehren gelegentlich Schlangen, giftige Klapperschlangen und Puffottern eingeschlossen, niemals jedoch als Hauptnahrung. Schlangenadler wiederum kann nichts so sehr erregen wie der Anblick einer Schlange. Ein hungriger Schlangenadler wird in Gefangenschaft eine Ratte lustlos wahrnehmen, läßt aber jemand ein Stück Seil unter schlängelnden Bewegungen durch seinen Käfig baumeln, erwacht sein Interesse sofort.

Wie Schlangenadler beim Beutefang genau vorgehen, ist nicht ganz geklärt. Vermutlich stürzen sie sich von einer Sitzwarte oder aus dem Rüttelflug blitzschnell auf die Schlange und packen sie in Kopfnähe. Die Wirbelsäule einer Schlange bricht leicht, danach ist das Tier gelähmt. Die kurzen kräftigen Zehen der Schlangenadler sind dazu geschaffen, dünne zappelnde Lebewesen festzuhalten und ein kleines Individuum, rasch in die Luft gehoben, ist ziemlich wehrlos. Ihr Körper wird durch die Zehen geschoben, bis der Kopf erreicht ist, den der Vogel stets zuerst zerstückelt.

Eine große Kobra oder fette Puffotter bereitet schon größere Probleme, und beide Arten liefern ihren Angreifern eindrucksvolle Gefechte. Man sagt, die harten Schuppen an den Läufen von Schlangenadlern schützten vor Schlangenbissen. Tatsächlich stoßen Schlangen aber vor allem nach dem Körper und den Flügeln des Adlers. Dabei beißen sie natürlich nur in Federn, kein Gift gelangt in die Blutbahn des Greifs. Nach kurzer Zeit erlahmen die Kräfte der Schlange, der Augenblick für den Angreifer ihr Rückgrat zu erfassen und den gefährlichen Kopf zu zerquetschen. Große Schlangen werden von Greifen in Portionshäppchen zerlegt, kleinere verschlucken sie als Ganzes, bis nur mehr die Schwanzspitze aus dem Schnabel ragt, oft während der Adler schon wieder weiterfliegt. Dem Lachfalken wird nachgesagt, daß er Schlangen mit dem Schwanz voran herunterwürgt, alle Schlangenadler zehren ihre Beute aber vom Kopf her auf. Das Gift wird verdaut und schadet dem Greif nicht, es sei denn er hätte eine innere Wunde, durch die das Gift in den Blutkreislauf gelangen kann.

Ein vielseitiger Jäger wie der Bussard ist in der Lage, jede Beute, angefangen von Giftschlangen, Nagern, Fröschen und Insekten, zu greifen, nur Schnecken oder Fisch finden sich selten auf seinem Speiseplan. Der Mäusebussard bevorzugt in seinem gesamten Verbreitungsgebiet kleine bis mittelgroße Säuger. Kaninchen sind, oder besser waren, vor Ausbruch xomatose (Kaninchenpest) für britische Mäusebussarde lebenswichtig. In Europa treten weitere Kleinsäuger, besonders Nager, an ihre Stelle. Auch andere Bussardarten, wie Rotschwanz- oder Rauhfußbussard, geben Nagern als Nahrung den Vorzug. Bussarde passen ihre Jagdmethoden den vorhandenen Beutetieren und ihrem jeweiligen Lebensraum an; in einem Waldgebiet in Großbritannien (New Forest) jagen Bussarde verhältnismäßig mehr Vögel nach Habichtmanier; der amerikanische Rotschwanzbussard schlägt häufig Fasane.

Bussarde jagen meist von offenen oder versteckt liegenden Warten aus, vielfach sind es hochragende tote Äste. In offener Landschaft kreisen oder rütteln sie, je nach den Gegebenheiten. Die Brüder Craighead stellten fest, daß die Winternahrung dreier Bussardarten in Michigan (Rotschwanz-, Rotschulter- und Rauhfußbussard) sich zu 90 % aus kleinen Nagern zusammensetzte, meistens von Warten aus erbeutet. In den Jahren nach der Myxomatose, als die Kaninchendichte im Dartmoor äußerst gering war, jagten Mäusebussarde von September bis Februar von Sitzwarten, von März bis August hingegen im Rüttelflug. Sitzwarten benützten sie nur dann, wenn durch ungünstige Windverhältnisse ein Rüttelflug nicht möglich war. Warten neben Kaninchenbauen wurden bevorzugt. Im Herbst und Winter durchstreiften sie auf der Suche nach Käfern auch Wiesen zu Fuß, nie jedoch im Sommer, wo sie jede kleine Brise zum Rütteln ausnutzten. In diesem Fall hing das häufige Rütteln mit dem Mangel an Kleinsäugern zusammen. Mäusebussarde rütteln aber gelegentlich auch, wenn Nager im Überfluß vorhanden sind.

In Australien sind Kaninchen nach der Einbürgerung bei vielen Greifen an die Spitze ihrer Nahrungslisten gerückt. In Hawaii ernährt sich die einzige endemische Greifvogelart, der Hawaiibussard, bevorzugt von den eingeschleppten Wanderratten. Ursprünglich muß er wohl andere Tiere als Nahrungsschwerpunkt verfolgt haben. Unspezialisierte Greifarten, wie wir sie unter den Echten Bussarden allgemein finden, werden jedes größere Angebot verschiedenartiger Beuteobjekte ausnützen. Liegt eine breitere Auswahl vor, neigen sie dazu bestimmte Gruppen vorzuziehen. Nahrungsspezialisten müssen hingegen immer bei ihrer gewählten Beutegruppe bleiben. Schneckenweihe und Schlangenadler würden in einem Gebiet ohne Schnecken bzw. ohne Schlangen, das jedoch von Kaninchen überquillt, jämmerlich verhungern. Dabei könnte sich der Schlangenadler noch eher umstellen als der Schneckenweih.

Vögel kommen schon vom Ei an als Beutegruppe in Betracht. Malayenadler und Schwalbenweih z. B. holen sie ohne ihren Flug zu unterbrechen aus den Nestern. Auch Weihen fressen gelegentlich Eier.

Schmutzgeier nehmen Pelikan- oder Flamingo-Eier in den Schnabel und zerbrechen sie an Steinen oder durch Rollen auf dem Boden. Schmutzgeier bewerfen auch Straußeneier mit Steinen, um sie zu öffnen. Sie zählen damit zu den wenigen Lebewesen, die Werkzeuge gebrauchen: der Mensch, Menschenaffen, der See-Otter, der Galapagos-Spechtfink und möglicherweise eine Laubenvogelart. Die Eingeborenen Australiens wollen gesehen haben, wie Bussardmilane Steine auf Gelege von Emus fallen ließen, nachdem sie die Altvögel vom Nest getrieben hatten. Ein Beweis dieser Behauptung steht noch aus.

Weihen fressen oft Jungvögel, und eben ausgeflogene Nestlinge sind leichte Beute für den Habicht. Untersuchungen an Rotmilanen in Wales zeigten, daß zahlreiche Krähen und Möwen von ihnen gefressen werden und sie vermutlich mehr Vögel fangen als bisher angenommen wurde. Seeadler holen gelegentlich junge Wasservögel aus den Nestern. Ich habe selbst gesehen, wie ein Schreiseeadler eine Kolonie afrikanischer Löffler dezimierte. Er ging von Nest zu Nest und verspeiste ein Jungtier

Der farbenprächtige Fasanenhahn ist in offenem Gelände praktisch schutzlos. Nur ständige Aufmerksamkeit kann ihn vor Feinden schützen.

nach dem anderen. Diese Art von Beutetieren verlangt dem Jäger keine große Geschicklichkeit ab. Seeadler greifen aber auch erwachsene Tauchenten, Alken und andere Wasservögel.

Adulte Vögel sind hauptsächlich Nahrung für Habichtarten, schnelle Falken und einige Adler. Art und Größe der Beutetiere hängen von der Größe des jagenden Greifs ab. Eine 95.000 Einzeldaten umfassende Nahrungsliste des Sperbers setzte sich zu 98,95 Gewichtsprozent aus Vögeln zusammen, darunter 85,1 % Kleinvögel zwischen 10 bis 50 g, 1/15 bis 1/4 vom Eigengewicht des Sperbers. Haussperlinge gehörten in Holland zu seiner beliebtesten Nahrung. Die Vorzugsbeute verändert sich aber mit der Häufigkeit der auftretenden Kleinvogelarten. Von 13.000 Habichtfängen waren Vögel von der Individuenzahl her mit 90,2 %, nach dem Gewicht zu 89,8 % beteiligt. (Dies beweist, daß auch der Habicht trotz seiner kräftigen Beine ein Vogelfänger ist). Aber nur 28 % der Individuen oder

6,3 % vom gesamten Beutegewicht setzte sich aus Kleinvögeln zusammen. Am stärksten waren Non-Passeres, vornehmlich Tauben, vertreten; sie bildeten 48,3 % der Gesamtbeute. Theoretisch könnte ein Habicht vom Fasan bis zur Drossel alles schlagen, er bevorzugte jedoch Ringeltauben; nur mit 9,8 % waren Hasen und Kaninchen auf der Beuteliste vertreten.

Wir können eine Habichtart nur selten beim Schlagen beobachten, weil es gewöhnlich im oder hinter Dickicht geschieht. Meist trägt er seine Überraschungsangriffe mit großer Gewandtheit vor, Schnelligkeit kommt erst an zweiter Stelle. Hinter Baumwipfeln oder Hecken fliegt er in Deckung und schießt plötzlich hervor, um den im Freien deckungslos fressenden Vogel zu überraschen. Oder er streicht tief über dem Boden und stürzt kopfüber mitten in einen Schwarm fressender Sperlinge. Solche Attacken können über größere Distanzen vorbereitet werden. Habichte jagen ebenso von geschüzten Warten aus und greifen von dort den vorüberfliegenden Vogel oder holen einen Singvogel, der das Geäst nach Insekten absucht, aus dem Baum.

Habichtarten jagen selektiv, wobei sie selten Vögel attackieren die solitär in dichten Biotopen leben, wie Grasmücken oder einige Meisenarten. Ebenso sind schnellfliegende wendige Arten, die ihre Nahrung in der Luft zu erhaschen versuchen, wie die häufigen Schwalben, von der Bejagung ausgenommen. Ihre Flugkünste übertreffen sogar die eines Sperbers. Unter den Beutetieren des Sperbers findet sich sonst alles vom Goldhähnchen bis zur Ringeltaube, größere Arten überschneiden sich mit den Jagdtieren des Habichts. Habichte jagen im Prinzip genauso wie Sperber und die übrigen Habichtsarten. Gelegentlich überraschen uns *Accipiter*-Arten, jedoch mit ungewöhnlichen Jagderfolgen. So sah ich einen Tachirohabicht bei der Verfolgung einer hochfliegenden Halbmondtaube. Mit großer Geschwindigkeit holte er sie ein, bevor sie die schützende Deckung eines Waldes erreichen konnte.

Adlerarten, wie Stein-, Habichts- oder Kampfadler, die regelmäßig Hühnervögel, Krähen, Trappen und Enten jagen, schlagen ihre Beute nicht im Flug, sondern am Boden. Moorhühner fliegen beim Anblick eines Adlers auf; es ist also anzunehmen, daß Fliegen für sie sicherer ist, als sich im Gras zu drücken. Habichtsadler jagen manchmal nach Sperberart aus der Deckung, um möglichst nahe an geeignete Beute heranzukommen. Sie schlagen ihr Opfer in dem Moment, indem es zum Abheben ansetzt. Ein Habichtsadler wurde beobachtet, als er eine Dohle unterflog, sich auf den Rücken warf und wie ein Habicht den Vogel im Flug griff. Kampfadler sind vermutlich zu gewichtig, um fliegende Vögel greifen zu können. Ihre Methode besteht darin, Angriffe von einem hohen Segelpunkt einzuleiten, von wo aus sie ihre Beute kilometerweit sehen können. Ich habe einen Kampfadler gesehen, der aus mindestens 5 km Entfernung ein einzelnes Perlhuhn aus einer fressenden Gruppe herausholte. Plötzlich war er da und packte mit vehementer Geschwindigkeit ein Tier, bevor die übrigen es richtig gewahr wurden.

Ein Habichtweibchen mantelt über dem geschlagenen Fasanenhahn. Diese besitzergreifende Drohgeste zeigen viele Greifvogelarten.

Am eindrucksvollsten ist die Jagd der großen, schnellen Falkenarten, des Lanners, Sakers und besonders des Wanderfalken. Baum- und Eleonorenfalken sind elegante Flugkünstler, schlagen aber kleinere Vogelarten. Sie töten ihre Beute manchmal im Flug, häufig werden die Tiere aber auch gegriffen und auf eine Sitzwarte getragen. Ihre Angriffe sind schnell und zeigen fast artistisches Geschick. Wenn wir vielleicht auch das unglückliche Opfer bedauern, können nur wenige unter uns dem Greif die Bewunderung für den jähen Sturz, den auf Bruchteile von Sekunden präzisen Angriff, die Gewalt des Zugriffs und den lässigen, siegesbewußten Aufstieg verwehren. Einen schlagenden Greif zu beobachten ist für die meisten ein nachhaltiges Ereignis, und kaum einer wird ihm die Beute neiden. Diese kann gleichgroß, ja, größer als der Falke sein; gewöhnlich ist sie jedoch kleiner. Britische Wanderfalken ernähren sich hauptsächlich von Haustauben und Kleinvögeln mit weniger als 2/3 des Falkengewichtes. Französische und deutsche Wanderfalken schlagen vorwiegend Eichelhäher, Drosseln und andere größere Singvögel.

Oft nützen die Greife günstige Situationen zu einem raschen Angriff aus. Mindestens zweimal waren die Beutetiere, die ein Lannerfalke vor meinen Augen schlug, von mir aufgescheucht worden, einmal ein Flughund, das andere Mal ein Bienenfresser. B. J. Monneret, der in Frankreich 400 Angriffe von Wanderfalken studierte, sagt, daß sie ihre Angriffe vorausplanen und oft aus weiter Entfernung ausführen. Ein sitzender Falke legt sein Gefieder glatt an, sobald er ein jagbares Objekt entdeckt hat und nickt mit dem Kopf. Handelt es sich um einen Vogel im Flug, wartet er, bis dieser außer Sichtweite oder hinter Deckung ist, und geht dann erst zur Verfolgung über. Dreiviertel aller Angriffe startet er von erhöhter Sitzwarte 200 bis 300 m über der Beute! Von niedrigen Felsen müssen Falken erst aufsteigen, um den notwendigen Höhenvorteil zu erreichen.

Die untersuchten Falken schlugen erst 200 m bis 4,5 km vom Ausgangspunkt der Jagd entfernt. In 200 m Entfernung ließ sich nur eine unachtsame Hohltaube greifen. Die meisten Jagden endeten nach 500 bis 1.500 m. Wanderfalken ignorieren vorbeifliegende Vögel, die nicht jagdbar, in guter Deckung oder zu nahe sind, ergreifen aber jede sich bietende Gelegenheit, einen Vogel in guter Position, selbst wenn er weiter entfernt ist, zu schlagen. In einem besonders spannnenden Fall erbeutete ein Paar in Zusammenarbeit eine Taube, die einen 2,5 km entfernten Fluß überquerte. Das Männchen schlug die Taube mitten über dem Fluß, konnte sie aber nicht halten, sie wäre ins Wasser gefallen und verloren gewesen. Aber das Weibchen, das 100 m hinter dem Männchen flog, fing sie im Fallen auf. Jeder 10. beobachtete Jagdversuch war von Erfolg gekrönt.

Obwohl ein weiblicher Habicht, der 1.200 g auf die Waage bringt, Hasen erbeuten kann, die etwa viermal so schwer sind, bleibt solche Beute gewöhnlich den großen Adlern vorbehalten. Steinadler bevorzugen eine Kost aus Kaninchen, Hasen und anderen gleichgroßen Säugetieren. Der Speiseplan rhodesischer Kaffernadler besteht fast ausschließlich aus Klippschliefern, die bis zu 5 kg wiegen. Die meisten säugerverzehrenden Adler wiegen 3.500 bis 5.500 g und schlagen Beutetiere von 1.000 bis 5.000 g, Tiere, die also ein Gutteil leichter sind als sie selbst.

Der größte und mächtigste Greif ist die südamerikanische Harpyie mit einem Gewicht von 4,5 bis 8 kg. Welche Beutetiere dieser riesige Vogel schlägt, wissen wir noch nicht. Ihr kleiner afrikanischer „ökologischer Gegenspieler", der Kronenadler, mit 3,5 bis 4 kg soll hauptsächlich Affen nachstellen. In Kenya bevorzugt er Moschusböckchen, eine kleine Waldantilopenart mit etwa 4 bis 4,5 kg Körpergewicht. Daneben nimmt er Baumschliefer, einige Affen, ausgewachsene Ducker bis zu 9 kg (mehr als das doppelte Gewicht des Kronenadlers) und ausnahmsweise Kälber noch schwererer Antilopenarten. Das größte von ihm getötete Tier, das bekannt geworden ist, war eine junge Schirrantilope von mindestens 18, vielleicht 25 kg; das ist mehr als das Vierfache des Adlergewichtes.

Ich weiß nicht genau, wie dieser Adler seine Beute überwältigt, aber seit mich ein weiblicher Kronenadler tätlich angegriffen hat, weiß ich immerhin, wie es sich anfühlt. Zweifellos wollte mich der Vogel nicht töten, sondern nur vertreiben, zerfetzte auch hauptsächlich bloß mein Hemd; dennoch versetzte er mir einen heftigen Schlag in den Rücken und hinterließ mit seinen Krallen drei tiefe Wunden. Ich werde die Heftigkeit des Aufpralls stets in Erinnerung behalten, mehr als das Zupacken der Klauen, deren Wunden erst im Nachhinein schmerzten. Einen unvorbereiteten Affen oder Baumschliefer fegt ein solcher Schlag mühelos vom Baum. (Siehe dazu auch die Fotos auf Seite 208.)

Affen steigen freiwillig zu Boden, um diesem Adler zu entgehen. Eine Diadem-Meerkatze fiel am Gitterzaun des Nachbargartens einem Kronenadler zum Opfer. Der furchtbare Druck der kräftigen Zehen und riesigen Klauen beenden jeden Abwehrversuch eines Affen oder einer kleinen Antilope auf der Stelle. Ein Kronenadler schlägt seine Hinterkrallen mit Leichtigkeit durch den stärksten Falknerhandschuh. Im Kampf mit einem 20 kg schweren Schirrantilopenkalb setzt er seine Krallen zwischen den Nackenwirbeln ein, und verletzt das Rückenmark. Somit ist die Antilope bewegungsunfähig. Die tiefen Spuren der Krallen, die ich an dem Wildtier fand, lassen nur diese Deutung zu.

Abb. 24. Steinadler und Schaf im gleichen Größenverhältnis. Niemals könnte der Adler das Schaf töten, das sechs bis sieben mal so schwer ist wie der Adler.

So schwere Tiere können Greife natürlich nicht als Ganzes transportieren. Ein Steinadler, dem man verschiedene Gewichte an die Füße band, kam bei einem Gewicht von über 1 kg nicht mehr hoch. Das schwerste Gewicht, das ein Adler bei guter Windunterstützung heben kann, sind etwa 3,5 bis 4,5 kg. In den Bergen Schottlands fand ich oft halbe Schneehasen, eindeutige Reste einer Adlermahlzeit. Adler brechen Hasen meist hinter dem Brustkorb auf und genehmigen sich zunächst eine ausgiebige Mahlzeit aus Rippenfleisch, Leber, Herz und Lungen. Der Kronenadler trennt von großem Wild sorgfältig die Gliedmaßen ab und verwahrt den Vorrat für schlechte Zeiten in Bäumen. Der Diadem-Meerkatze fehlte nach einer Stunde ein Bein und beim Schirrantilopenkalb, das die Adler 2,5 km vom Horst entfernt töteten, brachten Männchen und Weibchen am nächsten Tag je ein Bein zum Horst. Als ich die Beute tags zuvor fand, fehlten sie bereits. Das Paar mußte sie über Nacht in Bäumen versteckt haben. Eines Tages werde ich an Ort und Stelle sein und genau sehen, was da wirklich vor sich geht!

Tiere, die schwerer als sagen wir mal 15 kg sind, wird normalerweise kein Greifvogel lebend überwältigen. Sie werden aber tot gefressen. Entweder sind es Überreste einer Raubtiermahlzeit oder aber Tiere, die ohne direkte Fremdeinwirkung verendet sind. Steinadler und viele Seeadler der nördlichen Breiten fressen im Winter häufig Aas. Beim Steinadler können Kadaver zu dieser Jahreszeit 40 % seiner Nahrung ausmachen. Karakaras und Gaukler nehmen ebenfalls Aas auf. Spezialisiert auf solche Nahrung haben sich aber Alt- und Neuweltgeier. Sie fressen kaum noch etwas anderes. Sie haben, weil sie keine lebende Beute mehr schlagen müssen, ihre mächtigen Greiffüße und Adlerklauen verloren.

Aasfressen ist eine charakteristische Ernährungsform der Tropen. Dort haben sich Geier in mannigfacher Vielfalt entwikkelt, denn an Nahrung mangelt es hier nicht. Aber auch in den Subtropen kommen Aasfresser vor, und in den arktischen wie gemäßigten Breiten ist Aas für überwinternde Stein- und Seeadler wichtige Existenzgrundlage. In den kalten Klimaten hält ein gestrandeter, toter Wal sich über Wochen. An solchen Kadavern sammeln sich Tag für Tag Weißkopfseeadler in riesigen Mengen. Auch in den Rocky Mountains bleibt ein toter Hirsch im Schnee wochenlang genießbar. Hartgefroren kann sich jedoch kein Greif daran beköstigen. An einem warmen, sonnigen Tag taut er in oberflächlichen Schichten soweit auf, daß ein Steinadler seinen Magen füllen kann.

In diesen Breiten ernähren sich höchstens ein oder zwei Adler über längere Zeit von einem Leichnam. In den Tropen oder Subtropen verfault ein totes Tier binnen Tagen oder sogar Stunden. Zahlreiche Geier partizipieren zu gleicher Zeit an ihm. Entgegen der allgemeinen Meinung nehmen sie Fleisch lieber in frischem Zustand zu sich. Kadaver bleiben nur über längere Zeit liegen, wenn nicht genügend Abräumer vorhanden sind. Hunderte von Geiern fallen beim Kadaver eines Zebras nieder und verschlingen innerhalb weniger Stunden alles, bis auf etwas Haut und die großen Knochen. Bis zu sechs verschiedene Geierarten scharen sich mitunter um einen Leichnam. Jede ist auf eine andere Funktion spezialisiert. Es gibt also kaum Konkurrenz, jeder bekommt seinen Teil ab.

Aber innerhalb jeder Art kämpfen zwanzig oder mehr Individuen um den Vortritt. Ein eben eingetroffener Gänsegeier landet vom Kadaver entfernt und kommt im Laufsprung auf seine Fraßgenossen zu, die Flügel vom Körper abgehoben, die langen Skapularen wie Teufelshörner aufgestellt. Oder er senkt seinen Kopf und nähert sich steifbeinig mit durchgestrecktem Intertarsalgelenk. In Afrika kämpfen Sperbergeier untereinander und mit Weißrückengeiern häufiger als mit allen anderen Geierarten. Ohrengeier schüchtern Sperbergeier durch langsames Annähern mit gesenktem Kopf ein, die lanzettförmigen Federn der Halskrause aufgestellt, den Schwanz horizontal. Wollkopf- und Ohrengeier treffen meist vor Sperbergeiern am Aas ein, berauben und bedrohen aber diese Spätankömmlinge. Ohrengeier sind überhaupt die agressivsten afrikanischen Geier. Ihre Spielregeln lauten: der Angreifer gewinnt, der Angegriffene gibt nach. Was wie ein Gewirr fressender Vögel wirkt, ist eine streng eingehaltene Rangordnung: einige dominante Vögel, sie fressen, andere sind bereits satt und zufrieden, rangniedrige warten abseits. Ein oder zwei Neuankömmlinge stoßen sofort zum Kadaver vor und rücken in der Rangordnung solange nach oben, bis ein neuer Herausforderer eintrifft. Kleinere, schwächere Arten, wie Kappen- und Schmutzgeier, greifen gewöhnlich große Arten nicht an, sondern nur Artgenossen.

Der Bartgeier hat sich auf Knochenfressen spezialisiert und nimmt unter den Vögeln die Rolle der Hyäne ein. Allerdings kann er nicht, wie die Hyäne, ganz starke Brocken zermalmen; er lebt auch nicht ausschließlich von Knochen, aber ohne Zweifel frißt er sie und läßt sie auf Steine fallen, damit sie zerbrechen. Er ist ein äußerst langsamer Gleitflieger mit langen Flügeln und geringer Flügelbelastung, aber für seine Größe und Spannweite ungeheuer agil und wendig. Hat er einen Knochen aufgelesen, trägt er ihn im Fang in geeignetes felsiges Gelände oder über eine Geröllhalde. Er nähert sich der Aufprallzone im Fallwind, vielleicht um höhere Geschwindigkeit zu erzielen. Manchmal setzt er auch zum Sturzflug an, möglicherweise erreicht er so bessere Zielgenauigkeit. 30 bis 60 m über dem Fels läßt er den Knochen fallen, wo dieser unter deutlich vernehmbaren Krachen in tausend Splitter zerschellt. Der Vogel ist imstande, einen Felsen von 10 mal 10 m mit ziemlicher Genauigkeit aus 100 m Höhe zu treffen. Mittlerweile hat sich der Bartgeier zum Wind gedreht, landet mit kurzem sanften Bremsen seiner Flügel im Aufwind. Er muß ohne Verzug landen, denn Krähen oder Raben lauern schon gierig und beanspruchen ihren Anteil an Knochen oder Mark.

Bartgeier schlucken Knochensplitter bis zu 20 cm Länge. Zersplittert der Knochen nicht, muß der Geier einen neuen Abwurf versuchen. Oft legt er dann mehr als einen Kilometer zurück, um die nötige Höhe zu erreichen. Nach drei bis vier aufeinanderfolgenden Fehlschlägen gibt er gewöhnlich auf. Seine Lieblingsfelsen sind oft von solchen Knochen übersät, man bezeichnet sie als „Bartgeierschmieden". Es scheint, als ob für Bartgeier das Fallenlassen von Knochen eine Art Zwang darstellt. Denn ich beobachtete einen Bartgeier in Äthiopien beim Versuch eine Hasenpfote (sie stammte vom Fraß eines Steppenadlerpaares) zu zerschmettern. Sie schwebte wie ein Blatt zu Boden, wäre niemals zersplittert – und der Geier hätte sie mühelos ganz hinterschlucken können.

Der Bartgeier entwickelt mitunter eine ungeheure Lebhaftigkeit. In Dessie beobachtete ich vier adulte Tiere, die sich langsam auf etwa 300 m Höhe schraubten, ein Geier trug einen Knochen. Zwei trieb der Wind davon; und schließlich ließ der Vogel des zweiten Paares den Knochen fallen. Der Partner setzte sofort zum Sturzflug an und überholte dank seines höheren Gewichts den Knochen. Es schien, als prüfte er unter Vorschnellen des Kopfes seine Möglichkeiten, drehte sich aufwärts und fing geschickt den Knochen nach etwa 250 m Sturzflug ab.

Viele Aasfresser schmarotzen oder parasitieren. Diese Verhaltensweise unterscheidet sich vom Abräumen: Schmarotzer jagen anderen Greifen ihre Beute ab, die Abräumer suchen etwas Verendetes und verzehren es dann. Schmarotzermilane, Seeadler (vom Genus *Haliaeetus*) Raubadler, Gaukler und einige Geierarten weisen Schmarotzerzüge in ihrer Lebensweise auf. Bei Raub- und Schreiseeadler scheint das Schmarotzen ein regelrechtes Bedürfnis zu sein. Sie bestehlen – selbst wenn sie gar nicht hungrig sind –, Vögel, die viel größer sind als sie selbst. Genauso häufig versuchen sie sich an kleineren, schwächeren Arten. Bei einer Geierversammlung um einen Kadaver sieht man oft, wie ein Ohrengeier einem Sperbergeier dessen Fleischbrocken abspenstig macht. Danach bestiehlt ihn vielleicht selbst ein Schakal, der, wie die Katze den heißen Brei, den gedeckten Tisch umkreist. Schmarotzen und Aasfressen stehen vielfach im Zusammenhang, aber nicht nur bei den Geiern. Auch zwischen einem Kaffern- und einem Kampfadler habe ich gleiches Verhalten beobachtet. Holländische Baumfalken parasitieren gelegentlich bei Turmfalken und stehlen kleine Säuger, die sie selbst nie schlagen könnten.

Nachdem ich einen allgemeinen Überblick darüber gegeben habe, wie freilebende Greife verschiedenartige Tiere bejagen, bleibt nur noch der genaue Vorgang beim Töten zu beschreiben. Arten, die an Gewässern jagen, Fisch- oder Seeadler etwa, lassen sich oft aus nächster Nähe beobachten. Gewöhnlich fliegt der Fischadler 30 bis 90 m über einer Wasserfläche, schwebt im Gegenwind oder rüttelt unter heftigem Flügelschlagen. Sieht er einen erreichbaren Schuppenträger, stürzt er meist ohne zu zögern „kopfüber" ins Wasser. Zeitlupenaufnahmen und Fotos zeigen aber deutlich, wie der Adler kurz vor dem Aufprall Läufe und Fänge über den Kopf ausstreckt. In einer mächtigen, hochspritzenden Wasserfontäne taucht er ins Wasser ein. Manchmal bremst er noch knapp über dem Wasserspiegel ab und fliegt hoch – er hat die Chance verpaßt. Taucht er ein, entgeht ihm der Fisch nur selten. Oft greift er seine Beute in flachen Gewässern. Fotografien zeigen aber Fischadler, die soweit unter der Wasseroberfläche verschwinden, daß nur mehr die Flügelspitzen herausragen. Sein anvisiertes Ziel kann sich bis zu einem Meter unter dem Wasserspiegel befinden. Fischadlerbeine sind verhältnismäßig dick und stark, dem heftigen Aufprall dieser Fangmethode angepaßt. Ist der Fisch sicher im Griff, hebt der Adler vom Wasser ab, schüttelt sein Gefieder von allen Wassertropfen frei und trägt den Fisch zur nächsten Warte. Hat er Pech, treibt ihm ein schmarotzender Seeadler seine Beute gleich wieder ab.

Seeadler fischen anders als Fischadler. Gelegentlich tauchen auch sie unter einer spritzenden Fontäne ein; sie jagen aber nur selten aus dem Segelflug. Tun sie es, dann gewöhnlich, weil die Gelegenheit es erforderte. Schreiseeadler unternehmen von Warten aus kurze „Ausfälle", kurze Rundflüge von wenigen hundert Metern oder kurze „Stöße", gleitende Abwärtsflüge über etwa 25 m. Seeadler können Stunden regunslos in Bäumen verbringen und auf die Chance für einen Ausfall warten. Ist die Gelegenheit da, ergreifen sie in Sekundenschnelle den Fisch und kehren sofort wieder zur Warte zurück. So weit bekannt, verhalten sich alle Seeadlerarten gleich.

Obwohl weniger spektakulär als die Methode des Fischadlers, ist die Jagd des Seeadlers manchmal doch von wunderbarer Eleganz. Von seinem Ansitz gleitet der Adler bis knapp über den Wasserspiegel und holt den Fisch mit einer lässigen Abwärts- und Rückwärtsbewegung seines Körpers aus dem Naß. Ein solcher Fang kann natürlich nur knapp unter der Oberfläche ausgeführt werden. Notfalls taucht auch der Seeadler ein und verschwindet in einer Gischtwolke.

Minuziöse Erzählungen und Fotos belegen Situationen, in denen Seeadler die Größe ihrer Beute unterschätzen. Die von den Adlerkrallen durchbohrten Tiere rissen den Angreifer dann mit in die Tiefe und ersäuften ihn. Solche Behauptungen sind sicherlich unzutreffend. Afrikanische Schreiseeadler lassen Fische, die sie nicht hochheben können sogleich los. In Naivasha

...ten wir sie für Beringungen mit einer Fischatrappe, die von Schlingen übersät war und an einer Angelschnur hing, zu fangen. Alle griffen nach dem Köder, ließen ihn aber in dem Moment, in dem sie den Widerstand der Leine spürten, sofort fallen. Nicht eine einzige Kralle verfing sich in den Schlingen. Deshalb leuchtet mir nicht ein, wieso ein Seeadler, der verse hentlich zu große Beute gegriffen hat, nicht einfach losläßt, sobald er merkt, daß sie ihn unter Wasser zieht. Dennoch halten sich solche Geschichten hartnäckig.

Die Adler greifen jedoch tatsächlich Fische oder Vögel, die zu schwer sind, um sofort aus dem Wasser gehoben zu werden. Dann lassen sich die Greife mit ausgebreiteten Flügeln auf der Wasseroberfläche treiben. Ganz offensichtlich versuchen sie dabei angestrengt, die Beute unter Wasser zu überwältigen. Mit schwerem Flügelschlag steigen sie langsam von der Wasserfläche wieder auf. Manchmal flattern sie klatschend bis zum Ufer, die Beine mit der Beute und oft auch noch das Bauchgefieder im Wasser. Besonders schwere Fische transportieren sie meistens so. Jeder Angler weiß, wie verhältnismäßig einfach auch eine kapitale Forelle an dünner Schnur zum Ufer zu ziehen ist. Die Gefahr des Reißens ist erst dann sehr groß, wenn der Fisch über den Wasserspiegel kommt, da er dann besondere Kraft entwickeln kann.

Wenige andere Greifvogelarten geben uns solche Möglichkeiten, ihre Jagd so gut zu beobachten wie Fisch- und Seeadler. Selbst Falkner können nicht immer verfolgen, wie ihre Schützlinge das Opfer fassen. Bei der Beizjagd ist das Schlagen des Habichts immer noch am günstigsten zu beobachten, erfolgreicher als in zahlreichen Beobachtungsstunden im Freiland. Der Habicht wird nur dann von der Faust gelassen, wenn für ihn eine echte Chance besteht. Die versucht man durch Aufstöbern des Wildes von einem Helfer herbeizuführen. Wir können diese Jagdform natürlich nicht als natürlich bezeichnen, immerhin gibt sie uns einen ersten Eindruck der Jagdmethoden der Habichtarten.

Kürzlich hat G. E. Goslow mit Hilfe einer raffinierten Filmausrüstung in Hochfrequenzaufnahmen Angriff und Töten zweier Habichtarten, eines Bussards und dreier Falken analysiert. Als Filmobjekte dienten amerikanische Habichte, Rundschwanzsperber, Rotschwanzbussarde, Prärie- und Wanderfalken, – Arten, die große Vögel im Flug schlagen – und der Buntfalke, der kleine Säuger am Boden greift. Goslow filmte die Angriffe mit 800 bis 1.000 Bildern pro Sekunde, bei Belichtungszeiten von 1/3.000 bis 1/5.000 Sekunde gegen einen künstlichen Hintergrund. So konnte er die genaue Geschwindigkeit des Vogels und die exakte Haltung seiner Gliedmaßen wie deren Bewegungen festhalten.

Beide Habichtarten griffen auf dieselbe Weise an. Durch kräftiges Flügelschlagen gewannen sie zunächst einmal an Geschwindigkeit und näherten sich dem Jagdobjekt; 3,5 bis 4,5 m (Rundschwanzsperber), bzw. 7,5 bis 9 m (Habicht) von der Beute entfernt, hielten sie ihre Flügel ruhig. Knapp über der

Beute schwangen sie ihr Becken nach oben bis unter d[illegible] spreizten abbremsend den Schwanz und schleuderten die [illegible] kräftig nach vorne. Im Moment des Zuschlagens bewegten sich ihre Fänge beinahe doppelt so schnell wie der Kopf. Beim Rundschwanzsperber erreichten die Fänge 11,4m/sec, der Kopf jedoch nur 4,8m/sec; Habichtfänge schnellten mit 22,5 m/sec, der Kopf mit 14 m/sec nach vorn. Die Zeiten für die Bewegungsgeschwindigkeit des Beckens lagen zwischen denen von Kopf und Fängen. Beim Rundschwanzsperber betrug sie 9,5 m/sec.

Der menschliche Körper ist nicht biegsam genug, diese Bewegungen nachzuvollziehen. Stellen Sie sich aber vor, jemand schlägt in vollem Lauf mit vorgestreckten Fäusten gegen eine Mauer. Wenn Sie den Vorgang mit nach rückwärts geführten Fäusten wiederholen, wissen Sie etwa, wie ein Habicht vorgeht; die zweite Ausführung ist (für uns) sicherlich die schmerzvollere. Erst durch das Hochziehen des Beckens und Herunterschlagens der Fänge erhält das Zustoßen eines Habichts seine Heftigkeit; bei bloßem Zugreifen wäre er weniger stark. Deshalb fühlte ich wohl auch einen so fürchterlichen Schlag, als mich das Kronenadlerweibchen angriff: sie stieß nach mir, als sie knapp über mich hinwegflog.

Im Moment des Zusammenstoßes breitet der Greif Flügel und Schwanz vollkommen aus, gleichzeitig dreht er sie nach oben. Dadurch fliegt er nicht einfach horizontal nach vorne, sondern aufwärts. Dennoch trug die Triebkraft Habicht und Beute eine kurze Strecke fort. Sitzt der Schlag nicht genau, kann es geschehen, daß der Habicht um seine Beute herumwirbelt. Ein Rundschwanzsperber, der eine Taube von unten angriff, zog Becken und Fänge hoch, bis er fast auf dem Rücken lag, und stieß nach oben zu. Um ihre Opfer zu töten, führen Habichte charakteristische „Knetbewegungen“ mit den Krallen aus; etwa in der Art einer zufrieden schnurrenden Schoßkatze.

Rotschwanzbussarde jagen ganz ähnlich wie die Habichtarten, nur wesentlich langsamer, als es nach Feldbeobachtungen scheint. Der Kopf bewegte sich mit 4,25 m/sec etwa gleichschnell wie der des Rundschwanzsperbers, seine Fänge erreichten aber nur 6,5 m/sec, die halbe Geschwindigkeit des Sperbers. Auch die Körperachse des Rotschwanzbussards liegt beim Zusammenstoß fast vertikal, den Schlag selbst führt er aber weniger heftig aus. Beide untersuchten Habichtarten und der Bussard konnte durch minimale Schwanz- und Flügelbewegungen ihre Richtung ändern und Bewegungen des Beutetieres kompensieren. Es ist ihnen möglich, nur mit einem Bein zuzuschlagen oder Beute zu transportieren.

Bei den großen Falkenarten ergaben sich bei den Filmarbeiten Schwierigkeiten, da Goslow freilebende Vögel mit lebender Beute oder geschwungenen Ködern anlockte. Präriefalken griffen ihre Beute immer, der Wanderfalke schlug sie jedoch manchmal nicht mit seinem traditionellen großartigen Griff. Er nähert sich bei der „klassischen“ Jagdmethode seiner Beute von hinten, ist er mit ihr auf gleicher Ebene, wirft er Becken und

Fänge vorwärts und in die Höhe. Der Vorgang erinnert an das Schlagen der Habichte, die Geschwindigkeit von Falke und gejagtem Vogel kann jedoch geringer sein. Ein Wanderfalke, der von hoch oben auf einen Vogel niederstößt, fällt bis zuletzt mit angewinkelten Beinen und stößt nur kurz nach unten zu, alle vier Zehen des Fangs weit geöffnet, die er danach sofort wieder krümmt (Abb. 25). Die kurze Berührung von wenigen Zehntelsekunden und ein winziger Schlag der mächtigen Hinterzehe reichen aus, die Beute zu Boden zu werfen. In den festgehaltenen Aufnahmen flog der Falke nur mit 18 m/sec, seine Beute wurde jedoch durch die Macht des Aufpralls immer sofort getötet.

Abb. 25. Wanderfalken töten im Flug, die Fänge sind vor dem Zuschlagen geöffnet (nach G. E. Goslow).

Wiedergabe mit freundlicher Genehmigung der Zeitschrift Auk.

Der Buntfalke stößt in steilem Winkel nieder, dabei hält er seine Flügel teilweise angelegt. Kurz vor dem Aufprall spreizt er Schwanz und Flügel, um zu bremsen, schwingt Becken und Fänge vor den Schnabel. Die Fänge bewegen sich auch bei ihm wieder am schnellsten. Auch er spreizt die Zehen erst im letzten Augenblick, stampft sozusagen in der Luft auf. Dann „setzt er sich auf die Fersen", springt aber sofort wieder hoch, indem er seine Flügel erst auf- dann abwärts antreibt.

Obwohl Goslow diese Untersuchungen unter kontrollierten Bedingungen mit gefangenen Vögeln als Köder durchgeführt hat, dürfen wir annehmen, daß Greife sich wilden Vögeln gegenüber nicht anders verhalten. Das wesentlichste Merkmal ihrer Jagdmethode – nicht mit freiem Auge und auch nicht in Zeitlupenaufnahmen zu erkennen – ist das Ausführen eines gezielten Schlages im Moment des Zusammenstoßes; dabei bewegen die Greife Becken und Fänge schneller vorwärts als den Kopf. Allein der Aufprall ist für das Beutetier schon heftig genug, vom eisernen Griff der scharfen Krallen ganz zu schweigen. Die Wucht des Zusammenstoßes hängt vom Gewicht des Vogels und der Geschwindigkeit seiner Fänge ab. Der Buntfalke, um 10 bis 20 % leichter als ein Rotschwanzbussard, führt einen stärkeren Stoß aus, da er eine dreimal höhere Geschwindigkeit erreicht (14 gegenüber 4,25 m/sec) und sich seine Fänge viermal so schnell bewegen (22,5 gegenüber 6,5 m/sec). Da sich die Wucht des Aufpralls mit dem Quadrat der Geschwindigkeit verändert, schlägt der Falke also seine Beute mit der zehnfachen Kraft eines gleichgroßen Bussards! Das erklärt, wieso Buntfalken so starke Beute bewältigen können.

Die erwähnten Filmaufnahmen legten auch eine lange bestehende Meinungsverschiedenheit bei: Wanderfalken stoßen mit geöffnetem Fang, den sie bei Berührung mit der Beute sofort schließen; sie schlagen nicht, wie vielfach geglaubt wurde, mit geballtem Fang zu. Wanderfalken können Beute wiederholt angreifen und auf Kopf und Nacken schlagen oder gleich bei der ersten Berührung eine schwere Wunde zufügen. Das Gewicht des Falken liegt im Moment des Zugriffs nicht direkt über der Beute, der Schlag wird nur von der Hinterkralle und oberflächlich ausgeführt. Anders könnte der Falke seine Beine brechen. Wichtig ist der Moment des Stoßes, nicht die Schnelligkeit während des Angriffs.

Diese Experimente veranschaulichen sehr eindrucksvoll, wie Greife ihre Beutetiere töten. Kleine Unterschiede in der Methodik zwischen verschiedenen Individuen liegen sicher vor, erfahrene Wildtiere werden geschickter vorgehen als Volieren-Insassen. Hochfrequenzfilme von Schlangenadlern und anderen Gruppen, die sich auf bestimmte Beutetiere spezialisiert haben, wären von hohem Wert. Ich nehme an, daß Schlangenadler in ähnlicher Weise schlagen wie Falken, indem sie einen festen abwärts gerichteten Schlag ausführen.

Nachdem der Falke seine Beute gefaßt hat, bricht er ihr das Genick. Habichtartige tun dies nicht. Ein Singhabicht, der 20 m vor mir ein Perlhuhn ergriff, holte den protestierenden Vogel am Hals aus seinem Versteck, einem Busch, und zog so lange am Hals, bis das Huhn tot war. Er nahm bloß den Hals mit, den Rest habe ich gegessen. In diesem speziellen Fall war die Beute mindestens dreimal so schwer wie der Angreifer. Bei einem kleineren Vogel hätte der Habicht nach Verzehr des Kopfes den Körper bestimmt weggetragen.

An der Stelle, an der ein Greif geschlagen hat, oder am „Rupfplatz", finden wir ausgerissene Federn oder ein Stück Fell, gewöhnlich auch den Magen; Greife verschmähen ihn, wenn er Pflanzenreste enthält. Als erstes wird die Leibeshöhle aufgebrochen und Eingeweide – Leber, Herz und andere Innereien – verzehrt. Kleines Getier verschlingen Greife als Ganzes; Mäusebussarde schlucken zum Beispiel Feldmäuse im Stück. Sehr große Tiere zerschneiden sie in Teile, die einzeln fortgetragen werden, oder sie lassen die Beute an Ort und Stelle und kehren in Abständen zum Fressen zurück. Der Kronenadler, der die 20 kg schwere Schirrantilope getötet hatte, mußte das meiste einem Raubsäuger abtreten, vermutlich einem Leoparden. Im selben Wald kehrte ein junger Kampfadler an vier aufeinanderfolgenden Tagen zu seinem geschlagenen Moschusböckchen zurück, bis nurmehr Kopf und Extremitätenknochen übrig blieben.

Wieviel gekröpft wird, hängt vom jeweiligen Appetit ab. Normalerweise töten Greife nur, wenn sie hungrig sind. Alle sind imstande, viel mehr zu verschlingen, als ihr täglicher Nahrungsbedarf erfordert. Meister sind darin die Geier, die heute Völlerei betreiben und morgen schon der nächsten Hungerszeit entgegensehen. Ein Steinadler kann etwa 1,5 kg auf einmal kröpfen. So sind für ihn nur wenige Mahlzeiten erforderlich. Kleine Greife haben im Verhältnis zum Eigengewicht einen viel höheren Nahrungsbedarf als große. Sie sind darauf angewiesen, möglichst regelmäßig Mahlzeiten einzunehmen.

Eine wichtige Frage bleibt zum Schluß noch zu beantworten – wie erfolgreich jagen Habicht, Adler und Falke eigentlich? Die Ansichten darüber gehen weit auseinander. Nur wenige Personen haben Greifvögel systematisch und lange genug beobachtet, um ausreichendes Datenmaterial zu besitzen. Diese Wenigen sind im Zweifel, ob mancher Angriff Erfolg zeigte oder ein Fehlschlag war. Gustav Rudebeck konstatierte, nur einer von 15 Angriffen seiner schwedischen Wanderfalken war von Erfolg

... (6,675 %) bei Merlinen sei es sogar nur einer von 20 (5 %). Von 469 Fischadlerjagden, die Lambert in Nova Scotia beobachtete, waren hingegen 419 (90 %) erfolgreich. Viele andere Ornithologen, die Fischadler untersuchten, stimmen darin überein, daß Fischadler besonders effektiv jagen. Nach meinen Erfahrungen erbeuten sie an der Küste Kenyas bloß jedes vierte Mal einen Fisch.

Jeder, der größere Adler oder Falken untersuchte, kam, soviel ich weiß, zu dem Schluß, daß sie offensichtlich „vorsätzlich töten", sowie sich ihnen eine Möglichkeit bietet. Wäre dies nicht, so hätten Fanatiker, die monatelang ohne Pause im Schottischen Hochland Steinadler beobachteten, häufiger Jagden sehen müssen. Auch beim Kaffernadler von Matopos hätten wir sonst das Schlagen der Klippschliefer verfolgen können.

Ein Ausschauhalten im Flug kann nicht mit Angriff gleichgesetzt werden. Ein prüfender, rüttelnder Fischadler erwägt nur seine Chancen. Gibt er nach einem Meter Abstieg auf, läßt sich das auch kaum unter Angriff einreihen; stürzt er aber bis zur Wasseroberfläche, so ist das eindeutig ein fehlgeschlagener Fangversuch. Große Adler und Falken führen auch Scheinangriffe aus. In Glen Callater, Schottland, sah ich einen Steinadler im Sturzflug auf eine Silbermöwe losgehen; er verfehlte sie um Haaresbreite, die Möwe war tödlich erschrocken und verschüchtert. Der Adler hätte sie mit Leichtigkeit greifen können, wollte es aber anscheinend nicht. Manchmal sieht es so aus, als ob Wanderfalken nicht widerstehen könnten, vorbeifliegende Tauben mit Scheinangriffen einzuschüchtern.

Fast alle ausdauernden Beobachtungen belegen aber klar, daß die meisten Greife erst nach einigen Fehlschlägen zum Erfolg kommen. Bei den Bussarden von Dartmoor war das sehr unterschiedlich. Es wechselte von Tag zu Tag pro Paar und war wiederum von Paar zu Paar verschieden. Das Männchen eines Paares jagte 11,5 von 16 Stunden, das Weibchen 6. Die Zeit, die sie für die Jagd aufwendeten, hing teilweise von ihrem Jagderfolg ab. Die Craigheads meinten, daß Bussarde im Winter von Michigan fast den ganzen Tag unterwegs sind, Seeadler am Naivasha-See wiederum verwendeten nur 0,2 bis 8 % des Tageslichts für Jagdflüge, im Mittel ungefähr 1,3 %. Das eine Extrem sind also Vögel, die für ihre Nahrung hart kämpfen müssen, das andere träge Geschöpfe, die ohne Anstrengung dann töten, wenn sie gerade wollen. Sogar in der kurzen Zeitspanne, die sie für ihre Jagden aufbringen, gelingt ihnen erst beim fünften Versuch ein erfolgreicher Fang. Schmarotzer sind erfolgreicher – Parasiten verzeichnen nur wenige Mißerfolge . . .

Auch hierzu fehlen uns noch viele genauere, über lange Zeiträume gesammelte Daten. Für Arten der kalten bis gemäßigten Breiten scheint der Nahrungserwerb schwieriger zu sein als für tropische Lebensformen. Dies könnte, neben dem Temperaturfaktor, ein weiterer Grund dafür sein, warum Greife in den Tropen individuen- und artenreicher auftreten als im eisigen Norden.

Wanderungen

Vogelzug und Nomadisieren stehen in engem Zusammenhang mit Schwankungen im Nahrungsangebot, die manchmal – jedoch nicht immer – von Temperaturänderungen ausgelöst werden. Vogelzug kann definiert werden als: regelmäßige Wanderungen, die die gesamte Population oder ein Teil davon vom Brutgebiet in ein Überwinterungs- oder Ruhegebiet führt. Die meisten Zugvögel sind Brutvögel der gemäßigten Breiten; da sie sich in ihrem Ruhegebiet aufhalten, wenn in ihrer Brutheimat Winter herrscht, bezeichnet man das Ruhegebiet auch als Überwinterungsgebiet oder Winterquartier, selbst wenn von tropischen Arten die Rede ist. Die meisten Greife legen auf ihrem Weg ins Winterquartier mindestens 400 km zurück, gewöhnlich sogar mehr. So ziehen die Präriebussarde von den Großen Ebenen Nordamerikas zu den argentinischen Pampas und zurück, wohingegen die Heuschreckenteesas der tropischen Savannen Westafrikas bei ihren alljährlichen Wanderungen nur kurze Strecken zurücklegen.

Als Nomadisieren bezeichnen wir unregelmäßige Bewegungen, die von einer wechselnden Zahl von Individuen in alle Richtungen unternommen werden, manchmal als Reaktion auf schwankendes Nahrungsangebot, manchmal ohne erkennbare Ursache. Bei den Menschen bezeichnen wir als Nomaden Hirten, die mit ihren Herden in Wüsten und Steppen umherziehen. Dies kommt dem Verhalten einiger Greife in mancher Hinsicht sehr nahe. Während wir von den gemäßigten Klimaten bis in die Tropen echtem Zugverhalten begegnen, finden wir Nomadisieren als charakteristische Verhaltensweise der ariden bis semiariden Subtropen bis Tropen. In den gleichmäßig warmen Regenwaldzonen dagegen sind weder Zugverhalten noch Nomadisieren ausgeprägt, sie können aber in tropischen Savannen Bedeutung haben.

Es ist unmöglich, eine klare Trennlinie zwischen eigentlichen Zug und Nomadisieren zu ziehen. Die ziehenden Arten können sich auch teilweise nomadisch verhalten. Der Rauhfußbussard z. B. verläßt seine Brutgebiete in Tundra und Taiga und überwintert in offenen Landstrichen der gemäßigten Breiten. Hier streift er je nach Nahrungsangebot von Ort zu Ort, sammelt sich an Rastplätzen oder in günstigen Jagdgebieten. Im Brutgebiet streng territorial, lebt er in seiner nomadischen Winterzeit geselliger.

Greifvogelzug zu beobachten ist verhältnismäßig einfach. Er ist auffällig und findet regelmäßig stets zur gleichen Zeit statt. Wir wissen, wann ziehende Greife zu erwarten sind, kennen ihre Erstankünfte und ihren Wegzug. Über das Nomadisieren ist weniger bekannt, es ist auch schwieriger zu interpretieren, weil es unregelmäßig und meist nicht vorhersehbar abläuft. Eine Rattenplage kann viele Gleitaare in eine Gegend locken,

mehr als sonst normalerweise dort vorkommen. Bis wir dies bemerken, ist die Rattenpopulation bereits zusammengebrochen und die Aare in eine andere Region abgewandert. Im Laufe der Zeit wird sich vermutlich herausstellen, daß wesentlich mehr Arten nomadisieren als wir bisher annahmen. Mehr noch – in Südamerika und Australien sind Vogelwanderungen noch so wenig untersucht, daß oft gar nicht zu entscheiden ist, ob eine Art zieht oder nur nomadisiert.

Sogar Arten, die gewöhnlich als Jahresvögel gelten, „ziehen auf die Wanderschaft", wie etwa der afrikanische Schreiseeadler. Wenn sich der Paradies-See in den Marsabit-Bergen (160 km vom Rudolfsee entfernt) mit Wasser füllt, erscheinen auch die Schreiseeadler. Der See enthält jedoch keine Fische. Die Adler nähren sich dort von Wasservögeln, die zu dem Zeitpunkt ebenfalls dort auftauchen. Ein waldbewohnender Mohrenhabicht wurde an Bord eines Schiffes vor der westafrikanischen Küste gefangen. Solche Individuen können wir weder als Nomaden noch als Zugvögel bezeichnen, auf sie würde eher die Bezeichnung „Irrgäste" passen. Es gibt keinerlei Garantien dafür, daß nicht jede Art gelegentlich auch außerhalb ihrer Verbreitungsgrenzen als Irrgast auftauchen kann.

Die meisten Greife sind keine Zugvögel. Das Verhältnis von ziehenden (Vollzieher bis Teilzieher) zu nichtziehenden Arten nimmt von der Arktis bis in die Tropen stetig ab. Im tropischen Regenwald finden wir unter den Greifen keinen einzigen Zugvogel. Von den insgesamt 287 Greifvogelarten sind nur 23 Vollzieher, bei denen die gesamte Population nach der Brutzeit wegzieht. Weitere 12 sind überwiegend Zugvögel und 39 Teilzieher. Ungefähr 17 Arten können wir als echte Nomaden ansehen. Neu- und Altweltgeier nomadisieren auf engem Raum, während die merkwürdigen Bewegungen der Abräumer-Arten Karakara und Chimango Grenzfälle bilden.

In Anhang IV habe ich Zugvögel, Teilzieher und Nomaden zusammengestellt. Unter die vollständig ziehenden Arten fallen 2 amerikanische Weihe, der Schwarze Milan, 3 Weihen, 2 *Accipiter*-Arten, 2 Teesas, 3 Echte Bussarde, 4 Echte Adler und 5 Falken. Überwiegend ziehende Arten umfassen den Fischadler, Wespenbussard, die amerikanische Schwalben- und Schwebeweih, den Roten Milan, 1 Weihe, 1 Habichtart, 1 Echten Bussard, 1 Adler und 3 Falken. Als Teilzieher sind der Truthahngeier, 2 Kuckucksweihverwandte, 4 Seeadler, 3 Altweltgeier, 1 Schlangenadler, 3 Weihen, 1 Singhabicht, 5 Habichtartige, 10 Echte Bussarde, 3 Adler und 6 Falken aufgeführt. Die Gruppen, unter denen wir Zugvögel am stärksten vertreten finden, sind die großteils insektenfressenden Aare und Weihe sowie die Wespenbussarde, nämlich 7 von 15. Unter den Echten Bussarden ziehen 13 von 26, unter den Falken 15 von 37 Arten.

Von den Vollziehern ist eine Art arktischer Verbreitung, 2 stammen aus der gemäßigten, 15 aus der gemäßigten/subtropischen Zone und 5 aus den Tropen. Von der letzten Gruppe ziehen vermutlich Mississippiweih und Schwarzmilan sowohl im gemäßigten wie im tropischen Teil ihres Gesamtverbreitungs-

linke Seite: Der Kampfadler schlägt gewöhnlich Federwild, diesmal hat er etwas Handfesteres, einen Waran, erbeutet.

Links: Angespannt beobachtet der Raubadler das Mauseloch am Straßenrand. Trotz übervollem Kropf konnte er der Versuchung nicht widerstehen, seine Chancen wahrzunehmen.

Unten: Nur selten sieht man Greife trinken. Dieser Graufalke schöpft aus einer Schlammpfütze. Sein kräftiger Schnabel läßt darauf schließen, daß er Reptilien frißt, doch kennen wir seine Beute bis heute noch nicht.

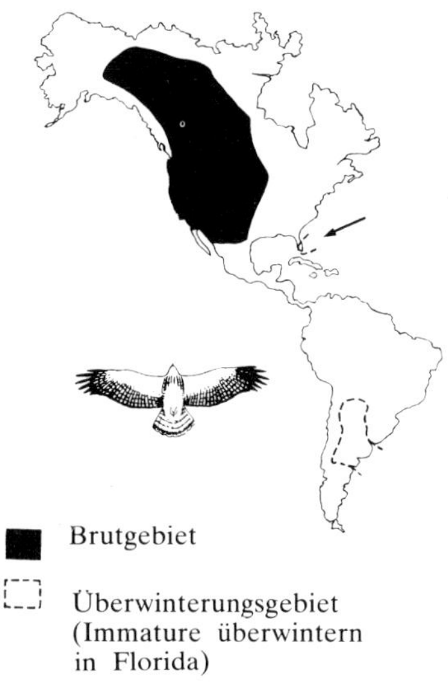

Abb. 26. Präriebussarde sind von allen amerikanischen Greifvogel-Arten die einzigen Vollzieher. Alle Individuen, bis auf paar Jungtiere, überwintern in den argentinischen Pampas. Ihre Brutgebiete sind die Prärien und Steppen im Westen Nordamerikas.

gebietes. Tropische Zugvögel sind Savannenbewohner mit Ausnahme des Schieferfalken, der auf Inseln im Roten Meer brütet und in Madagaskar überwintert. Die meisten Greife ziehen, um den Auswirkungen niedriger Temperaturen zu entgehen, die sich in der Verringerung des Nahrungsangebotes niederschlagen. Bei tropischen Arten müssen andere Gründe vorliegen. Es läßt sich nicht immer eindeutig entscheiden, ob Wanderung und Nahrungsangebot miteinander zusammenhängen.

Alle 12 überwiegend ziehenden Arten sind hauptsächlich in gemäßigten bis subtropischen Gebieten verbreitet, einige ihrer Unterarten stoßen bis in die Subtropen oder Tropen vor. Drei stammen in der Hauptsache aus der gemäßigten, acht aus der gemäßigten bis subtropischen Klimazone, während der Schwebeweih überwiegend die Tropen bevorzugt. Von den 39 Teilziehern kommen 7 aus arktischen bis gemäßigten Breiten, 9 ausschließlich aus der gemäßigten Zone, 11 gehen von dort bis in die Subtropen, 8 sind subtropischer bis tropischer Verbreitung und 4 reine Tropenarten. Das Ausbreitungsgebiet der meisten Teilzieher reicht über mindestens zwei Klimazonen. Tiere aus dem nördlichen Teil des Verbreitungsareals ziehen, während Populationen aus dem Süden als Standvögel überwintern. Die 4 tropischen Teilzieher leben ausschließlich in dieser Klimazone. Darunter finden wir eine im Verhalten nicht genau bekannte Art, den Owambosperber.

Arten, bei denen die gesamte Population zieht, sind besonders an diesen Wechsel angepaßt und legen oft beachtliche Strecken zurück. Der Schwarze Milan scheint im gesamten Artverbreitungsgebiet zu ziehen oder zumindest stark zu nomadisieren, sogar in Australien. Manche Aare halten sich anscheinend das ganze Jahr über in tropischen Gebieten auf, möglicherweise setzen sich diese Bestände aber jahreszeitlich aus verschiedenen Unterarten oder Populationen zusammen. So mischen sich in Kampala (Uganda) oder Nairobi (Kenya) von Oktober bis März überwinternde europäische Schwarze Milane, *Milvus migrans migrans*, mit überwinternden Schmarotzermilanen, *M.m. parasitus*, Brutvögeln des tropischen Afrika. In den Monaten des südlichen Winters, von April bis September, treffen tropische Schwarze Milane nicht erkennbarer Rassenzugehörigkeit, vermutlich aus Südafrika ein. Seine omnivore Ernährungsweise, die Bereitschaft, zu ziehen und zu nomadisieren, sich in der Nähe des Menschen aufzuhalten und seine Geschicklichkeit im Flug machen den Schwarzmilan zum erfolgreichsten und vielleicht häufigsten Greifvogel der Welt. Er ist auch gar nicht so unattraktiv, wie seine mannigfachen Beinamen vermuten lassen.

Unter den Greifen Amerikas sind die Zugbewegungen des Präriebussards die ausgedehntesten und interessantesten. Er brütet in Ebenen Kaliforniens und von Texas nordwärts bis Alaska. Im Herbst und Frühjahr durchquert die gesamte Population in oft riesigen Flügen Mittelamerika. Sie überwintert in den argentinischen Pampas, einem Lebensraum der ihrem Brutgebiet ökologisch sehr ähnelt (Abb. 26). Nur einige wenige, immature Exemplare sind in letzter Zeit dazu übergegangen, Florida als Überwinterungsquartier zu wählen. Unter den Bussarden der Alten Welt verhält sich der Steppenbussard, *Buteo buteo vulpinus*, die östliche Unterart des Mäusebussards, ähnlich. Er brütet vom Schwarzen Meer nordwärts bis Finnland und ostwärts bis Sibirien und überwintert vorwiegend in Südafrika. Sein Zugweg verläuft diffuser, nicht so konzentriert wie der des Präriebussards, da nach Afrika keine Landbrücke führt.

Steppen-, Wiesen- und Elsterweihen ziehen recht genau in Nord-Süd-Richtung, ähnlich wie die europäischen und nordasiatischen Unterarten der Rohrweihe. Die meisten Weihenarten überwinden nicht den Äquator. Ihre Wanderungen sind zum Teil noch rätselhaft: So überqueren riesige Scharen von Wiesenweihen die Straße von Gibraltar; dennoch scheinen Steppenweihen, die andere Zugwege benutzen, in den Savannen Westafrikas häufiger aufzutreten. Genauere Beobachtungen werden in Zukunft diese Fragen beantworten können. Zwei der drei Zugvogelarten unter den *Accipiter*-Arten kommen aus dem Osten, einer aus dem mittleren Osten. Für den Trillersperber liegt, da er Vogelfresser ist, kein zwingender Grund vor, mit der gesamten Population abzuwandern. Bei den reptilien- und amphibienverzehrenden Arten Kurzfanghabicht und Chinesenschikra dagegen gehen die Nahrungstiere in Winterruhe und sind über Monate hinweg nicht greifbar. Mit diesen beiden müssen wir den Schikra erwähnen, einen Teilzieher der Tropen, der sich ebenfalls von Eidechsen ernährt.

Die Zugvögel unter den Adlern stellen uns vor seltsame Probleme. Schrei- und Schelladler brüten in relativ ähnlichen Lebensräumen Mitteleuropas und Westasiens. Beide überwintern

Helle Phase des Eleonorenfalken. Diese ungewöhnliche Art brütet erst im Spätsommer auf Inseln am Mittelmeer, wenn Singvögl, von denen sie sich ernähren und mit denen sie ihre Jugen großziehen, in großer Zahl nach Afrika ziehen.

Rechts: Die Greifvogelberingungsstation am Hawk Mountain, USA. Greife werden auf dem Herbstzug in Japannetzen gefangen, beringt und nach dem Vermessen wieder freigelassen.

Unten: Ein männlicher Kleiner Singhabicht wird auf seinen Mauserzustand untersucht. Sein rechter Flügel, an dem wir die Einbuchtungen der vier äußersten Handschwingen (die auch bei dieser kurzflügligen Art ausgebildet sind) erkennen, ist makellos bis in die Federspitzen.

Unten: Eleonorenfalke der dunklen Phase. Die Zugwege der Art vom Mittelmeer ins Winterquartier Madagaskar zählen zu den ungewöhnlichsten, die wir von Falken kennen.

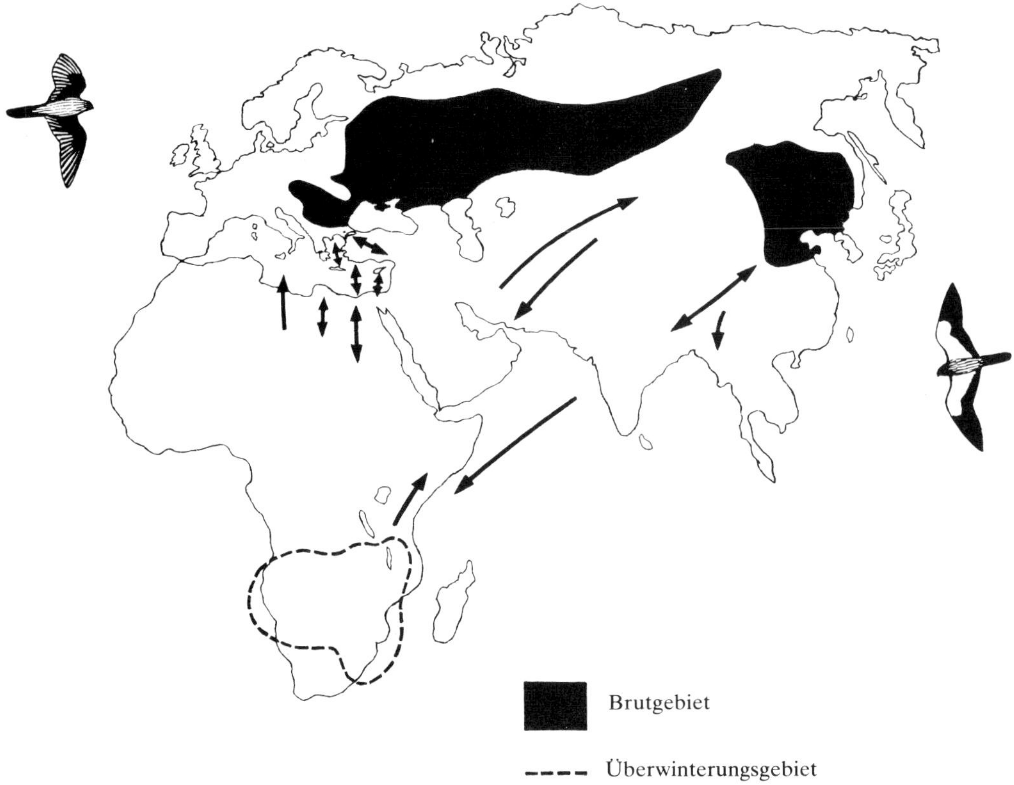

Abb. 27. Die westliche und östliche Unterart des Rotfußfalken brüten in getrennten Arealen, überwintern aber gemeinsam im südlichen Afrika. Möglicherweise überquert die östliche Unterart auf dem Weg ins Winterquartier den Indischen Ozean.

in Afrika. In großen Flügen überwinden sie Suez und den Bosporus; sogar noch heute, obwohl ihre Bestände stark abgenommen haben. Sie überwintern in verschiedenen Teilen Afrikas. Der Schreiadler überfliegt dabei den Äquator und sucht das südliche Waldgebiet Rhodesiens und Transvaals auf. Innerhalb Afrikas ist die Art selten beobachtet worden, Sichtbeobachtungen liegen nur von Einzelexemplaren, nie von Trupps vor. Nach unserem Wissen ist es wahrscheinlich, daß der große Adler ohne Unterbrechung von Suez bis Südafrika durchfliegt. Vom Schelladler sagt man, er überwintere hauptsächlich in Nordost-Afrika und Kenya, es fehlen jedoch neuere Nachweise. Der häufigste Wintergast unter den Adlern ist in Afrika der Steppenadler. Seine Flugroute dorthin ist jedoch noch unbekannt.

Falken benutzen die bemerkenswertesten Flugstraßen. Eleonoren- und Schieferfalken brüten erst im August und ziehen ihre Jungen mit Singvögeln groß, die bereits ihren Herbstzug angetreten haben. Zur Brutzeit ernähren sie sich also von Vögeln, im Winterquartier Madagaskar dagegen nur von Insekten. Daraus ergibt sich die berechtigte Frage, warum wählen die Vögel gerade Madagaskar als Winterquartier? Um diese Insel zu erreichen, müssen Eleonorenfalken aus der Population, die vor der Küste Marokkos brütet, zunächst einmal nach Norden fliegen, dann nach Osten abbiegen und zuletzt südwärts ziehen. Obwohl im Landesinneren zahlreiche Insekten als Nahrung zur Verfügung stehen, streichen sie vermutlich ausschließlich entlang der Küstenlinie (Abb. 28). Leider sind die genaueren Umstände noch nicht bekannt. Schieferfalken wurden auf ihren Zugwegen schon häufiger beobachtet.

Rötel-, Baum- und Rotfußfalke brüten in den gemäßigten bis subtropischen Gebieten Europas und Asiens und ziehen im Winter in südafrikanische Waldgebiete. Einige Baumfalken überwintern auch in Nordindien, jedoch nicht auf den tropischen Inseln im Osten. Keine Unklarheit besteht über die Flugroute der westlichen Unterart des Rotfußfalken, des Baumfalken oder Rötelfalken, deren Zugwege man häufiger verfolgt hat. Ein echtes Rätsel stellt die östliche Unterart des Rotfußfalken dar, die vielleicht als eigene Art anerkannt werden sollte. Sie brütet in Sibirien und China in alten Krähenhorsten. Auf ihrem Zug nach Süden erreicht sie in großen Flügen Assam, verschwindet wieder und taucht erst in Süd-Tansania und Sambia auf (Abb. 27). Allem Anschein nach überqueren sie zwischen Assam und Tansania den Indischen Ozean. Von der Südspitze Indiens und Sri Lankas liegen keine Nachweise vor. Vereinzelte Exemplare wurden aus der Nähe von Kap Guardafui (Somalia) gemeldet und einige wenige Individuen ziehen jedes Jahr durch Kenya. Der südliche Teil ihrer Flugroute bleibt eines der größten Rätsel des Greifvogelzuges. Auf der Nordstraße sind sie öfters zu sehen und – wie die westliche Unterart – in Gesellschaft von Rötelfalken anzutreffen.

Die Wanderungen tropischer Greife sind von ganz speziellem Interesse. Die Vögel wechseln hier von einem warmen Gebiet in ein anderes. Zwei afrikanische Arten, Schwalbenschwanzaar und Heuschreckenteesa, ernähren sich vor allem von Insekten. Sie brüten während der Regenzeiten im trockeneren nördlichen Teil ihres Verbreitungsgebietes (Mai bis Juli) und verbringen die Trockenzeiten von Oktober bis März in den südlichen Savannen. Dort finden sie zu der Zeit ein riesiges Insektenangebot vor. Grasbrände verhelfen dem Heuschreckenteesa zu leichten, reichlichen Mahlzeiten. Nach solchen Bränden kann das Nahrungsangebot aber zurückgehen, so daß es für die Art sicherer ist, in den nördlichen Regenzeiten ihren Nachwuchs großzuziehen.

Beim Salvadoribussard verläuft der Zug in umgekehrter Richtung. Er brütet im Süden seines Verbreitungsareals während der Trockenzeit zwischen November und März und zieht bei den ersten Regenfällen nach Norden. Sein Aufenthaltsort während des „Winters" ist unbekannt. Einige tropische afrikanische Gleitaarverwandte ziehen im Oktober südwärts, ebenso manche afrikanische Schikras. Sie brüten dort und kehren mit den Regenfällen im April nach Norden zurück. Somit verhalten sich also eine rattenvertilgende, eine eidechsenverzehrende Art und ein insektivorer Abräumer sehr ähnlich. Deshalb können ihre Wanderungen nur schwer mit Änderungen des Futterangebots in Zusammenhang gebracht werden.

Der Wahlbergadler überschreitet auf seinem Zug jedesmal den Äquator. Er brütet in Savannen von Kenya bis Transvaal von September bis Januar. In Kenya fallen zu dieser Jahreszeit

→ Mutmaßlicher Zugweg des Eleonorenfalken
[- - -] Überwinterungsgebiet

Abb. 28. Der Zugweg führt Eleonorenfalken von den Kanaren und der marokkanischen Küste erst nordwärts, dann nach Osten, wo sie auf Brutvögel der Mittelmeerinseln stoßen, dann entlang der afrikanischen Küste südwärts bis Madagaskar. Die Zugwege sind teilweise nicht genau bekannt.

——— Nord- und Südgrenze des Brutgebiets
- - - - Nord- und Südgrenze des Winterquartiers

Abb. 29. Schwebeweihe aus dem Nord- und Südrand ziehen ins Zentrum ihres Artverbreitungsgebietes.

Rechts: Steinadler zeitigen nur ein kleines Gelege. Die zwei Eier machen nur fünf bis sechs Prozent vom Körpergewicht des Weibchens aus, verbrauchen nur wenig seiner Energie.

Unten: Turmfalken legen bis zu sechs Eier. Mit 120 Gramm ist das Gelege halb so schwer wie ein Falkenweibchen. So große Gelege zu produzieren erfordert einen erheblichen Energieaufwand.

Rechte Seite: Ein Bussard auf seinem Horst. Die durchschnittliche Gelegegröße beträgt bei Mäusebussarden drei Eier. Weißgrundige Eier mit unterschiedlicher brauner Fleckung sind für Greife typisch.

stellenweise große Niederschläge, in Rhodesien ist es zu dieser Zeit oft trocken. Von März bis August verschwindet die Art vollständig aus Südafrika und dürfte in die wenig erforschten Einöden des Sudans ziehen. Ein Paar brütete kürzlich auf 11° nördlicher Breite im Gelände der Britischen Botschaft von Addis Abeba und begann im September mit dem Gelege. Solche vereinzelten Berichte lassen darauf schließen, daß Paare in den nördlichen Tropen brüten. Auch einige andere Arten, Abdim-Störche und Fahnen-Nachtschwalben ziehen innerhalb der Tropen über den Äquator hinweg.

In Südamerika sind vielleicht Schwalben- und Schwebeweih unter „tropische Zugvögel" einzureihen. Der Schwalbenweih zieht vom Südrand seines Verbreitungsgebietes nach Norden und von Mexiko nach Süden. Es ist noch ungeklärt, ob es auch eine tropische Standvogelpopulation gibt. Der Schwebeweih begibt sich im nördlichen und südlichen Teil seines Verbreitungsgebietes auf Wanderschaft, ist aber in Surinam Jahresvogel (Abb. 29). Er brütet hier während März/April. In Misiones (Argentinien) brütet die ziehende Population im Oktober/November. Möglicherweise ist das Zugschema der beiden Weiharten genauso kompliziert wie das des Schwarzen Milans in der Alten Welt. Ihr Zugverhalten ist nur schwerer zu verfolgen, weil wir keine deutlich unterscheidbaren Unterarten kennen.

Für manche ziehenden oder teilweise ziehenden Arten ist die Spezialisierung auf eine bestimmte Beutetiergruppe ein zwingender Grund abzuwandern. Wespenbussarde brüten hauptsächlich in nördlichen Waldgebieten der gemäßigten Zone. Sie treffen spät im Mai ein, ziehen ihren Nachwuchs groß und verlassen Anfang August bis September ihr Brutgebiet. Ihr Brutzyklus ist kürzer als der eines gleichgroßen Echten Bussards. Vermutlich können sie nur im Hochsommer genügend Wespenbrut finden. In Indien und den tropischen Teilen Asiens leben Unterarten, die nicht mehr ziehen. Die europäische Unterart des Schlangenadlers, *Circaetus g. gallicus*, verläßt ihre Brutgebiete im subtropischen Eurasien im Winter vollständig und zieht in tropische Gegenden Afrikas und Indiens. Seine zwei afrikanischen Unterarten, *C. g. beaudouini* und *C. g. pectoralis*, sind dagegen Jahresvögel. Früher betrachtete man sie als eigene Arten, was aber sicher nicht berechtigt ist.

Unter den Teilziehern finden wir Arten mit besonders weiter Verbreitung von der Arktis bis in die Subtropen, deren nördliche Populationen in den wärmeren Südteil des Gesamtverbreitungsgebietes abwandern. Daneben kommen aber auch Arten vor, meist subtropische bis tropische, von denen nur einige wenige Individuen ziehen. In die erste Gruppe fallen Eckschwanzsperber, Mäusebussard (von dem eine Unterart sogar den Äquator überschreitet), Steinadler und Turmfalke. In die zweite Gruppe gehören Binden-, Weißkopf- und Riesenseeadler sowie der europäische Seeadler, die drei europäischen Geierarten, der Kleine Singhabicht, einige subtropische Echte Bussarde und der australische Baumfalke wie der amerikanische Aplomadofalke. Daneben existieren wiederum Arten, die in großer Individuendichte ziehen, wie Rundschwanzsperber und Rotschulterbussard, und hauptsächlich im Brutgebiet überwinternde Arten, von denen nur wenige Individuen wandern, wie europäische Kornweihen und Rotschwanzbussarde in Amerika.

Größe und Gewicht sind bei Zugvögeln von großer Bedeutung. Vereinfacht ausgedrückt: je größer eine Art, desto geringer die Notwendigkeit zu ziehen. Von den 23 echten Zugvögeln sind 10 (43 %) klein und wiegen weniger als 300 g, 5 bringen es auf 300 bis 600 g, 6 auf 600 bis 1.000 g und nur 2, Schrei- und Schelladler, überschreiten die 1 kg-Grenze. Unter den 12 überwiegend ziehenden Arten sind nur 3 (25 %) klein, die Hälfte ist groß bis sehr groß, Vertreter der Steppen/Raubadler-Gruppe wiegen mehr als 2 kg. Unter den 39 Teilziehern befinden sich 10 große Arten (einer davon ist der arktische Gerfalke) und 8 sehr große. 24 der 39 Arten, das heißt 2/3 bringen über 600 g an Gewicht mit. Bei den neun kleinen Arten handelt es sich um vorwiegend insektivore Weih- und Falkenarten. Der Australische Baumfalke ist eigentlich gar nicht als richtiger Zugvogel einzureihen und vier Arten wandern nur innerhalb der Tropen. So finden wir, obwohl generell eine Beziehung zwischen Größe und Zugbereitschaft besteht, interessante Ausnahmen. Falken sind, unabhängig von ihrer Größe, eher bereit zu ziehen als andere Greifvögel.

Die großen Seeadler, Teilzieher aus der Arktis oder anderen kalten Klimazonen, können in Küstennähe leicht genügend Nahrung vorfinden. Einige Individuen der Brutpopulation des Weißkopfseeadlers aus Florida ziehen nach Norden, Teile der nördlichen Population wenden sich nach Süden. Treffen wir während des Sommers im Inneren von Nordamerika einen Weißkopfseeadler an, kann es sich um einen Zugvogel aus Florida oder einen Standvogel der Gegend, auf keinen Fall jedoch um einen Zugvogel aus Alaska handeln. Auch bei anderen Arten ziehen Populationen vom Nord- und Südrand ins Zentrum ihres Verbreitungsgebietes. Die Bewegung des Weißkopfseeadlers innerhalb der Nordhalbkugel ist jedoch einmalig. Auf der Südhalbkugel sind nordwärts gerichtete Wanderungen nur schwach ausgeprägt, weil im Süden nur sehr schmale, wirklich kalte Landstriche bestehen.

. Aufschlußreich ist das Zuggeschehen auf den einzelnen Kontinenten: Relativ starke Zugbewegungen finden zwischen den gemäßigten und subtropischen Gebieten Nordamerikas statt, einige von den Subtropen zu den Tropen, aber nur wenige Greife wandern über die Barriere der tropischen Regenwälder hinaus. Unsere Kenntnisse über Zug- oder Wanderbewegungen in Südamerika sind jedoch noch recht unvollständig. Für Vögel aus Europa und Westasien steht im Süden die riesige Landmasse des tropischen Afrika als Winterquartier zur Verfügung, und ziehende Vögel sind zumindest bis in tropische Gebiete nördlich des Äquators und in seiner Nähe eine häufige Erscheinung. Mindestens 4 Greifarten überqueren den Äquator und überwintern in tropischen bis subtropischen Gebieten des südlichen Afrika. Von Ostasien und China verlaufen die meisten

Ein Fischadler landet am Horst. Am Wasser lebende Arten errichten oft riesige Horste, die sie Jahr für Jahr wieder beziehen.

Kleine Nestlinge können noch nicht selbständig fressen, die Beute wird ihnen vom Weibchen sauber gerupft und zerrissen verfüttert. Jeder rote Gegenstand erregt sofort die Aufmerksamkeit der Nestlinge. Hier übergibt ein Schikra-Weibchen Beute.

Rechte Seite: Auch wenn die Jungen schon größer sind, wacht das Habichtweibchen am Horst und wartet auf die Beuteübergabe durch das Männchen. Wird dieses abgeschossen, müssen kleine Junge meist verhungern; nur selten gelingt es einem Partner alleine, die Jungen hochzubringen.

Abb. 30. Schwarzachselaare sind eine typische nomadische Art. Sie brüten sporadisch im trockenen Inner-Australien und wandern unregelmäßig in andere Gebiete.

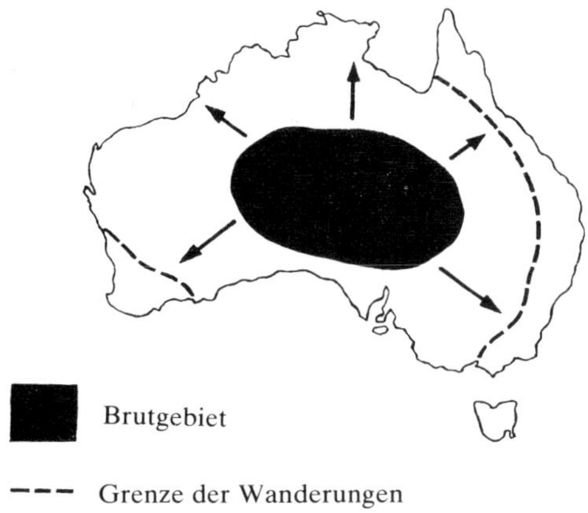

Zugbewegungen west- und südwärts gen Afrika, nur einige Arten oder Individuen halten sich zur Winterzeit in Indien und Burma. Asiatische Rötel- und Rotfußfalken überwintern z. B. hauptsächlich in Afrika. Steppenbussarde, *Buteo buteo vulpinus*, aus Europa und Westasien ziehen bis zum Kap der Guten Hoffnung. Mäusebussarde der Unterart, *B. b. japonicus*, die in Ostsibirien und Nordchina brüten, beziehen ihre Winterstätte auf dem asiatischen Festland, und nur wenige Exemplare dringen bis zu den Inseln im Osten vor. Trillersperber und Chinesenschikra überqueren jedoch in großen Flügen die See, um die vormals zum asiatischen Festland gehörenden Inseln zu erreichen, vermeiden dabei jedoch die relativ schmale Wasserstraße zwischen Celebes und Neuguinea. Das heißt mit anderen Worten, sie überschreiten die Wallace-Linie – sie trennt die australische von der orientalischen Fauna – nicht.

In Australien sind keine ausgeprägten Zugbewegungen der Greifvögel festzustellen. Rohrweihen aus Tasmanien wandern im Winter über die Bass-Straße nach Norden und Fleckenweihen sowie Australische Baumfalken ziehen ebenfalls. Die meisten anderen Wanderungen sind eher unter Nomadisieren einzureihen.

17 Arten habe ich unter den echten Nomaden aufgeführt, von denen einige in Teilen ihres Gesamtverbreitungsareals echtes Zugverhalten zeigen. Die charakteristischsten Nomaden sind Gleitaar-Verwandte, einige Weihen und kleinere Falkenarten aus den Steppengebieten Eurasiens. Diese Arten ernähren sich vorwiegend von fluktuierenden Nagerpopulationen und nehmen zusätzlich Insekten auf. Arten, die im Sommer paarweise brüten und im Winter nomadisieren, leben dann gesellig. So sind den Winter über Turm- und Rötelfalken in gemischten Gesellschaften über den afrikanischen Savannen anzutreffen. Ebenso tendieren einige Echte Bussarde in ihren Winterquartieren zum Nomadentum. Gaukler und Sekretäre, Bewohner der tropischen Savannen, zählen vermutlich auch zu den Nomaden, weil ihre Bestände stark schwanken. Beim Gaukler lassen sich diese Wanderungen möglicherweise auf lokale Wetterveränderungen zurückführen. Tropische Raubadler nomadisieren

mit Sicherheit, während die nördlichen Unterarten (Steppenadler) geschlossen aus ihren Brutgebieten abziehen. Im Winterquartier nomadisieren auch sie und folgen den Termiten- und Heuschreckenschwärmen oder einem Massenvorkommen von Ratten.

Die Wanderungen nomadisierender Arten lassen sich nicht voraussagen. Nomadisierende Greifvögel sind gesellig, sie tendieren zu Schwarmbildung oder zumindest dazu, sich in lockeren Verbänden zusammenzuschließen, sowohl an Schlaf- und Rastplätzen als auch im Brutgebiet.Jedenfalls sind sie nie streng territorial. Das Verhalten einer Art kann sich dabei in verschiedenen Teilen ihres Verbreitungsgebietes unterscheiden. Einige Turmfalkenformen sind z. B. Einzelbrüter, in Ostasien ziehen andere in Kolonien ihren Nachwuchs groß und nomadisieren. Nach dem Wenigen, was wir über den australischen Schwarzachselaar wissen, zu urteilen, scheint auch er ausgesprochenes Nomadentum zu bevorzugen (Abb. 30). Er horstet in sporadisch verteilten Kolonien, meistens dort, wo sich gerade eine Nagerplage breit macht. Auch Gleitaare rasten gerne gesellig. Korn-, Wiesen- und Steppenweihen rasten in ihren gemäßigten oder tropischen Ruhegebieten gruppenweise. Einige zeigen während des Sommers ungewöhnliches Revierverhalten, dazu Polygamie.

Das Nomadisieren hat sich vielleicht entwickelt, weil es Populationen bestimmter Greifvogelarten, die auf Nager, Heuschrecken oder beides als Nahrung angewiesen sind, gestattet, ohne Kämpfe auf engem Raum nebeneinander auszukommen und zu brüten, wenn gerade dort ihre Beutetiere gehäuft auftreten. Vieles ist an dieser Verhaltensweise noch ungeklärt. Wir wissen nur, daß sie häufiger in trockenen, heißen Zonen auftritt, wo Nager- oder Heuschreckengradationen zum Lebensbild gehören. Bis zu einem gewissen Grad findet sie sich aber auch in arktischen Gebieten. Turmfalken, Weihen und vor allem die Gleitaar-Gruppe bieten sich als gute Untersuchungsobjekte zur Lösung dieser Probleme an.

So unregelmäßig das Nomadisieren auftritt, so genau ist das Zugverhalten vorauszusagen und vielfach leicht zu beobachten; besonders an Landspitzen, von wo aus Greife kleinere Wasserflächen überqueren müssen. Greife, besonders Segelflieger wie Bussarde und Adler überwinden Wasserflächen nur ungern, weil sich dort keine Aufwinde bilden und sie im Ruderflug, für den sie anatomisch nicht ausgerüstet sind, vorwärtskommen müssen. So sammeln sie sich an solchen Ausgangspunkten und fliegen nur, wenn die Wetterbedingungen günstig sind. An einem geeigneten Tag starten dann tausende von Individuen zum Flug über das Meer, am nächsten Tag können es schon wieder nur ganz wenige sein.

In Europa sind Falsterbo, Gibraltar und der Bosporus die bekanntesten Sammelplätze für ziehende Greife. Nach Afrika fliegen die leichter zu beobachtenden Zugvögel über Suez oder Gibraltar ein, die besten Stellen, um den Greifvogelzug zu beobachten, und verlassen den Kontinent auf demselben Weg.

Greifvogelzug in Falsterbo. Keiner will das Ereignis versäumen!

Obwohl Greife auf dem Weg von Nord- nach Süd-Amerika keine Meere überqueren müssen, sind Wanderungen entlang der mittelamerikanischen Landenge kaum belegt. In Ostasien verlaufen Zugrouten gewöhnlich entlang der Küste. In Australien finden keinerlei merkbare Zugbewegungen von Greifen statt.

Im Landesinneren ziehen Greife am liebsten entlang Gebirgsketten, wo Aufwinde entstehen. Ausgedehnte Binnenseen, wie die Großen Seen in Nordamerika oder der Victoria-See in Afrika werden gemieden, resp. umflogen. Der Hawk Mountain in Pennsylvania ist ein klassisches Beispiel für Zugbewegungen über einen Bergkamm, und die Beringungsstation in Cedar Grove am Westufer des Michigan Sees brachte in den letzten Jahren bemerkenswerte Resultate heraus. In Afrika ist der Ostafrikanische Grabenbruch als Zugroute sicher von großer Bedeutung, aber noch wenig erforscht. In Gebieten ohne Landmarken sind Zugwege nur schwer zu verfolgen; jeden isolierten Berggipfel verwenden segelnde Arten, um Auftrieb für einen langen, schnellen Gleitflug zu bekommen.

An verschiedenen Vorzugsstraßen haben Wissenschaftler Beobachtungsstationen errichtet, wo ihnen begeisterte Amateure bei der Arbeit helfen. Das Orten für uns nicht sichtbarer Zugbewegungen mit Radar brachte erstaunliche Ergebnisse. Eiderenten wurden erst unlängst in großen Höhen über Südskandinavien gesichtet, und es überrascht wenig, daß ein hervorragender Segelflieger, wie der Steppenadler, Afrika praktisch unbeobachtet erreichen kann, obwohl sich sonst die meisten segelnden Arten beim Überqueren der Ozeane ausmachen lassen. Gewisse Arten, wie etwa Weihen, die für den Ruderflug besser „konstruiert" sind, überwinden große Wasserflächen bereitwilliger als andere Greife. Und neuere Beobachtungen in Malta zeigten, daß auch Wespenbussarde ausdauernde Ruderflüge durchzuhalten vermögen. Aber sogar Weihen ziehen am Kap Spartel vor zu warten, bis ihnen ein günstiger Wind leichtes Überfliegen der Meere ohne viel Flügelschlagen ermöglicht.

Alle bisher bekannten Zugbewegungen von Greifen spielen sich am Tag ab, sie sind also leicht zu beobachten. Experten können nach der Wettervorhersage gute Zugtage ankündigen, und riesige Mengen von begeisterten Feldornithologen treffen dann in Falsterbo ein, um die Flüge zu beobachten. Tägliche Zählungen aller Exemplare einer ziehenden Art, über Jahre gesammelt, können dann mit den jeweiligen Wetterverhältnissen korreliert werden. Ebenso ist es möglich, Zugvögel zu fangen, zu vermessen, zu wiegen, ihr Geschlecht zu bestimmen, den Mauserzustand zu notieren und sie nach erfolgter Beringung wieder freizulassen. Die besten Beobachtungen stammen natürlich aus Nordeuropa und Nordamerika, aber auch in Gibraltar, am Bosporus und bei Suez wurden ausgezeichnete Beobachtungen gemacht. Die Straßen von Hormuz am Persichen Golf und Bab-el-Mandeb am Roten Meer bieten sich als Orte künftiger Beobachtungen an.

Eine genaue Erörterung der Resultate solcher Beobachtungen würde wohl den Rest des Buches füllen. Ich kann also nur ein paar Punkte herausgreifen, die von allgemeinem Interesse sind. Die beim Zug beobachteten Individuen lassen niemals auf die tatsächlich ziehenden Anzahlen schließen. Große Mengen entgehen unserer Beobachtung mit ziemlicher Gewißheit, was heute durch die Radarortung bestätigt wird. Mehr noch: aus der geschätzten Individuenzahl einer ziehenden Art kann nicht auf die Dichte ihres Brutbestandes geschlossen werden. Dennoch liefern die Zahlen Anhaltspunkte dafür, ob eine Art abnimmt, zunimmt oder ihr Bestand konstant bleibt. Am Bosporus hat die Dichte der durchziehenden Schrei- und Schelladler seit Ende des Zweiten Weltkrieges drastisch abgenommen. Am Hawk Mountain hat sich die Vermutung, daß Pestizide auf Greifvogelbestände eine verheerende Auswirkung haben, durch rapide Bestandsabnahme von Wanderfalke und Weißkopfseeadler bestätigt. Solche Ergebnisse müssen vorsichtig beurteilt werden, allgemeine Trends, die rechtzeitig Anzeichen einer drohenden Gefährdung der einen oder anderen Art ankündigen, sind jedoch daraus zu ersehen. So haben die Bestände des Merlins in weiten Teilen Europas mit Sicherheit stark abgenommen.

Manche Greifvogelarten nehmen während des Zuges Nahrung zu sich, andere fasten. Im Allgemeinen fressen *Accipiter*-Arten, Weihen und Falken auf dem Zugweg, während die großen segelnden Wespenbussarde, Echte Bussarde und Adler entweder gar nichts fressen oder nur sehr unregelmäßig. Arten, die unterwegs Beute machen, können möglicherweise in der Nähe der Beobachtungsstationen beim Jagen gesichtet und ihr Jagderfolg studiert werden. Allein das Aufeinandertreffen von Greifvögeln und Singvögeln in großen Mengen könnte zu ungewöhnlichem, abweichendem Beutefangverhalten führen. Arbeiten am Cedar Grove zeigten, daß Greife, auch wenn sie nicht hungrig sind, Stare und Taubenschwärme attackieren. Beobachtungen über Jagderfolge in Falsterbo müßten daher wohl größere Prozentsätze von Fehlschlägen aufdecken. Dies könnte zum Beispiel ein Grund dafür sein, warum Rudebeck bei seinen Greifvogeluntersuchungen eine so niedrige Erfolgsrate beim Beuteschlagen feststellte.

Derartige allgemeine Regeln weisen aber merkwürdige Anomalien und Ausnahmen auf. Wir erwarten, daß kleine, insektivore Arten, wie Rotfuß-, Baum- und Rötelfalke, oft Nahrung zu sich nehmen müssen und aus diesem Grund in starken Flügen zu beobachten sind. Baumfalken und Rötelfaken, die von Nordeuropa nach Südafrika verstreichen, treffen wir entlang ihrer gesamten Flugstrecke auch häufig bei der Nahrungssuche an; der östliche Rotfußfalke hingegen verschwindet spurlos! Es verwundert schon weniger, daß eine große segelfliegende Art, wie der Schreiadler, unbeobachtet von Suez den Limpopo erreichen kann. Auch der Steppenadler kommt mehr oder weniger unbemerkt von Europa nach Afrika, während der Schreiadler beim Verlassen Europas gut zu beobachten ist. In diesen Fällen muß der Zug auch, wie bei Greifen sonst nicht üblich, nachts erfolgen, denn Rotfußfalken benötigen bestimmt mehrere Tage und Nächte, um den Indischen Ozean von Assam nach Tansanien zu überqueren, vorausgesetzt, sie tun es wirklich. Auch der Schreiadler braucht mehrere Tage, um von Suez ohne Unterbrechung Rhodesien zu erreichen.

Geringe Flügelbelastung könnte mit langen Zugstrecken zusammenhängen. Wespenbussarde, deren Flügel weniger belastet sind als die Echter Bussarde vergleichbarer Größe, sind die größten Arten, die das Mittelmeer auf dem Weg über Malta überqueren. Sie fliegen jedoch streckenweise im Ruderflug. Fasten verringert die Flügelbelastung, sowohl durch den Verlust an Körpergewicht, als auch durch fehlenden Kropfinhalt. Ein großer Segelflieger kann auf diese Weise sein Körpergewicht um 10 bis 20 % reduzieren. Damit erreicht der Greif ein früheres Ausnützen von geringeren Aufwinden, einen längeren Flugtag, schnelleres Aufsteigen und einen günstigeren Gleitwinkel, wenn er die Thermik verläßt und in geradlinigen Flug übergeht. So ist Fasten für segelnde Arten vorteilhafter, Ruderflieger hingegen brauchen mehr Nahrung.

Wespenbussarde müssen einen Kompromiß schließen, da sie die Sahara überqueren und im Frühjahr keine Pause in ihrer Reise einlegen können. Vielleicht legen sie, wie Grasmücken, ein Fettdepot an, bevor sie Afrika verlassen. Andere, die Insekten in der Luft fangen, wie die amerikanischen Schwalben- und Schwebeweihe, finden auf dem Zug über jeder Vegetationszone genügend Insektennahrung vor; Wüsten überqueren sie keine.

Zu den Greifen zählen keine Arten, die Weitstreckenrekorde aufstellen oder besonders schnell fliegen. Sie vollbringen keine Navigations-Glanzleistungen, wie Watvögel, Gänse oder grönländische Steinschmätzer. Die längsten Zugstrecken legt der Steppenbussard zurück, der von Westsibirien bis ins Kap der Guten Hoffnung zieht, der Präriebussard von Alaska bis Argentinien und der östliche Rotfußfalke und Rötelfalke, die von Ostasien nach Südafrika kommen. Manche Individuen einer Art legen 16.000 km zurück, während andere das Jahr über sich innerhalb von ein bis zwei Quadratkilometern bewegen, wie der Mäusebussard.

Bei Langstreckenziehern, wie dem Steppenbussard, verlassen Individuen aus dem nördlichen Teil des Art-Verbreitungsgebietes ihre Brutplätze als erste, überholen die seßhafteren südlichen Populationen und ziehen weiter nach Süden. Steppenbussarde aus West-Finnland ziehen nicht weiter als nach Südeuropa. Individuen aus anderen Populationen folgen dem Bosporus und fliegen über Suez in Afrika ein; sie legen viel weitere Strekken zurück. Ein Tier, das seinen nördlichen Horstplatz Ende August verläßt und Mitte Oktober in der Kapprovinz eintrifft, legt innerhalb von sechs bis acht Wochen 13.000 bis 16.000 km zurück. Es erreicht dabei eine mittlere Zuggeschwindigkeit von 240 bis 400 km pro Tag. Bussarde sind Segelflieger, und auf der gesamten Route stehen ihnen nur 12 Stunden Tageslicht zur Verfügung. Vermutlich werden sie zwischen 8 und 9 h morgens aufsteigen und gegen 5 h nachmittags wieder landen. Das würde einer durchschnittlichen Fluggeschwindigkeit von 27 bis 48 kmh entsprechen. Da sie sich normalerweise mit der Thermik bis in Höhen von mindestens 300 m begeben und dann zum nächsten warmen Luftstrom gleiten, scheint diese Geschwindigkeit durchaus in ihrem Leistungsbereich zu liegen. Aber diese Geschwindigkeit zwei Monate lang ohne jegliche Nahrungsaufnahme aufrechtzuerhalten, ist kaum möglich, die Steppenbussarde müssen daher unterwegs fressen. An Zugtagen fliegen sie dann schneller, was ihnen nicht schwer fallen sollte.

Beringungsergebnisse liefern kaum Resultate über Zuggeschwindigkeit, wohl aber über den genauen Verlauf von Zugwegen. So fliegen zum Beispiel schwedische Fischadler und die kleine britische Population dieser Art entlang der europäischen und afrikanischen Westküste bis Senegal. Die westliche Population des Steppenbussards aus Finnland und anderen Baltischen Staaten streicht in südwestlicher Richtung und durchquert Frankreich, scheint aber offensichtlich vor Afrika halt zu machen. Die östliche Population hingegen zieht in südöstlicher Richtung bis in die Kapprovinz Südafrikas. Westliche Rotfußfalken verfolgen beim Rückflug nach Norden im Frühjahr eine westlicher ausgerichtete Flugroute als beim Herbstzug. Vermutlich verhält sich die östliche Unterart ähnlich. Ihre Herbstroute ist unbekannt, auf dem Frühjahrszug werden sie zusammen mit Rötelfalken in Afghanistan gesichtet. Von den meisten großen Arten sind nicht genug Nestjunge und Adulte beringt, um Rückmeldungen in großer Zahl zu erhalten. Von Weißkopfseeadlern, die als Junge in Florida beringt wurden, wissen wir aber, daß sie bis nach Winnipeg und Nova Scotia vorstoßen.

Im Horst beringte Jungvögel geben uns am besten Auskunft über die Altersstruktur einer Population. Liegen Daten in ausreichender Zahl vor, können wir die Verteilung der verschiedenen Altersklassen ausarbeiten und das Höchstalter bestimmen. Beim Mäusebussard und Turmfalken und allen anderen Arten, für die tausende von Daten vorhanden sind, weisen so erstellte Tabellen aus, daß die Mortalitätsrate vor Erreichen der Geschlechtsreife sehr hoch ist. Allgemein gilt auch: Je größer ein Greif ist und je länger er braucht, um seine Geschlechtsreife zu erreichen, desto höher ist seine Sterblichkeitsrate. Etwa 65 % britischer Turmfalken sterben, bevor sie in ihrem zweiten Lebensjahr zur Brut schreiten. Dieser Prozentsatz verändert sich, wie die Untersuchungen unterstreichen, auch über lange Zeiträume nicht. Sie differiert wohl etwas von Jahr zu Jahr, vermutlich in Abhängigkeit zu guten und schlechten Mäusejahren.

Etwa vier von fünf Bussarden sterben bevor sie geschlechtsreif werden, ebenso zwei von drei Fischadlern. Die meisten Individuen sterben im ersten Winter; hat ein Tier das Erwachsenenstadium erreicht, sehen die Prognosen besser aus. Bis vor kurzem galten Greifvögel als die Arten mit der längsten Lebenserwartung, man kannte einen Bussard von 23 und einen Roten Milan von 26 Jahren. Heute weiß man, daß sie von Möwen und Watvögeln mit einer Lebenserwartung von mehr als 30 Jahren übertroffen werden.

So kann wahrscheinlich nur jeder vierte ausgeflogene größere Greif überhaupt zur Fortpflanzung gelangen. Die meisten Rückmeldungen beringter Greife stammen aber von Individuen, die eines unnatürlichen Todes gestorben sind, entweder geschossen, von Autos überfahren oder an elektrischen Leitungen hängen geblieben sind, so daß diese Berechnungsmethode anzweifelbar ist. Wenn wir also kalkulieren, daß zwei von drei schwedischen Fischadlern sterben, bevor sie zum Brutgeschäft schreiten, (wie die Berechnungen nach Ringfunden ergeben), könnte sich der Artbestand in den letzten Jahren nicht vermehrt haben. Die Überlebenden hätten niemals soviel Nachwuchs hochbringen können. Wir müssen solche Ergebnisse daher immer mit Vorsicht interpretieren.

Auch das Zahlenverhältnis der Geschlechter oder von Jungvögeln zu Adulten kann auf diese Weise nicht ausgiebig geklärt werden. Habichte, die durch Cedar Grove ziehen, sind zum Beispiel vorwiegend Jungvögel, darunter mehr Männchen als Weibchen. Die meisten in Rhodesien und Botswana überwinternden Steppenadler sind immatur. Diese Nachweise bestätigen Beobachtungen, wonach Jungtiere schon bestehende Reviere verlassen, während Altvögel verbleiben. Nur riesige Datenmengen wären die Voraussetzung für den Beweis, daß auch bei Altvögeln ein Männchenüberschuß in allen Populationen besteht.

Eine Analyse all dieser Fakten würde ein eigenes Buch füllen. Für mich ist manchmal der Gedanke, daß Greifvögel überhaupt ziehen, sehr ungewöhnlich. Fischadler aus Nordeuropa oder Asien verbringen die Monate August bis April an der Küste von Kenya. Dort finden sie ein reichliches Angebot leicht zu fangender Fische vor, ein idyllisch warmes Klima und zum Brüten geeignete riesige Mangrovebäume. Trotzdem ziehen sie in den kalten Norden, um an irgendeinem sibirischen See oder Fluß ihren Nachwuchs aufzuziehen. Ich finde keinen vernünftigen Grund, warum sie dies tun. Zudem: In Australien, auf ähnlichem Breitegrad der Südhalbkugel, ziehen sie nicht fort.

Brutbiologie

Brutverhalten ist der bestbekannte Teil der Greifvogelbiologie. Denn wie groß der Aktionsradius der schnellfliegenden, scheuen Vögel auch immer sein mag, sie kehren regelmäßig zum Brüten und Füttern der Jungen an den Horst zurück, wo wir sie leicht beobachten können. Manche Verhaltensweisen und Nahrungspräferenzen sind zunächst als Nebenprodukt brutbiologischer Untersuchungen bekannt geworden und haben manchmal zu Fehlinterpretationen geführt.

Dazu möchte ich zwei Beispiele anführen. Das Kronenadler-Paar im Wald vor meinem Haus sehe ich fast täglich. Ihr Brutverhalten und der Speisezettel ihrer Jungen sind mir genauestens bekannt. Dennoch konnte ich sie noch nie beim Schlagen der Beute beobachten. Auch konnte ich sie nur selten ausfindig machen, wenn sie nicht gerade balzten oder sich dem Nest näherten. Der Trauerhabicht ist in afrikanischen Waldgebieten weitverbreitet und wie die meisten Habichtarten scheu und heimlich. Im Laufe von 16 Jahren ist es mir nur vier- oder fünfmal gelungen, ihn in diesem Biotop abseits vom Horst zu sehen. In den letzten vier Jahren brütete ein Paar unweit meines Hauses. Jetzt, wo ich diese Buch verfasse, hat es gerade zwei Junge. Das Weibchen ist nicht scheu, nur schwer zu sehen, auch wenn es mich bis auf 3 Meter an sich herankommen läßt. Alles, was ich bisher über die Art weiß, beruht auf Erfahrungen in einem Bezirk von 100 m^2.

Eiersammler waren die ersten, die sich mit Greifvogel-Brutbiologie befaßten. Sie schafften Ende des 19. Jahrhunderts und Anfang dieses Jahrhunderts riesige Sammlungen, leider nur als bloße Trophäen. Nur wenige protokollierten Neststruktur, Gelegegröße, Eigewicht und andere Daten. Manchmal können diese freilich aus den alten Büchern herausgelesen werden.

In manchen Ländern bedeutete das Erlöschen der Eiersammeltätigkeit zu Beginn des Zweiten Weltkrieges auch das Ende aller brutbiologischen Untersuchungen. In Indien sind zum Beispiel bis 1945 zahlreiche Angaben über Horste und Gelege notiert worden, danach finden wir nur mehr vereinzelte Berichte über Besonderheiten in der Brutbiologie indischer Greife. Dann kam das Fotografieren von Greifen am Horst in Mode und artete ebenso in Trophäenjagd aus. Allerdings unterbrach das Fotografieren den Brutzyklus nicht so brüsk wie das Eiersammeln und führte zu weiteren Studien, vor allem der Entwicklung der Jungvögel. Später trat wieder die Untersuchung der Brutbiologie in den Vordergrund, die Fotografie war Nebensache oder wurde vom Beobachter als bloßer Beleg bestimmter Details eingesetzt. Neuerdings steht die reine Beobachtung ohne Errichten eines Schutzzeltes im Mittelpunkt, da Nahaufnahmen die Vögel unnötig stören und das natürliche Verhalten beeinträchtigen.

Einige wenig scheue Arten tolerieren wiederholte Eingriffe, andere sind sehr empfindlich und bei einigen, wie dem Gaukler, ist die Reaktion nicht vorher abzuschätzen. Verstecktes Beobachten aus sicherer Entfernung mit Fernglas und Notizbuch in der Hand vermittelt genauere Information als Fotografieren unter einem Schirm aus nächster Nähe. Heute stehen uns allerdings ferngesteuerte, kleine Kameras mit vorprogrammierbaren Verschlußzeiten zur Verfügung, die eingesetzt werden können, ohne die Tiere allzusehr zu belästigen. Beim Steinadler ermittelte man die Bruttemperatur durch Unterlegen einer Eiattrappe mit eingebautem Sender, der die Werte zu einem Fahrzeug in 1 km Entfernung funkte.

Altmodische Menschen wie ich, die ihre Kenntnisse durch stundenlanges Sitzen in Kälte, verkrampft und erschöpft erworben haben, sind der Meinung, daß solcher moderner elektronischer Hokus-Pokus (den ich ohnehin sofort durch unsachgemäße Handhabung außer Gefecht setzen würde), persönliches Beobachten und eigene Erfahrung nicht ersetzen kann, mag die Elektronik noch so schöne Zahlen und Graphiken produzieren. Vielleicht zähle ich aber zu den Sauriern der Ornithologie, und ich muß zugeben, daß uns solche Geräte manchmal in der Beobachtung überlegen sind.

Die Erforschungsgeschichte der Brutbiologie hat sich also vom reinen Eiersammeln bis zur Elektronik fortentwickelt, deshalb ist es um so verwunderlicher, wie wenig grundlegendes Material über einige Arten vorliegt. Vereinfacht lassen sich unsere Kenntnisse in fünf Stufen zusammenfassen:

1. unbekannt (E) – Horst noch nicht gefunden, Eier nicht mit Sicherheit bekannt
2. wenig bekannt (D) – ein oder zwei Horste entdeckt, Eier beschrieben.
3. mäßig bekannt (C) – mehrere, bzw. viele Nester gefunden, Gelege beschrieben, einige Angaben liegen zur Brutbiologie vor.
4. gut bekannt (B) – mindestens ein Horst wurde während der gesamten Fortpflanzungsperiode beobachtet. Der Anteil jedes Partners bei der Brutpflege, Nahrung und Jungenentwicklung sind beschrieben.
5. genau bekannt (A) – ein oder mehrere Paare sind über mehrere Jahre untersucht. Neben anderen grundlegenden Daten liegen Angaben zur Fortpflanzungsrate und Jugendsterblichkeit vor.

Passen unsere Kenntnisse einer Art nicht genau in eine der fünf Kategorien, können wir A^{Q} oder B^{W} etc. vergeben. Obwohl eine solche Einteilung natürlich subjektiv ist, hilft sie, unsere Kenntnisse zu ordnen und deckt Forschungsdefizite auf.

So zeigt sich, daß unter 278 Arten die Brutbiologie von 62 praktisch unbekannt ist, wir von weiteren 48 nur wenige Angaben haben; das heißt also, von 40 % aller Greife der Welt wissen wir gar nichts oder nur wenig. Weniger als 20, das ist etwa $^1/_{10}$, sind genau bekannt und weitere 46 gut bekannt. Weniger als 25 % sind in Bezug auf ihre Brutbiologie gut oder besser erforscht. Ungefähr 111 können der Kategorie mäßig bekannt zugeordnet werden. Darunter befinden sich Arten, deren Nester drei- oder viermal beschrieben wurden, aber auch solche, von denen Oologen hunderte von Gelegen zusammenraubten, ohne sich die Mühe zu machen, nähere Angaben festzuhalten.

Zu den unbekannten Arten zählen der Große Gelbkopfgeier, *Cathartes melambrotus*, ein Kuckucksweih-Verwandter, der Cayenneweih *Leptodon*, Langschwanz- und Bismarckweih sowie Celebes-Wespenbussard, Salomonenseeadler, vier asiatische und ein afrikanischer Schlangenadler, 21 Habichtverwandte, acht von neun Arten der Gattung *Leucopternis*, Einsiedler- und Zaunadler, zwei Bussarde, vier Echte Adler, drei Karakaras, fünf Waldfalken, zwei Fälkchen und eine Edelfalkenart. 57 der 62 aufgezählten Arten bewohnen Urwälder, 22 stammen aus Südamerika, 30 aus der Orientalis und 5 aus Afrika. Alleine in der Orientalis sind Horste von 15 Habichtartigen noch nie gefunden worden. Abgesehen von diesen Arten sind südamerikanische Urwaldbewohner am wenigsten erforscht. In dieser Gruppe finden sich mit Sicherheit die interessantesten und ungewöhnlichsten Formen.

Unter den 48 Arten der wenig bekannten Kategorie sind nur 24 Waldbewohner, 11 in Südamerika, 7 im Osten und 6 in Afrika oder anderswo beheimatet. Darunter fallen Königsgeier, *Sarcorhamphus*, Gelbkopfgeier, Langschnabelweih, Perlaar, der Hakenweih, beide Arten der Gattung *Harpagus*, die australischen Schopf- und Bussardmilane (die vielleicht besser bekannt sind, als es scheint), ein Schlangenadler, eine Höhlenweihe, zwei Weihenarten, 10 *Accipiter*, ein Bussard der Gattung *Leucopternis*, der Fischbussard, vier Bussarde, vier Adler der Gattung *Spizaetus*, ein Karakara, der Lachfalke, ein Fälkchen und sechs Falkenarten.

Möglicherweise ist über die eine oder andere Art schon mehr bekannt, als ich angebe, aber diese Übersicht basiert auf einigen Standardwerken und der neuesten Literatur. In einigen Fällen lassen sich fehlenden Daten aus der Seltenheit der Art und der Schwierigkeit, sie zu beobachten, erklären. Dies gilt sicher für die Waldfalken, *Micrastur*, und einige orientalische dschungelbewohnende Adler. Andere wiederum, wie die Karakaras der Gattung *Phalcoboenus*, deren Horste noch nicht beschrieben sind, müßten leichter zu erforschen sein.

Von einigen können wir ungefähr vorhersagen, wie sie sich verhalten, wenn wir nämlich über die Biologie nächstverwandter Arten Bescheid wissen. Von der Gattung *Accipiter* z. B. sind drei Arten recht gründlich erforscht, weitere vier gut bekannt und weitere elf so genügend untersucht, daß wir sagen könnnen, ihr Nestbauverhalten unterscheidet sich nicht wesentlich von dem der gründlich untersuchten Arten. Sollte endlich jemand den Horst des Mantelhabichts auf Neu Guinea entdecken, wird anzunehmen sein, daß sich diese Brutstätte nicht wesentlich von denen anderer Habichte unterscheidet und ebenfalls aus Reisig errichtet wird.

Ähnliches gilt für die unerforschten Weihen, Bussarde, die

wenig bekannten Milane, Wespenbussarde und Adlerarten. Das erst kürzlich entdeckte Nest des Schwarzachseladlers war, wie vorauszusehen, in einem hohen Urwaldbaum angelegt und so schwer zu erreichen, daß Gelegegröße und Eibeschreibung noch immer ausstehen, so daß die Art der Kategorie D zugeteilt werden muß. Interessante Neuigkeiten sind eventuell noch bei den aberranten Falkenvögeln, den tropischen Wespenfalken der Gattung *Daptrius* und unter den Waldfalken, *Micrastur*, zu erwarten. Diese Arten sind deshalb von besonderem Interesse, weil nur wenige Falken einen eigenen Horst errichten. Wespenfalken könnten eventuell Horste anlegen, die Waldfalken werden vermutlich einen ausgehöhlten Baumstamm bevorzugen, wie der Lachfalke, dessen wenige überlieferten Daten auch nur als erste Hinweise gelten können.

Unsere Kenntnis des Fortpflanzungsverhaltens verdanken wir meistens einzelnen begeisterten, ja ungeheuer passionierten Personen, selten wissenschaftlichen Teams. Einige Eiersammler vollbrachten Unmögliches, um die über alles begehrten Eier zu beschaffen. Neuerdings scheinen diese Kollektionen sich doch noch als nützlich zu erweisen, da wir die chemische Zusammensetzung dickschaliger Eier aus alten Sammlungen mit der dünnschaliger, brüchiger der letzten Jahre vergleichen können. Dadurch ist es möglich, die Auswirkungen von Pestiziden auf verminderte Ausfliegeraten mancher Greifvogelarten aufzudekken. Allerdings sollten heute die Eiersammler nicht auf ihre Verdienste pochen, da dies ja nicht das Motiv ihrer Sammeltätigkeit gewesen ist. Auch neuere elektrophoretische Untersuchungen am Eiklar von Vogeleiern, die zur Klärung systematischer Probleme beitragen sollten, waren zum Teil von Eiersammlern abhängig. Man munkelt, daß ein amerikanischer Professor 3.000 Dollar Bußgeld für illegales Eiersammeln berappen mußte.

Die meisten Einzelheiten wurden von einer kleinen Gruppe begeisterter Amateure zusammgengetragen, und die hervorragendsten Leistungen erbringen auf diesem Sektor heute stets noch die Amateure. In dieser Gruppe findet sich immer ein halbes Dutzend Spitzenkenner- und könner, die jeweils ihrer Epoche die besten Kenntnisse vermitteln. Obwohl wir diesen einzelnen Enthusiasten viel zu verdanken haben, meine ich, es sei an der Zeit, effektivere, kooperative Arbeit zu leisten, und alle verfügbaren Möglichkeiten und Erfahrungen gezielt dort einzusetzen, wo die besten Aussichten auf Erfolge bestehen. Eine holländische Arbeitsgruppe hat, unter der Leitung von Prof. Karel Voous, begonnen, so zu arbeiten, und erzielte bereits außerordentlich bemerkenswerte Resultate.

Ich möchte hier bereits Bekanntes kurz zusammenfassen, damit die Wissenslücken leichter zu überblicken sind. Im Anhang I habe ich sämtliche Greifvogelarten in systematischer Reihenfolge aufgeführt. Die Forschung hat bis heute aufgedeckt, daß es bestimmte genetisch bedingte Verhaltensunterschiede zwischen den einzelnen Unterordnungen und Familien der Greife gibt. So baut kein einziger Neuweltgeier, Familie

Cathartidae, einen Horst, sie brüten auf blankem Boden, in Höhlen, auf Felsvorsprüngen oder in hohlen Bäumen. Arten, von denen wir nichts oder nur wenig über ihr Brutverhalten wissen, benehmen sich vermutlich genauso. Die großen Kondore und der Königsgeier legen nur ein Ei, die anderen ein bis zwei pro Gelege. Die Eier sind weiß gefärbt, manchmal gemustert, und hält man ein Ei gegen das Licht, erkennt man die gelbliche Schalenmembran. Ganz bestimmt gibt es noch weitere grundlegende Verhaltensunterschiede zwischen Neuweltgeiern und den übrigen Greifvogelgruppen; weil sie aber bloß „liderliche, stinkende, schmutzige Geier" sind, in manchen Gebieten noch dazu sehr häufig, hat sie noch niemand näher untersucht. Nur der heute beinahe ausgestorbene Kalifornische Kondor läßt sich fast in die Kategorie A einstufen.

Der Fischadler, einzige Art und Gattung der Familie Pandionidae, ein Vertreter der Überfamilie Accipitroidea, zeigt einige Besonderheiten in seiner Anatomie, nicht jedoch im Brutverhalten. Die Art ist genau erforscht; ein Fischadlerpaar am Loch-Garten Iverness-Shire, Schottland, kann wohl als das besterforschte Vogelpaar der Welt gelten. Die Ergebnisse sind bisher noch nicht vollständig veröffentlicht. Fischadler errichten riesengroße Horste aus Zweigen auf Bäumen, am Boden, auf Felseninseln, sogar auf künstlichen Nistunterlagen wie Rädern, Pfählen oder Elektromasten. Das Gelege besteht aus zwei bis vier stark rotbraun gesprenkelten Eiern, die rein äußerlich eher Falkeneiern ähneln als denen ihrer vermutlich nächsten Verwandten, den primitiven Aaren und Weiharten. Die Schalenmembran ist jedoch grünlich, deswegen wird der Fischadler mit den Accipitridae in dieselbe Überfamilie (Accipitroidea) gestellt. Der Ablauf des Fortpflanzungszyklus gleicht dem eines Seeadlers, allerdings zeigt der Fischadler einen einzigartigen Erregungsflug.

Alle bis jetzt untersuchten Habichtartigen bauen, wie im ersten Kapitel ausführlich erläutert, einen Horst. Diese variieren von den leichten, einjährigen Gebilden der Schlangenadler, Kuckucksweihe und Aare bis zu den riesigen Stockhorsten der Echten Adler und Seeadler. Einige der großen, in Kolonien lebenden Gänsegeier-Verwandten errichten in Felswänden kleine Nester aus Zweigen und Reisig; auch Schmutz- und Bartgeier, die in Höhlen oder auf überdeckten Felsvorsprüngen brüten, wie manche Neuweltgeier, legen große Horste aus Stöcken und Knüppeln an. Alle Mitglieder der Familie Accipitridae bauen kein Nest, einige aber, vor allem Milane, übernehmen auch Nester anderer Vogelarten als Unterbau. Die riesigen Horste der Seeadler und Echten Adler werden Jahr für Jahr erneut bezogen und jedesmal aufgestockt.

Die Gelegegröße innerhalb der Familie Accipitridae schwankt von ausschließlich einem Ei bei den großen Geiern und Schlangenadlern bis zu maximal zehn Eiern bei bodenbrütenden Weihen. Die meisten großen Arten legen ein bis drei Eier, kleine Arten drei bis fünf. Bei allen Arten ist die Grundfarbe der Eier, weiß, grünlich oder bläulich, häufig einfarbig, vielfach aber unterschiedlich braun gesprenkelt. In seltenen Fällen, wie bei der Höhlenweihe, sind die Eier fast vollständig mit braunen Flecken übersät.

Der Sekretär, einzige Art der Überfamilie Sagittaroidea, baut wie die Habichtartigen einen großen Horst aus Zweigen, und auch seine Eier besitzen eine grünliche Schalenmembran. Abgesehen vom Verhalten und ein paar anatomischen Eigenheiten könnte er als großer bodenbewohnender Adler bezeichnet werden. Auch in seinem Brutverhalten ähnelt er in mancher Hinsicht großen Greifvogelarten.

Unter den Falken befinden sich einige Vertreter, die einen eigenen Horst errichten, die meisten aber bauen keinen Horst. Die „abnormalen" Nestbauer unter den Falken sind die südamerikanischen Karakaras, und es ist nicht deutlich ersichtlich, bei welcher Art dieser „Brauch" endet. Wespenfalken, Gattung *Daptrius*, legen einen Horst an, gute Beschreibungen fehlen jedoch. Alle Karakara-Arten, Chimango und Chimachima errichten ihre Nester auf Bäumen, manchmal auf Felsen, am Boden oder sogar an Gebäuden, aber auch hier fehlen eingehende Beobachtungen. Die Brutstätten bestehen oft nur aus einigen Dungbrocken oder Zweigen und deuten vielleicht bereits auf den völligen Verzicht eines Nestbaues bei den übrigen Falken hin.

Lachfalken errichten, soweit bekannt, kein Nest, sondern legen ihre Eier wie Turmfalken in Baum- oder andere Höhlen; möglicherweise verhalten sich die Lachfalken ähnlich, nur hat man bis jetzt noch kein Nest entdeckt. Fälkchen und Zwergfalken (Gattung *Poliohierax* und *Microhierax*) verrichten ihr Brutgeschäft alle in Nestern anderer Vogelarten: *Microhierax* in den Baumhöhlen von Bartvögeln und Spechten. In dieser Hinsicht stimmen sie mit den Edelfalken der Gattung *Falco* überein, die alle auf Felsvorsprüngen, am Boden oder in Nestern anderer Vögel, häufig Rabenvögeln, nisten. Alten Beschreibungen, auch namhafter glaubwürdiger Ornithologen zufolge, sollen Falken doch Horste bauen. Heute weiß man, daß sie es nicht tun. Auch vom australischen Habichtfalken wird behauptet, daß er einen Horst anlegt; da eine australische Weihe aber völlig vom normalen Brutverhalten aller übrigen Weihenarten abweicht und auf Bäumen nistet, wäre es sicher zweckmäßig, die Brutgewohnheiten dieser Falkenart zu beobachten. Im Normalfall gilt aber, daß ein Falke, der in einem Zweignest brütet, dieses niemals selbst zusammengetragen hat. Rupfen von Pflanzenteilchen oder Heranrollen von Steinchen, wie es manche Boden- oder Felsbrüter zeigen, können als Reste von Nestbauverhalten angesehen werden; dies gilt aber nur für die wenigen Bodenbrüter, überwiegend benutzen Falken die Nester anderer Vogelarten.

Die Eier der meisten Falken sind besonders hübsch: rund, beige bis rötlich, meist stark, manchmal sogar völlig mit braunen oder ziegelroten Flecken bedeckt. Die Innenseite der Eischale ist rötlich oder honiggelb, und zwar bei den nestbauenden Karakaras genauso wie bei den echten Falken. Der afrikanische

Halsbandzwergfalke brütet in den dunklen Nestern der Siedelweber und anderer Weberarten und legt, wie die asiatischen Fälkchen, die in Spechthöhlen nisten, weiße Eier. Wir nehmen an, daß durch die fehlende Notwendigkeit, die Eier kryptisch zu färben, wie sie für die auf offenen Felsenrändern brütenden Falken besteht, die Tarnfärbung verloren ging oder aufgegeben wurde, genauso wie Geier der Neuen und Alten Welt ihre scharfen Krallen im Laufe der Zeitgeschichte verloren haben.

Dies sind grundlegende genetische Unterschiede zwischen Unterordnungen und Familien. Genaue Verhaltensstudien würden vermutlich noch eine Reihe anderer Merkmalsdifferenzierungen aufdecken. Eindeutig sind die südamerikanischen Karakaras an die Spitze der Untersuchungsliste zu setzen; sie sind die interessanteste Gruppe, sofern neue Erkenntnisse und nicht bloß Spannung und Unterhaltung angestrebt werden. Manchen sind Karakaras vielleicht zu nichtssagend, aber es besteht dabei gleichzeitig die Chance, Neues über den ansprechenden Andenkondor und einige wenig bekannte Accipitridae zu erfahren.

Betrachten wir den Fortpflanzungszyklus aus einer anderen Perspektive, nämlich nach dem allgemeinen Ablauf der Handlungen, so zeigt sich bei verschiedenen Gruppen eine bemerkenswerte Parallelentwicklung. Der Zyklus läßt sich bei allen Arten in folgende Abschnitte aufteilen: 1. Balz, 2. Nestbau (falls ein Nest gebaut wird), 3. Gelegegröße und Brutdauer, 4. a. Entwicklung der Jungvögel b. Verhalten der Eltern zu den Jungen, 5. Periode des Jungenführens, wenn die Jungen schon flügge sind, aber noch von den Eltern gefüttert werden. Zusätzlich ist es notwendig, die Zahl der ausgeflogenen Jungen pro Paar und pro Jahr und deren Überlebensrate bis zur Geschlechtsreife zu erfassen, grundlegende Daten für die Populationsdynamik. Dies wollen wir als 6. Bruterfolg und Überlebensrate bezeichnen.

Wir sollten beginnen, indem wir epigames Imponieren (Balz) vom nicht epigamen Imponieren (Drohen) trennen. Obwohl auch am Horst gedroht wird, ist Drohverhalten als spezielle Verhaltensform außerhalb des Nestbezirks entwickelt. Gedroht wird sowohl beim Angriff als auch bei der Verteidigung; Ziel dieses Verhaltens ist, sich größer und eindrucksvoller erscheinen zu lassen. Bei typischer Drohhaltung sträubt der Vogel sein Kopf- und Halsgefieder und, wenn vorhanden, seine Haube, die Flügel werden zudem teilweise geöffnet; der Greif kann sich weit auf den Schwanz zurücklegen und seine Fänge wie zum Zuschlagen nach vorne strecken (Abb. 32). Dies ist die Haltung des Wappenadlers. Die Abwehrhaltung eines sich vom Menschen bedroht fühlenden oder vom Würger attackierten Adlerjungen im Dunenkleid ist im Grunde ähnlich. Genauso bedroht der junge Kronenadler einen neugierigen Affen, der sich zu nahe an den Horst gewagt hat.

Mäusebussarde zum Beispiel, stehen einander kerzengerade mit gespreizten Flügeln gegenüber. Die großen Altweltgeier zeigen kompliziertes Drohverhalten, um sich einen Platz am

Kadaver zu sichern. Sie senken den Kopf, sträuben ihre eigens hierfür entwickelten Federn an Skapula oder Hals. Manche Arten (*Aegypius*) tragen die Schwänze hocherhoben, in langen Sprüngen oder laufend bewegt sich der Angreifer vorwärts und richtet seine Läufe gezielt auf die anderen Geier. Das Manteln über geschlagener Beute mit gestreckten Läufen, die Flügel über dem Beutetier gespreizt, ist eine weitere Form des Droh- oder Abwehrverhaltens. Diese verschiedenen Haltungen können von lautem Rufen, Zischen oder anderen Lautäußerungen unterstrichen werden.

Diese Haltungen teilen dem Eindringling mit „Komm näher, wenn du dich traust" oder „Mach, daß du wegkommst!" und wirken aus unmittelbarer Nähe sicherlich einschüchternd. Sollte der Eindringling doch weiter herankommen, erwartet ihn ein kräftiger Tritt der bekrallten Fänge. Der Vogel läßt keinen Zweifel an seinen Absichten und teilt ernstliche Verletzungen aus. Vielleicht ist er einem, mit einem Sack zum Einwickeln der Fänge bewaffneten, Menschen nicht gewachsen, sicherlich aber einem Fuchs oder Mungo. Ein deutscher Schäferhund mußte getötet werden, nachdem ihn ein Kronenadler zuerst mit einem, dann mit beiden Fängen am Kopf gepackt hatte.

Viele Arten besitzen ausgeprägte Balzflüge; mit Begeisterung verfolgen wir dieses schöne Schauspiel. Für ihre Balzflüge wenden Falken und Adler oft viel mehr Energie auf, als für die Jagd. Bei den Neuweltgeiern dürften die Balzflüge, wenn überhaupt vorhanden, nicht aufsehenerregend sein. Es wird beschrieben, daß Geier in der Nähe ihrer Brutkolonien segeln, einander jagen und Sturzflüge ausführen, doch fehlen eingehendere Studien. Die meisten Arten zeigen eine ritualisierte Bodenbalz in der Nähe der Brutstätte, wobei sie ihre leuchtenden Farben an Kopf und Hals betont zur Schau stellen. Die einzige Art ohne bunte Farben, der schwarze Rabengeier, soll auch in der Luft balzen.

Mehrere Neuweltgeierarten haben in Gefangenschaft gebrütet, und es ist anzunehmen, daß ihr Balzverhalten dem freilebender Artgenossen gleicht. Königsgeier-Paare laufen ziemlich rasch umeinander herum, schlagen dabei mit den Flügeln und lassen pfeifende Laute ertönen. Wildlebende Kalifornische Kondore stellen sich dem Partner beim Imponieren gegenüber, spreizen die Flügel, bis sie am Boden schleifen, und biegen den Hals, bis der Schnabel die leuchtend gelbe nackte Hautpartie am Halsansatz berührt. Dann wendet sich der Vogel langsam mit schwankenden Schritten um und präsentiert die weißen Unterflügeldecken. Sehr ähnlich läuft auch der Hochzeitsreigen des Andenkondors ab. Bei dieser Art spreizt das Männchen die Flügel und richtet sich fast gerade auf, biegt den vorher aufgeblähten Hals, bis der Schnabel fast die Brust berührt. Er dreht sich langsam, präsentiert seine weißen Schultern und schnalzt mit der Zunge ein tiefes „tok-tok-tok". Die sonst rötliche, nackte Haut am Hals verfärbt sich leuchtend gelb, das ganze Schaustellen endet in einer Art schnaufendem Seufzer. Die Bodenbalz der Neuweltgeier unterscheidet sich grundlegend vom

Balzverhalten der Altweltgeier, mit denen sie auch gar nicht verwandt sind; es deutet sogar alles darauf hin, daß das Balzverhalten der *Cathartiden* mit dem aller übrigen Greife nicht zu vergleichen ist.

Sowohl bei Fischadlern, wie in der umfangreichen und artenreichen Familie Accipitridae als auch beim Sekretär registrieren wir Verhaltensstrukturen, die allen Arten gemeinsam sind, mit jeweiligen Besonderheiten für einzelne Arten oder Gattungen. Verallgemeinernd läßt sich sagen, daß folgende Verhaltenselemente, der Reihenfolge steigender Intensität nach geordnet, bei der Balz auftreten:

1. Aufbaumen und Rufen – das Männchen (bisweilen auch das Weibchen) setzt sich und ruft laut.
2. Segeln und Rufen – das Männchen, oder beide Partner, schweben über dem ausgewählten Brutareal und rufen dabei in Abständen.
3. Wellenförmiger Balzflug (Bogenflug) – ein Partner, gewöhnlich das Männchen, bisweilen auch das Weibchen, gleitet oder taucht, wendet sich plötzlich wieder aufwärts, erreicht seine Ausgangshöhe und wiederholt den Vorgang. Dieser Abschnitt folgt oft auf „Segeln und Rufen" und wird selbst auch von lautem Rufen begleitet.
4. Schweben und wellenförmiger Balzflug finden gemeinsam statt – das Männchen schwebt über dem Weibchen, taucht dann zu ihr hinunter, um wiederholt aufzusteigen. Das Weibchen segelt entweder weiter oder vollführt ebenfalls Tauch- und Sturzflüge.
5. Auf den Rücken drehen und Präsentieren der Fänge – das Männchen taucht zum Weibchen hinunter, steigt dann aber nicht mehr so hoch, so daß sie gezwungen ist, sich auf den Rücken zu drehen und die Fänge zu zeigen.
6. Radschlagen oder Kreiseln – das Paar ergreift bei Berührung die Fänge und wirbelt dann, sich umeinander drehend, in die Tiefe; seltener kreiselt das Paar wie fallende Blätter in der horizontalen Ebene.

Die Reihenfolge der Bewegungsabläufe entwickelt sich mit zunehmender Intensität meiner Meinung nach logisch; der wellenförmige Balzflug kann z. B. nicht ausgeführt werden, bevor der Greif in gewisse Höhe aufgestiegen ist und Radschlagen oder Kreiseln ergibt sich als Weiterentwicklung des sich auf den Rücken-Drehens und Fänge-Präsentierens (Abb. 35).

Daneben finden wir einige eigentümliche abweichende Formen der Balz. Männliche Fischadler schwingen sich hoch, über ihr Nest, schlagen dabei betont mit den Flügeln, halten den Körper in steilem Winkel; häufig lassen sie dabei ihre Flügel baumeln oder tragen Fische oder Knochen. Es scheint, als hätte der Adler Mühe, sich fortzubewegen, und manchmal fliegt er sogar rückwärts. Die Darbietung wird von überlauten „tscherieek-tscherieek"-Rufen begleitet. Dieses Imponierverhalten führen Fischadler auch aus, wenn sich Feinde in Nestnähe befinden. Das ist eine der wenigen Greifvogelverhaltensweisen, die eine richtige verleitende Funktion besitzen.

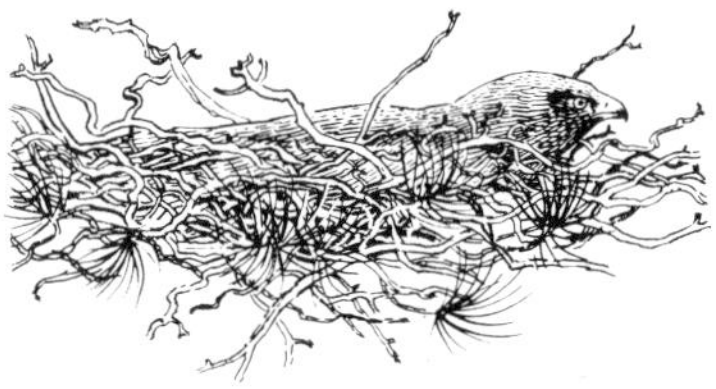

Abb. 31. Oben *links:* Im Drohflug fliegen europäische Schlangenadler leicht aufgerichtet mit langsamen, betonten Flügelschlägen.

Abb. 32. Oben *rechts:* Drohend spreizt der verwundete Kronenadler Kopf- und Nackenfedern und breitet die Flügel aus; drohend fixiert er mit geöffnetem Schnabel, die Fänge zum Stoßen bereits nach vorne gestreckt.

Abb. 33. Mitte *links:* Bei Nähern eines Eindringlings drückt sich der brütende Greif flach ins Nest. Vorsichtig späht er über den Nestrand, ob sich der Mensch endlich entfernt hat. (Schlangenadler).

Abb. 34. Mitte *rechts:* Ein fast flügger Steinadler bettelt den Altvogel in waagrechter Körperhaltung mit hängenden Flügeln unter lautem Rufen an. Mit dieser drohend wirkenden Verhaltensweise bittet er den Altvogel um Futterübergabe.

Abb. 35. *Rechts:* Balzflüge der Wiesenweihe: a. Das Männchen fliegt auf gleicher Höhe über dem Weibchen. b. Das Männchen stößt auf das Weibchen hinunter. c. Das Weibchen wirft sich auf den Rücken und biete die Fänge. d. Das Männchen schwingt sich wieder in die Höhe, das Weibchen fliegt waagrecht weiter.

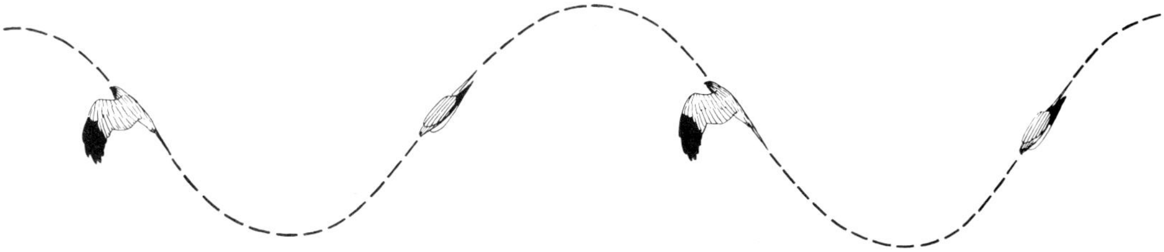

Abb. 36. *Oben:* Die bogenartigen Balzflüge des Sperbers verlaufen in flachen Wellen. Der Vogel gleitet, erhebt sich mit wenigen Flügelschlägen und wiederholt den Vorgang.

Abb. 37. *Mitte:* Balzflüge von Kornweihen verlaufen in tiefem Bogenflug. Kornweihen lassen sich mit teilweise angelegten Flügeln fallen und steigen mit heftigem Flügelschlag wieder empor. Dies wiederholt sich viele Male.

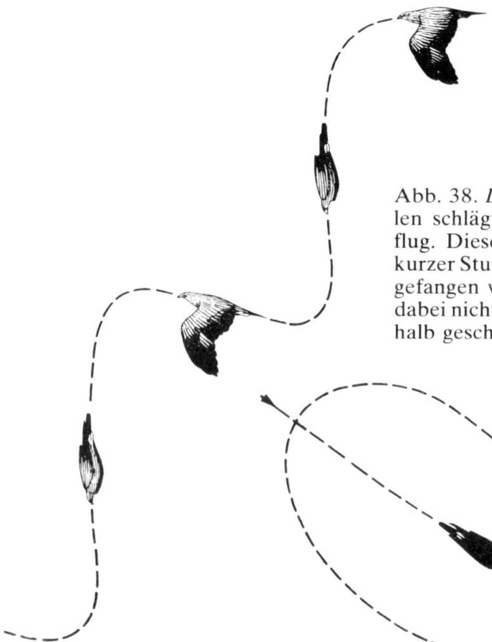

Abb. 38. *Links:* Hakenförmige Wellen schlägt der Raubadler im Balzflug. Dieser besteht aus einer Serie kurzer Sturzflüge, die bald wieder abgefangen werden. Der Adler schlägt dabei nicht mit den Flügeln, die sogar halb geschlossen bleiben.

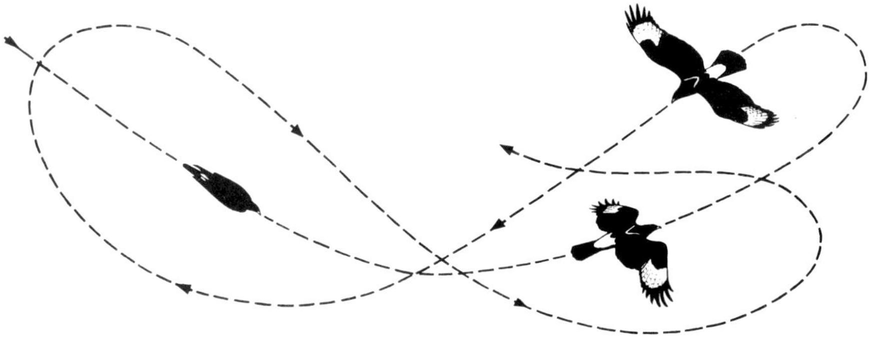

Abb. 39. *Oben:* Wie ein Pendel schwingt der Kaffernadler im Balzflug hin und her. Der Vogel läßt sich im flachen Sturzflug fallen, steigt mit wenigen Flügelschlägen auf die Ausgangshöhe, wendet und taucht in entgegengesetzter Richtung, steigt auf, wendet und wiederholt den Vorgang auf seinem alten Kurs, manchmal überschlägt er sich dabei.

Bei den Weihen ist der Geschlechtsdimorphismus stark ausgeprägt, die Männchen sind nicht nur kleiner, sondern auch unterschiedlich gefärbt, nämlich grau, während Weibchen braunes Gefieder tragen. Weihen sind häufig polygam. Auf dem Höhepunkt des Balzfluges steigt eine Weihe 30 bis 90 m hoch und stürzt regelrecht ab, wobei sie, wie betrunken, von einer Seite zur anderen kreiselt, manchmal um ganze 360°. Dabei äußert sie laute, den Warnrufen ähnliche Schreie. Kreiselnd und um sich selbst drehend scheint der Vogel die Kontrolle über sich vollständig verloren zu haben, einen Meter über dem Boden fängt er sich jedoch wieder, steigt erneut hoch, und das Schauspiel beginnt von Neuem, – oft wird es bis zu hundert Mal wiederholt (Abb. 37). Bei der Kornweihe fällt dieses Imponiergehaben mit der Nistplatzwahl zusammen. Ich beobachtete einmal

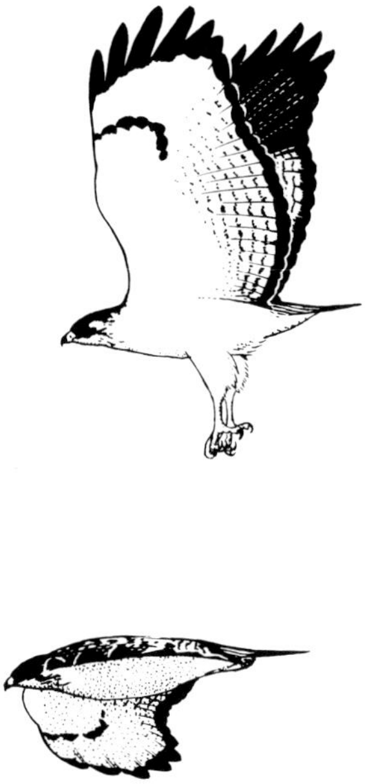

Abb. 40. Der männliche Augurbussard gleitet graziös wie ein Fallschirmspringer auf das waagrecht unter ihm fliegende Weibchen. Vielleicht dreht sie sich auf den Rücken und bietet ihre Fänge.

eine ähnliche Verhaltensweise beim Singhabicht, der vielleicht näher mit den Weihen verwandt ist, mit Sicherheit aber solches Balzverhalten nur selten ausführt.

Nicht alle Greifvogelarten zeigen sämtliche Elemente der Balz oder lassen diese in der gleichen Folge ablaufen. Bei einigen sind Lautäußerungen wichtiger als bei anderen. Für den afrikanischen Schreiseeadler ist häufiges Rufen vom Sitzplatz oder während des Segelns typisch; sie rufen gleich viel, wenn sie isoliert brüten oder sich andere Paare in der Nähe befinden. Diese Rufe lassen sich beinahe als Gesang einstufen. Lautäußerungen scheinen für Arten, die in Urwäldern oder Waldgebieten vorkommen, wichtiger zu sein als für Bewohner offener Landschaften. So gibt sich etwa der Kronenadler sehr laut, während der mit ihm verwandte Kampfadler beinahe stumm bleibt. Die Lachfalken aus dem tropischen Südamerika sind ebenfalls sehr ruffreudig. Andererseits verhalten sich jedoch alle scheuen, waldbewohnenden *Accipiter*-Arten sehr still und führen auch keine auffallenden Balzflüge über dem Wald aus.

Von den Elementen der Flugbalz taucht bei manchen Arten nur Segeln und Rufen auf. Die *Accipiter*-Arten vollführen flache wellenförmige Balzflüge (Abb. 36) während des Kreisens durch. Die Auf- und Ab-Bewegung führen Stein- und Kaffernadler im Sturzflug 150 m senkrecht in die Tiefe, dann schwingen sie sich bis zur Ausgangshöhe wieder auf (Abb. 38 und 39), bleiben aber meist dabei stumm. Kronenadler rufen beim Sturzflug und Aufschwung laut und anhaltend, ihre Laute sind über große Entfernung zu vernehmen. Die meisten Arten der Altweltgeier zeigen bloß in Nestnähe ein ruhiges gemeinsames Kreisen –, Flügelspitze an Flügelspitze. Die leichteren und behenderen Schmutzgeier und der Bartgeier führen offensichtlich tiefer bogenförmige oder tauchende Balzflüge aus. Das letzte Element, das spektakuläre Kreiseln oder Radschlagen ist selten und wird am häufigsten von Seeadlern oder Milanen praktiziert (Abb. 41).

Der Balzflug des Sekretärs ist wellenförmig, die stöhnenden Rufe, die er dabei ausstößt, ähneln denen anderer Greifvogelarten. Er führt aber auch am Boden eigenartige Tänze und Verfolgungsjagden durch, die ein wenig an die Tänze der Kraniche erinnern. Bei einem Greif, der sich auf das Leben am Boden spezialisiert hat, ist es naheliegend, daß er irgendeine Art von Bodenbalz entwickelt. Sie wurde jedoch noch nicht eingehend untersucht. Ich wiederhole an dieser Stelle nochmals: eine vergleichende Verhaltensstudie mit den Seriemas wäre sinnvoll.

Das Hochzeitswerben mancher Falken ähnelt im Grunde der Luftbalz der Accipitridae. Wir finden die Elemente Segeln über dem Nest, gemeinsames Segeln, im Sturzflug auf den anderen tauchen, sich auf den Rücken drehen und die Fänge berühren. Paare der großen schnellen Falken jagen einander in atemberaubender Geschwindigkeit, ihre Bewegungen sind kaum zu verfolgen. Zur Falkenbalz zählen aber auch Fütterungs-Zeremonien am Nest oder in dessen unmittelbarer Nähe. Dabei spielen manchmal kräftige Gefiederfarben eine wesentliche

Rolle. Baumfalken z. B. bewegen sich auf einem Ast seitwärts aufeinander zu, die Männchen halten einen Vogel im Schnabel und präsentieren ihr rötliches Bauchgefieder und die roten Flanken, wobei sie ein zurückhaltendes „wer-wer-wer" äußern. Wanderfalken-Männchen füttern ihre Weibchen während der Balz, verneigen sich dabei und lassen einen zwitschernden Ruf ertönen. Fütterungs-Zeremonien kommen sonst bei keinem Vertreter der Familie der Accipitridae vor. Das könnte ein weiterer grundlegender Unterschied im Verhalten der beiden Gruppen darstellen, doch fehlt es an detaillierten Forschungsergebnissen.

Auf die Balz folgt die Paarung, die gewöhnlich am Horst oder in Nestnähe stattfindet, gelegentlich auch etwas weiter entfernt. Bei allen beobachteten Arten finden über einige Zeit mehrmals täglich Begattungen statt. Beim britischen Fischadler z. B. beginnen die Paarungen am Tag der Ankunft des Weibchens, ihre Zahl steigt bis auf acht Begattungen pro Tag bis zur Eiablage; sobald das Gelegegeschäft abgeschlossen ist, enden die Kopulationen. In ähnlicher Weise paaren sich Habichte sehr häufig, aber die meisten Arten vollziehen diesen Akt wahrscheinlich weniger oft. In den Tropen ist die Begattung nicht nur auf die Fortpflanzungsperiode beschränkt. Schreiseeadler sind bereit, sich an jedem beliebigen Tag im Jahr zu begatten, und vielleicht trägt das häufige Liebeswerben zur Aufrechterhaltung einer lebenslangen Partnerbindung bei.

Abb. 41. Das Paar des Schreiseeadlers hält sich nach dem Präsentieren an den Fängen fest. Dann können sie nach vorne „Radschlagen" oder sich seitwärts umeinanderdrehen.

Bei der Kopula springt das Männchen auf den Rücken des Weibchens oder aber setzt sich elegant aus dem Flug darauf. Häufig lädt sie ihn zur Begattung ein, beugt sich nach vorne, bis ihr Körper horizontal liegt, streckt die Flügel etwas ab und ruft. Ihren Schwanz hebt sie entweder hoch oder dreht ihn zur Seite, wie es meist die langschwänzigen Arten, z. B. Kronenadler, machen, um die Vereinigung beider Kloaken zu ermöglichen. Scheinbar erfolgreiche Begattungen können sich bei tropischen Arten Monate, ja ein Jahr vor der Eiablage abspielen, in den gemäßigten und kalten Klimaten finden sie jedoch stets erst knapp vor der Eiablage statt.

Da nicht bekannt ist, wie Karakaras ihre Nester bauen, und da Falken und Neuweltgeier keine errichten, brauchen wir uns nur mit dem Nestbauverhalten von Fischadlern, der Accipitridae und des Sekretärs befassen. Gewöhnlich legen Greife ihre Horste auf Bäumen an, manchmal auf Felsvorsprüngen und selten (bei Arten, die es gelernt haben, mit dem Menschen zu leben) auf Gebäuden oder vom Menschen geschaffenen künstlichen Nistunterlagen wie Telegrafenmasten. Wird das Nest auf Felsen gebaut, hat es bereits eine solide Unterlage, auf Bäumen aber muß diese von den Vögeln selbst angelegt werden. Daher tendieren Baumnester dazu, stets größer auszufallen als solche, die von Individuen der gleichen Art auf Felsen errichtet werden.

Unter Horsten finden wir sowohl kleine, dünne Plattformen aus Ästchen und Blättern, die nur eine Brutsaison überdauern, als auch riesige Haufen aus Reisig und Knüppeln, die bis in Mannshöhe aufgetürmt werden und in denen man bequem schlafen könnte. Als Faustregel gilt: je größer ein Greif, desto größer sein Horst und desto länger benutzt er ihn. Kleine Weiharten, Wespenbussarde und die kleinsten *Accipiter*-Arten bauen kleine, einfache Nester, die sie nur ein oder zwei Brutperioden benutzen. Die mächtigsten Horste der größten Seeadler-Arten und großer Echter Adler wie Stein-, Kampf- oder Kronenadler sind häufig zwei Meter hoch und 1,5 m breit. Die größten bislang bekannt gewordenen Horste von Weißkopfseeadler und Steinadler waren 6 m hoch und 2 m breit. Die umfangreichsten Horste finden wir in den gemäßigten Breiten, vermutlich, weil dort die Äste weniger schnell verrotten als in den Tropen. Fischadler errichten enorme Bauten aus Stöcken, die voluminöser geraten als die mancher großer Adler. Der Sekretär baut sein breites, flaches Stocknest, das er mit Gras auslegt, meist auf niedrige, dornige Bäume. Es erinnert etwas an die Horste der Ohrengeier.

Dieses grundlegende Bauschema kann sich innerhalb einer variablen Gattung wiederholen. Kleine *Accipiter*-Arten, wie der afrikanische Zwergsperber, der europäische Sperber und der Eckschwanzsperber, errichten normalerweise jedes Jahr ein neues Nest. Habichte und der große afrikanische Mohrenhabicht beziehen ihre Horste oft mehrere Jahre nacheinander, um schließlich ein anderes ganz in der Nähe anzulegen. Die Konstruktion eines neuen Horstes fällt nicht mit dem Tode des einen Partners des Paares, oder des Weibchens zusammen, denn ein über mehrere Jahre gebrauchter Horst wird von einer Folge verschiedener Männchen und Weibchen in Besitz genommen.

Viele der größeren Arten haben nicht nur einen Horst und können zwischen mehreren wählen; manches Nest wird gebaut, aber nie verwendet. Der Steinadler fertigt bis zu vierzehn Horste, normalerweise zwei oder drei, von denen er stets einen bevorzugt. Tropische Arten bauen gewöhnlich weniger Horste als verwandte Arten der gemäßigten Breiten. Der Kaffernadler, der sich gut mit dem Steinadler vergleichen läßt, hat im Durchschnitt 1,4 Nester pro Paar, der schottische Steinadler bringt es auf 2,3 bis 2,6. Der Schreiseeadler errichtet im Mittel 1,5 Nester pro Paar, der viel größere europäische Seeadler durchschnittlich 2,6. Die erhöhte Zahl an Horsten läßt sich möglicherweise auf die gute Erhaltung (im Gegensatz zum schnellen Verrotten nicht benutzter Horste in den Tropen) zurückführen. Einige große Adler, z. B. der Kronenadler, besitzen einen einzigen Horst, der jahrelang von einer Reihe verschiedener Vögel benutzt wird.

Eine Ausnahme innerhalb dieses allgemeinen Trends bilden felsenbrütende Altweltgeier, die für ihre Größe verhältnismäßig kleine Nester erschaffen, aber durch Jahre hindurch dieselbe Felsennische wählen. Alle Schlangenadler (die weit größer als echte Bussarde sind) bringen sehr kleine, leichte Horste hervor, die sie nur für ein Jahr beziehen und dann aufgeben. Im nächsten Jahr kann es vorkommen, daß der Vogel seinen Horst kilometerweit entfernt erstellt oder aber ganz in der Nähe, beides ist möglich – genauso wie die Verwendung desselben alten

Baumes als Neststandort nach vielen Jahren. Bodenbrütende Weihen legen regelmäßig jedes Jahr ein neues Nest an, normalerweise aber in der Nähe des vorjährigen.

In welchem Verhältnis sich Männchen und Weibchen am Nestbau beteiligen, ist nicht genau geklärt, normalerweise wirken aber beide Partner mit. Bei den Seeadlern scheinen Männchen mehr zum Horst beizutragen, bei den meisten anderen Arten bemüht sich das Weibchen eifriger. Vielfach wird ihr dabei vom Partner keine Hilfe zuteil; baut das Männchen, leistet sie ihm gewöhnlich Gesellschaft. Vom Habicht wird berichtet, daß bei dieser Art das Männchen alleine den Horst errichtet; darin würde sich die Art jedoch vollkommen von den übrigen *Accipiter*-Arten unterscheiden. Bei den polygamen Weihen bringt das Männchen das Nistmaterial, verbringt selbst aber nur wenig Zeit mit der Horstanlage, hierfür ist das Weibchen zuständig.

Die Herstellung eines Horstes kann sich über Monate hinziehen, vor allem in den Tropen, wo die Temperatur den Aktivitäten keine Grenzen setzt. Der Nestbau kann aber auch innerhalb sehr kurzer Zeit abgeschlossen werden. Wespenbussard und Schlangenadler, beide im nördlichen Teil ihres Verbreitungsgebietes Vollzieher wie Nahrungsspezialisten und von warmer Witterung abhängig, vergeuden keine Zeit beim Nestbau.

Allgemein gilt, in kälteren Klimaten ist die Nestbauphase besonders kurz, der Grund ist selbstevident. Afrikanische Schreiseeadler, die in Äquatornähe leben, können jederzeit ihren Horst aufsuchen und mal einen neuen Ast dazulegen, Weißkopfseeadler von den Aleuten können sich das nicht leisten. Der schottische Steinadler füllt zwar meist das ganze Jahr hindurch seinen Horst mit Ästen auf, die geregelte Bautätigkeit konzentriert sich jedoch auf Februar und März. Bei solch großen Arten, die das Jahr hindurch im selben Revier verbringen, könnte Nestbau wie Balzverhalten zur Festigung der lebenslangen Partnerbindung beitragen.

In den kalt-gemäßigten Klimaten besteht die Notwendigkeit, Brutstätten zu errichten, in den Tropen hingegen kann sich die Horstanlage über viele Monate erstrecken und das fertige Gebilde muß nicht schon im gleichen Jahr benutzt werden. Große Arten, die ihre Horste lediglich ausbessern, brauchen ebenfalls verschieden lange dazu. Die Menge des neu eingebauten Materials variiert im selben Gebiet von Individuum zu Individuum. Manche fügen nur wenige Zweige oder grüne Äste bei, andere stocken bis zu 30 cm auf, bevor sie mit der Eiablage beginnen.

Als Abschluß des Nestbaus verwenden alle Greife frische grüne Zweige oder Rispen, die sie manchmal von weit her, gewöhnlich aber in Nestnähe sammeln. Sie werden während des ganzen Nistzyklus herangeschafft und erfüllen verschiedene Funktionen, sind z. B. Teil eines Balzrituals. In diesem Stadium fungieren sie allerdings nur als relativ weiche Auspolsterung der Nestmulde, die von der Brust des Weibchens niedergedrückt und geformt wird. Daraus folgt nun nicht, daß in jedes Nest mit grüner Auskleidung auch Eier gelegt werden, der umgekehrte Fall tritt jedoch außerordentlich selten ein.

Unter den meisten Greifvogelarten gibt es in einigen Revieren Paare, die keine Gelege vollbringen; sie werden als Nichtbrüter bezeichnet. Die Ursachen für solches Verhalten sind verschieden, manchmal auch nicht endgültig zu erklären. Nichtbrütende Paare kommen in den Tropen häufiger vor als in den gemäßigten Breiten. In Schottland brütet etwa jeder fünfte Steinadler nicht, in Rhodesien sind es aber ungefähr $^{2}/_{3}$ aller Kaffern- oder Schreiseeadler.

Die meisten Greife brüten paarweise in einem eigenen Revier oder Wohnbezirk, den sie mehr oder weniger heftig gegen andere Artgenossen verteidigen. So verteilen sich die Neststandorte ziemlich regelmäßig über die Landschaft. Dies gilt nicht nur für Arten, die Horste bauen, wie Habichte, Bussarde und Adler, sondern auch für große Falken, wie den Wanderfalken, der ja kein Nest errichtet. Mehrere Arten ziehen ihren Nachwuchs allerdings in Kolonien groß, dort nisten dann viele Paare nahe beieinander und zeigen kein echtes Territorialverhalten.

Echte Koloniebrüter, d. h. Arten, die selten einen alleinigen Horst errichten, sind die stark nomadisierenden Schwarzachsel-Aare, der afrikanische Schwalbenschwanz-Aar, Schnecken-, Schwebe- und Mississippiweih. Andenkondor und Rabengeier sind teilweise, die Altweltgeier der Gattung *Gyps* überwiegend Koloniebrüter, vor allem die fünf auf Felsen nistenden Arten. Die baumbrütenden Bengalen- und Weißrückengeier verrichten ihr Brutgeschäft für gewöhnlich auch in Gruppen oder Kolonien, ziemlich häufig aber auch solitär. Verschiedene Weihen können wir zumindest als teilweise Koloniebrüter bezeichnen: Die Paare horsten näher beieinander, als bei einer Zufallsverteilung anzunehmen ist; dies mag natürlich mit ihrer Polygamie zusammenhängen. Vier Falkenarten, Rötel-, Eleonoren-, Rotfuß- und Schieferfalke kommen auch in Kolonien zusammen. In einigen Gebieten, vor allem in den asiatischen Steppen, nistet auch der Turmfalke in Kolonien, die östliche Unterart des Rotfußfalken verhält sich weniger kolonial als die westliche.

Einige andere Arten der Gattung *Elanus* sowie der amerikanische Schwalbenweih legen ihre Nester in lockeren Verbänden an, die wir genausogut Kolonien nennen könnten. Die überwiegende Zahl aller Greife hat aber eine Brutstätte, die solitär innerhalb eines begrenzten Areals oder Reviers liegt, das sie mehr oder weniger stark verteidigen. Einige Arten, wie den afrikanischen Schreiseeadler, hat man fälschlicherweise als „teilweisen Koloniebrüter" hingestellt. Diese Art ist in Wirklichkeit extrem territorial veranlagt; man hat fälschlicherweise besonders individuenreiche Populationen, wo Paare sehr nahe beieinander nisten müssen, als „Kolonien" angesehen.

Koloniebrüter sind meistens insektivor, aasfressend oder nomadisierend. Drei der in Kolonien brütenden amerikanischen Weihe und der afrikanische Schwalbenschwanzaar fangen Insekten im Flug. Auch Rötel- und Rotfußfalken leben überwiegend von Insekten, und auch der Schneckenweih siedelt sich in Kolonien an. Gleitaare, die sich von Ratten, Mäusen und Insekten ernähren, sind überwiegend oder teilweise Nomaden, und auch der Turmfalke nomadisiert in den Gegenden, wo er in Kolonien brütet. Die großen Geier der Gattung *Gyps* fressen gemeinsam am Aas und verteidigen, abgesehen von einem Meter rund um das Nest, kein Revier. Vermutlich gilt dies auch für Andenkondor und Rabengeier, wenn sie in Kolonien ihren Nachwuchs großziehen. Die polygamen, bodenbrütenden Weihen sind einmalig in ihrem Verhalten; im Winterquartier nomadisieren auch sie. Sorgfältige Kartierung von teilweise nomadischen *Buteo*-Arten wie Mongolen- oder Rauhfußbussard könnte zeigen, daß diese dort, wo das Nahrungsangebot zeitweilig besonders hoch ist, auch in lockeren Kolonien Horste anlegen.

Eleonoren- und Schieferfalken sind offensichtliche Ausnahmefälle. Beide Arten gelten während der Brutperiode als Nahrungsspezialisten (sie ernähren sich von den aus Eurasien kommenden Herbst-Zugvögeln) und im Winterquartier Insektenfresser. Sie teilen mit anderen nomadisierenden, insektenfressenden Falken das Verhalten, sich während der Fortpflanzungsperiode in Gegenden mit dem größten Nahrungsangebot zu sammeln. Hier handelt es sich zufälligerweise um einen zuverlässigen Strom ziehender Vögel und keine periodisch schwankende Mäuse- und Insektenpopulation.

Nomadisieren, Aasfressen und in Kolonien brüten – diese Verhaltensweisen scheinen zusammenzuhängen. Nicht alle Aasfresser sind jedoch Koloniebrüter: Truthahngeier, Schmutzgeier und Bartgeier sowie die mächtigen Altweltgeier der Gattung *Aegypius* nisten alle solitär. Aber sogar diese Arten oder der Schwarze Milan verhalten sich weniger territoial als, sagen wir einmal, ein Wanderfalke oder Mäusebussard.

Die Form der meisten Greifvogeleier ist rund-oval. Falkeneier sind normalerweise runder als die des Fischadlers und als Gelege der Familie Accipitridae. Der Sekretär legt länglich-ovale Eier. Obwohl die Eier im Verhältnis zu den Körperausmaßen des Greifs manchmal sehr groß sind, fallen sie wiederum – verglichen mit Kiwi- oder Enteneiern – bescheiden aus. Außerdem sind kleine Gelege eher die Regel als die Ausnahme; das Produzieren des Geleges bereitet dem Weibchen wenig Anstrengung.

Von den Arten, deren Gelegegröße uns bekannt ist, bringen es 24 regelmäßig auf ein Ei, 48 auf ein bis zwei, 61 Arten auf zwei bis drei, 25 legen drei oder vier Eier, und nur 25 legen regelmäßig vier oder mehr Eier. Fast dreiviertel aller untersuchten Arten legt drei oder weniger Eier, und da ein Großteil der nicht untersuchten Arten vermutlich ein sehr kleines Gelege hat, ist zu vermuten, daß vier von fünf aller Greifvogelarten weniger als drei Eier zustande bringen. Darüber hinaus legen die meisten Arten ihre Eier nicht an aufeinanderfolgenden Tagen, und bei großen Arten, wie den Echten Adlern, können drei- bis viertägige Lücken zwischen der Ablage des ersten und des zweiten Eis auftreten. Bei großen Adlern schwankt das individuelle Eigewicht zwischen 2,5 bis 7 % des Körpergewichtes und das eines kompletten Geleges von 2,5 bis höchstens 9 %.

Während der ganzen Fortpflanzungsperiode gibt es drei kritische Zeitpunkte, die ich als „Spannungsmomente" bezeichne. Dann kann akuter Nahrungsmangel die Vögel vor echte Probleme stellen. Der erste Zeitpunkt ist die Eiablage. Es fällt allerdings schwer, zu glauben, daß bei den großen Arten Nahrungsmangel ein Weibchen davon abhalten könnte, ihre Eier zu erzeugen. Bei kleineren Arten, wie Weihen, Rauhfußbussarden oder Falken, deren Gelege in manchen Jahren mehr als fünf Eier enthalten, könnte das Eierproduzieren für das Weibchen tatsächlich eine körperliche Belastung darstellen. Eine weibliche Kornweihe gibt bei einem Gelege von 6 oder 7 Eiern (was gar nicht so selten vorkommt) über 40 % ihres Eigengewichtes ab. In den Niederlanden konnte aber weder bei der Kornweihe noch beim Turmfalken ein Zusammenhang zwischen Nahrungsangebot und Gelegegröße aufgezeigt werden. Daraus ist zu schließen, daß zum Zeitpunkt der Eiablage das Nahrungsangebot noch keine Rolle spielt. Für den Rauhfußbussard wird das kaum zutreffen. Er ist mehr als jede andere Greifvogelart von einem wechselnden Nagerangebot abhängig. Auch bei Mäusebussarden in Deutschland liegen Gelegegröße und Zahl der Bruten in guten Feldmausjahren tatsächlich höher als in Jahren, die nur wenig Feldmäuse hervorbringen.

Nomadisierende, ziehende und insektenfressende Arten, nicht jedoch die Aasfresser, tendieren dazu, größere Gelege zu machen. Die Gleitaare, Nomaden, die Ratten und Insekten verzehren, legen 4 bis 6 Eier, der insektivore Schwalbenschwanzaar (er ist noch wenig erforscht) schafft vier Eier, der kleine Perlaar und Kuckucksweih jedoch nur zwei, obwohl sie ebenso groß sind wie die vorher genannten Arten. Jedoch legen auch Mississippi- und Schwebeweih, beides Zugvögel, Insektenfresser und vorwiegend sich in der Luft aufhaltende Arten, nur ein bis drei Eier; so daß die Beziehung zwischen insektivoren Zugvögeln und großen Gelegen als gering betrachtet werden muß: Eine größere besteht bei rattenfressenden Nomaden. Weihen, die überwiegend ziehen und sich von Kleinsäugern und Insekten ernähren, bringen für ihre Größe überdurchschnittlich viele Eier hervor, regelmäßig vier bis sechs, ja gelegentlich findet man Nester mit zehn Eiern. Die einzigartige auf Bäumen brütende Fleckenweihe, *Circus assimilis*, legt jedoch nur zwei bis drei Eier – somit hängt in dieser Gattung die hohe Gelegegröße vielleicht nur mit dem Brüten auf dem Boden zusammen.

Betrachten wir die Falken als Gruppe, tendieren sie dazu, größere Gelege zu tätigen als andere Vögel vergleichbarer Ausmaße, sie legen selten weniger als drei, häufig vier oder fünf Eier. Sie brüten auch auf dem Boden, auf Felsvorsprüngen oder in Nestern anderer Vögel. Vielleicht war Bodenbrüten die ursprüngliche Verhaltensweise, und die Falken haben sich erst später angewöhnt, auf Nester anderer Vögel zurückzugreifen. Bei den Echten Bussarden machen diejenigen Arten größere Gelege, die als Nomaden oder Zugvögel einzustufen sind, in der Arktis oder in Steppen leben. Einige nördliche *Accipiter*-Arten, wie Eckschwanzsperber und Sperber, die ihr Brutrevier verteidigen und Teilzieher sind, haben auch überdurchschnittlich große Gelege.

Aasfressen und große Gelege hängen sicherlich nicht zusammen, da alle Alt- und Neuweltgeier ein oder höchstens zwei Eier produzieren. Die Karakaras und Chimangos erzeugen, sofern wir etwas über sie wissen, weniger Eier als die meisten Echten Falken der gleichen Gewichtsklasse. Das Wenige, das über den Lachfalken bekannt ist, deutet darauf hin, daß er nur ein Ei schafft. Wenn dies der Fall ist, könnte das Legen eines einzelnen Eies mit dem Schlangenfressen zusammenhängen: auch die Schlangenadler belassen es bei einem einzigen Ei. Alle großen Adler, wie Seeadler, Teesas oder Echte Adler, besitzen ein kleines Gelege (ein bis drei Eier, durchschnittlich weniger als zwei), während einige sehr kleine Arten – Fleckenadler, Wahlbergsadler oder auch der riesige Kampfadler – es regelmäßig nur auf ein Ei bringen.

Genauere vergleichende Daten über Gelegegrößen könnten vielleicht aus den Karteien von Eiersammlern oder den moderneren Nestkarten-Dateien entnommen werden. Abgesehen von den aufgezählten Ausnahmefällen unter den Nomaden und Bodenbrütern, gilt generell: Je größer der Greif, desto kleiner sein Gelege. Außerdem tendieren tropische Arten zu kleineren Gelegen als ihre Verwandten aus den gemäßigten Klimaten. Bei großen Arten mit ohnehin kleinen Gelegen werden die Unterschiede nicht deutlich sichtbar. Die mittlere Gelegegröße des tropischen Kaffernadlers, wie die des Steinadlers aus den gemäßigten Breiten ist ungefähr gleich einzuschätzen, sie beträgt 1,8 bis 1,9 Eier pro Gelege. Sieben *Accipiter*-Arten der gemäßigten bis nördlichen subtropischen Breiten produzieren im Durchschnitt mehr als vier Eier, während neun tropische oder aus den warmen Subtropen stammende Arten im Durchschnitt weniger als drei Eier erzeugen. Die tropischen Unterarten des Turmfalken schaffen drei bis vier Eier, die europäischen vier bis sechs. 534 britische Gelege zählten im Schnitt 4,72 Eier.

Greife legen ihre Eier normalerweise in Abständen von 48 bis 72 Stunden, selten sind die Intervalle kürzer oder länger. Große Adler machen eine drei- bis viertägige Pause zwischen dem ersten und zweiten Ei; dies wirkt sich tiefgreifend auf die Überlebensrate der Brut aus. Normalerweise beginnt die Bebrütung nach dem Legen des ersten Eies, dies wird aber vermutlich nicht vollkommen erwärmt, bevor nicht das letzte Ei abgelegt wurde. Falken schreiten normalerweise beim zweiten oder letzten Ei zur Brut. Weihen und *Accipiter*-Arten beginnen gleich nach dem ersten Ei, ihre großen Gelege zu bebrüten. Dadurch ist die Zeitspanne, innerhalb der die Jungen schlüpfen, gegenüber dem Abstand in dem sie die Eier ablegen, stark verkürzt. Eine Kornweihe legt zum Beispiel vier bis sechs Eier innerhalb von acht bis zehn Tagen. Diese Brut kann innerhalb von 24 Stunden oder acht Tagen ausschlüpfen. Bei *Accipiter*-Arten und Falken schlüpfen die Jungen eher gleichzeitig, die Küken von großen Bussarden und Adlern mit großem Abstand.

Bei allen gut beobachteten Arten übernimmt das Weibchen

die meiste Zeit das Brutgeschäft, es sitzt die ganze Nacht und einen Großteil des Tages auf dem Gelege. Mir sind nur zwei Fälle bekannt, in denen das Männchen während der Nacht brütete (ein Merlin und ein Zwergsperber), und die meisten Beobachtungen deuten darauf hin, daß dies echte Ausnahmen waren. Das Männchen brütet, falls überhaupt, untertags, es hat noch niemand festgestellt, daß es mehr als die Hälfte (meist ist es weniger als ein Viertel) des Tages brütete. Weibchen verbringen also 75 bis 85 %, manchmal bis 100 % der Inkubationszeit auf dem Gelege. Der Anteil wechselt auch von Individuum zu Individuum; der weibliche Kronenadler in der Nähe meines Hauses z. B. brütete ganz alleine, fünf andere Weibchen teilten sich das Brutgeschäft mit ihren Partnern. Es sind immer Beobachtungen verschiedener Horste nötig, um eine richtige Vorstellung vom Ablauf des Brutgeschehens einer Art zu erhalten.

Die Bebrütungsdauer nimmt im allgemeinen ziemlich lange Zeit in Anspruch. Die längsten Inkubationszeiten bei Vögeln werden bei Greifen festgestellt. Die riesigen Kondore und auch große Altweltgeier brüten mehr als 50 Tage, während die meisten großen Adler weniger als 45 Tage auf dem Gelege sitzen. Bei den Schlangenadlern des tropischen Afrikas dauert es über 50 Tage bis zum Schlupf, der längste Zyklus wird vom philippinischen Affenadler berichtet, bei dem es einmal 60 Tage dauerte. Dies bedarf einer Überprüfung, da die noch größeren Harpyien in Gefangenschaft nur 45 Tage brüten.

Obwohl lange Inkubationszeit und Körpergröße im allgemeinen miteinander korrelieren, hängt die Dauer der Bebrütung nicht allein von der Größe ab, sie ist auch genetisch fixiert. Afrikanische Schlangenadler und der Gaukler brüten mehr als 50 Tage, sind aber viel kleiner als Kaffern- oder Steinadler, die 41 und 45 Tage lang auf den Gelegen zubringen. Fleckenadler und Wahlbergadler, kleine Arten, die unter 800 bis 1.000 g wiegen, brüten 45 oder 46 Tage lang, gleichschwere Bussarde

Ein männlicher Rotschulterbussard behütet das Gelege. Das Weibchen, vermutlich durch den Regen gestört, leistet ihm Gesellschaft.

hingegen nur 33 bis 34 Tage. Alle Falken, vom winzigen Zwergfalken mit 65 g bis zum dreißigmal schwereren Gerfalken, schlüpfen nach 28 oder 29 Tagen. Alle Habichte, ob groß oder klein, vom afrikanischen Zwergsperber (Brutzeit 31 Tage) bis zum Hühnerhabicht, der größten Art, schlüpfen innerhalb von 30 bis 37, gewöhnlich nach 34 bis 35 Tagen. Holsteins Feststellung, der Habicht brauche 45 Tage, ist anzuzweifeln, und auch andere Angaben über Inkubationszeiten sollten überprüft werden.

Tropenbewohner haben – soweit untersucht – eine länge Inkubationszeit als Unterarten der gemäßigten oder subtropischen Zone. Der europäische Schlangenadler brütet 47, seine schwarzbrüstige Unterart aus den Tropen 53 bis 55 Tage. Bei Habichtadler dauert es 37 bis 39 Tage bis zum Schlupf, afrikanische Habichtadler (die kleiner sind und vielleicht eine eigene Art bilden) 41 bis 43 Tage. Solche Unterschiede sind nicht immer deutlich ausgeprägt, Stein-, Kaffern-, Kaiser-, Steppen- und Raubadler brauchen alle ungefähr 41 bis 45 Tage lang. Dennoch benötigen im großen und ganzen tropische Arten mehr Zeit zum Nestbau, machen kleinere Gelege und bebrüten diese länger als Arten der gemäßigten Klimazone.

Die Küken schlüpfen wie bei anderen Vogelarten auch; sie schneiden sich mit dem Eizahn den Weg ins Freie. Kann man die Eier selbst nicht sehen, wird der bevorstehende Schlupfvorgang vom gerade brütenden Elternteil bekundet – der Vogel sitzt weniger fest auf dem Gelege und erhebt sich manchmal, um erwartungsvoll unter sich zu schauen. Das schlüpfende Küken ist auch zu hören; es piept im Ei. Bei großen Adlern wurde der Vorgang vom ersten Sprung in der Eischale bis zum vollendeten Schlupf gestoppt, er erstreckte sich von 24 bis 48 Stunden; kleinere Arten schlüpfen schneller. Es ist jedoch ebenso unnötig wie überflüssig, Greifvögel in dieser wichtigen Periode wegen nebensächlicher Statistiken am Horst zu stören.

Drei Küken des Spanischen Kaiseradlers. Zwei sind etwa gleichalt und kamen auch zum Ausfliegen, das Nesthäkchen wurde beim Füttern vernachlässigt und war eines Tages verschwunden.

Rechts: Baumfalken brüten gerne in alten Krähennestern. Bei allen Falken brütet gewöhnlich das Weibchen und wird vom Männchen am Horst gefüttert.

Rechte Seite oben: Zwei schwedische Fischadler auf ihrem Horst. Das Männchen bringt den Rest seiner Fischmahlzeit als Atzung ans Nest.

Rechte Seite unten: Dieses seltene Foto zeigt ein Wiesenweihenpaar gemeinsam am Horst. Gewöhnlich übergibt das Männchen die Beute nicht direkt am Nest.

Unten: Bei vielen Arten füttern die Männchen ihre brütenden Partnerinnen. Im Bild verläßt der männliche Sperber gerade wieder den Horst.

Die Nestlingsperiode läßt sich in drei Abschnitte unterteilen, die auch das Verhalten der Altvögel regulieren:

1. Dunenphase – das Küken ist ganz mit Dunen bedeckt
2. Befiederungsphase – die Federn sprießen durch die Dunen.
3. Befiederte Phase – das Junge ist voll im Gefieder, nurmehr Spuren der Dunen sind vorhanden.

Diese drei Phasen verteilen sich im Verhältnis von Phase 1 – ca. 35 % zu Phase 2 – ca. 24 % und Phase 3 – ca. 41 % auf die gesamte Nestlingsperiode, das Verhältnis variiert von Art zu Art.

Ein frischgeschlüpfter Greifvogel ist völlig hilflos, er kann nicht stehen, seine Augen sind glasig und halb offen. Das Junge kann seinen schweren Kopf auf dem schwachen Hals kaum halten, und der Körper ist mit den ersten Nestdunen, den *Praepennae* bedeckt, die aus den selben Federanlagen wachsen wie später die echten Konturfedern. Normalerweise ist dieser erste Flaum dünner und seidiger als der zweite, einheitlich weiß, grau oder gelblich gefärbt, manchmal auch gezeichnet. Beim Fischadler weisen die braunen Dunen helle Streifen auf. Liegen die Jungen ruhig im Horst, sind sie so recht gut getarnt. Junge Kampfadler sind dunkel und hellgrau gefärbt. In diesem Stadium hudert ein Elternteil die Küken, so daß die Färbung vermutlich unwesentlich ist. Außerdem überleben auch gut sichtbare, weiß bedunte Junge, selbst wenn sie stundenlang alleine gelassen werden. Die meisten Küken besitzen zunächst einen hellen (weiß oder hellgrau und deutlich sichtbaren) Flaum.

Die zweiten Nestdunen wachsen nach 7 bis 21 Tagen, je nach Größe des Jungen. Man bezeichnet sie als *Preplumae*, da sie aus den Federanlagen sprießen, die später die unter dem Gefieder der Adulten liegenden Pelzdunen produzieren. Dieses Dunenkleid ist dicker, wolliger, vermutlich wärmer und gewöhnlich genauso gefärbt wie das erste Federkleid, manchmal etwas heller. Junge Falken muten in diesem Stadium oft recht eigenartig an, wie in zu große weiße Pelzmäntel gehüllt. Das Küken wird nun aktiver, kriecht auf den Tarsen im Nest umher, lernt am Ende dieser Phase zu stehen, kann rücklings über den Nestrand defäkieren und in Ausnahmefällen auch schon im Nest liegende Beute fressen. Im Grunde genommen ist es aber immer noch hilflos und muß sterben, wenn die Eltern es verlassen oder getötet werden.

Das eigentliche Gefieder bricht vom sechsten Tag an in den nächsten fünf oder sechs Wochen durch die Dunen, wieder je nach Größe der Art; allgemein gilt der Grundsatz: je größer die Art, desto später. Als erstes sind Flügel und Schwanzkiele zu sehen, manchmal auch die Haubenfedern, wenn die Erbanlage dazu vorhanden ist. Dann folgt das Kleingefieder am Körper und an den Schwingen, wodurch die Küken, deren Köpfe noch überwiegend mit Dunen bedeckt sind, ein gescheckteş Aussehen erhalten. Bei jungen Schlangenadlern und Gauklern sind Körperoberseite, Rücken, Kopf und Flügel vor der Unterseite befiedert. Dies ist offensichtlich eine gute Anpassung an das Horsten in exponierter, sonniger Lage hoch oben in Bäumen.

Der Raubadler, der ähnliche Hochlagen bevorzugt, zeigt diese Anpassung bis zu einem gewissen Grade ebenfalls.

Schließlich sind die Jungen voll befiedert, nur die großen, spezialisierten Schwungfedern sind noch nicht voll entwickelt und werden noch während der gesamten Phase, ja sogar noch nach dem Ausfliegen weiterwachsen. Während der Dunen- und Befiederungsphase versorgten die Eltern die Jungen vollständig, da der Nachwuchs darauf angewiesen ist. Zu Beginn der befiederten Phase sind Schnabel und Fänge fast vollständig entwickelt, die Jungen können sich dann selbst von mitgebrachter Beute ernähren und werden lange Zeit hindurch, sogar tagelang am Horst alleine gelassen. Die Schwungfedern wachsen jetzt am raschesten. Gegen Ende der befiederten Phase, wenn der Moment des ersten Fluges naht, klettern die Jungvögel im Geäst umher und sind insgesamt sehr aktiv. Sie verlieren teilweise in diesem Entwicklungsabschnitt an Gewicht, wodurch ihnen vielleicht der erste Flug leichter fällt. Die Nestlingszeit endet, wenn der Jungvogel seinen ersten längeren Flug unternommen hat. Dieser führt den Greif meist nur bis zum nächsten Baum, vor allem bei Bewohnern von Wäldern. Bei Falken und Adlern liegt aber auch ein kühner Flug über mehrere hundert Meter im Bereich des Möglichen. Junge Sekretäre springen einfach auf den Boden, haben dann aber oft Schwierigkeiten, wieder ins Nest zurückzukommen.

Erwachsene Männchen sind im Durchschnitt kleiner (Ausnahme: Geier) und leichter als adulte Weibchen.

In diesem Alter können die meisten Adlerjungen noch nicht selbständig fressen. Junge Kronenadler dieses Alters hingegen zerreissen Beutetiere schon, die sie mit ihren kräftigen Beinen festhalten.

Die Höhlenweihe nimmt keine Notiz davon, daß unter ihren Augen das jüngste Küken zu Tode gepeckt wird.

Jungvögel können in diesem Stadium nach ihrer Größe und Aktivität vom Geschlecht her unterschieden werden. Junge Männchen sind meiner Erfahrung nach stets aktiver als gleichaltrige Weibchen. Bei jungen Sperbern läßt sich das Geschlecht an der Dicke ihrer Schenkel feststellen, bei jungen Kornweihen an der Augenfarbe (bei anderen Weihen-Arten vermutlich ebenso) – die Iris der Männchen ist grau, die von Weibchen braun. Körpergröße und Flügelmaße liefern im allgemeinen die besten Hinweise auf das Geschlecht, dabei muß aber das genaue Alter der Küken berücksichtigt werden. Bei Weihen und einigen Accipitern kann das älteste Küken eines großen Geleges schon voll befiedert, das jüngste aber noch im Dunenkleid sein.

Einige Küken kommen im Nest um, verhungern oder sterben aus sonstigen Gründen. Bei einigen Adlern kommt es häufig zu Kämpfen unter etwa gleichaltrigen Geschwistern, wobei das erstgeborene Junge meist jüngere attackiert oder verhindert, daß diese Nahrung erhalten. Die jüngeren werden an den Rand des Nestes getrieben und manchmal sogar verwundet, daß sie an den Blutungen zugrunde gehen. Diese, vereinfacht als Brudermord bezeichnete Auseinandersetzung endet bei verschiedenen Arten für das jüngste Küken tödlich. Wenn zwei Küken schlüpfen, übersteht das jüngere nur in einem von vier Fällen diese Tortur. Verluste dieser Art scheinen bei Seeadlern weniger aufzutreten als bei den Echten Adlern. Dieses Verhalten ist nicht nur auf die großen, wilden Arten beschränkt, man hat es auch bei afrikanischen Höhlenweihen und sogar Wespenbussarden beobachtet. In manchen Fällen beschleunigt Fotografieren am Horst den Vorgang vielleicht, Störungen wirken sich aber nicht

wesentlich aus, da die Jungen aus den meisten Nestern verschwinden. Der „Brudermord" hängt nicht mit Nahrungsknappheit zusammen. Er ereignet sich gewöhnlich, wenn mehr als genug Nahrung am Horst liegt. Die Altvögel schreiten dabei überhaupt nicht ein. Der biologische Sinn dieses Verhaltens ist nicht ganz klar. Vor kurzem versuchte man, das Legen eines zweiten Eies als Absicherung zu erklären, sollte das erste Ei verloren gehen. Bei der Auswertung von mehreren hunderten Gelegen von Arten, die regelmäßig entweder ein oder zwei Eier produzieren, ergab sich kein Unterschied zwischen den Ausfliegeraten.

Kleine Adlerküken können keine Nahrung aufnehmen. Die Elterntiere müssen die Beute rupfen und in kleine Bissen zerlegt übergeben. Mit zärtlicher Sanftmut bietet der Steinadler mit seiner Schnabelspitze das Futter an.

Bei den meisten Greifarten, selbst bei mächtigen *Accipiter*-Arten und den großen Falken, findet kein Brudermord statt. In diesen Fällen reduzieren Nahrungsmangel und Hungertod die Anzahl der Jungvögel. Beim britischen Mäusebussard schien es, als ob sich der Mangel an Kaninchen nach Ausbruch der Myxomatose nicht nur im Aussetzen der Brut niederschlug, sondern auch in der Zahl der großgezogenen Jungen. Dies ließ sich allerdings durch Auswertung hunderter Nestkarten des British Trust for Ornithology nicht bestätigen. In Deutschland sind in guten Mäusejahren die Gelege des Mäusebussards stärker als in schlechten, und in der Arktis ziehen Rauhfußbussarde mit Sicherheit mehr Junge in einem guten Feldmaus- oder Lemmingjahr groß als sonst. Verluste an Jungvögeln durch Verhungern treten meist in den frühen Nestlingsstadien auf, solange die Küken noch nicht selbständig Nahrung aufnehmen können. Das ältere Jungtier bettelt, wenn es hungrig ist, fast ausnahmslos zuerst und erhält damit auch als erstes Futter, das jüngste muß verhungern, wenn seine Geschwister die Nahrung vollkommen

Auch den Fleckenadler trifft man selten paarweise am Horst. Das Weibchen mantelt über der Beute, die das Männchen herangetragen hat.

aufgezehrt haben. Sind sie erst einmal groß genug, um selbst fressen zu können, überleben die Jungen meistens, wenn auch nicht immer, bis zum Ausfliegen.

Während der ganzen Nestlingszeit ist das Verhalten der Altvögel von der jeweiligen Entwicklungsphase ihres Nachwuchses abhängig. Brütet das Weibchen alleine, versorgt der Partner sie häufig mit Beute am Horst, jedoch nicht immer. Kurze Aufenthalte des Männchens am Horst stehen in dieser Periode oft mit der Fütterung des Weibchens in Zusammenhang. Beim Schlüpfen der Jungen (und zwar bei allen Arten, die genau beobachtet wurden – vom kleinen Sperber bis zum großen Adler) steigert das Männchen seine Fangrate und schlägt zwei- bis dreimal mehr Beute als während der Inkubationszeit. Ausgelöst wird dies vermutlich durch den Anblick der Küken im Nest, manchmal scheint es das Männchen aber auch so zu wissen.

Während der beiden Nestdunenstadien müssen die Jungen von den Altvögeln gehudert werden. Meist vollziehen es die Weibchen häufiger als ihre Partner, vielfach beteiligen sich jedoch auch die Männchen mehr am Hudern als an der Brut, so zum Beispiel bei Steinadlern. Die Männchen vieler, besonders der *Accipiter*-Arten, wiederum hudern und füttern die Jungen überhaupt nicht, die Küken müssen sterben, wenn das Weibchen sie nicht versorgen kann. Die Männchen tragen wohl die Beute heran, atzen aber nicht, auch wenn die Jungen sie anbetteln. Bei manchen anderen Arten füttern Männchen in Abwesenheit der Partnerin, ganz selten auch, wenn sie anwesend ist. Ein adultes Kaiseradler-Männchen übernahm die Pflichten seiner Partnerin, die zwar fruchtbar, aber nicht voll ausgefärbt und daher vermutlich völlig unerfahren war. Es ist natürlich vorteilhaft, wenn der männliche Teil weiß, was er im Fall des Todes seines Weibchens zu tun hat.

Die Zeitspanne, die ein Weibchen mit Hudern verbringt, kann plötzlich stark reduziert werden. Oft lassen Weibchen zwei bis drei Tage alte Jungvögel stundenlang alleine, vor allem Brutvögel warmer Länder in schattigen Nestern. Sie entfernen sich jedoch selten weit und kehren sofort zurück, sollte es regnen oder die Sonne zu heiß stechen; beides, vor allem heiße

Sonne, kann kleine Küken schnell töten – das sollten sich die Fotografen merken! Die Zeitspanne, in der Junge gehudert werden, reduziert sich von 90 % des Tages bis auf die Nachtstunden. Manchmal werden die Küken jedoch auch nachts nicht gewärmt, wie Frau Seton Gordon einmal bei einem Steinadlerpaar feststellte. Nur wenige Beobachter protokollieren allerdings im Dunkeln weiter.

In der Befiederungsphase bringt das Männchen auch weiterhin die Nahrung, das Weibchen wacht in Nestnähe. Sie bleibt hier, um eventuelle Gefahren von den Küken abzuwenden und greift Feinde auch tatsächlich an. Das Kronenadlerweibchen, das mich schlug, hatte ein Junges im Horst. Alle Kronenadler mit dunigen oder befiederten Jungen sind jederzeit bereit, anzugreifen. Sogar relativ kleine Arten verhalten sich in dieser Zeit häufig aggressiv. Es ist also sicher vorteilhaft, vorsichtig am Horst zu sein, wenn sich das Weibchen in der Nähe aufhält, und das tut es meistens, denn während der ganzen Verweildauer am Nest werden von ihr ständig frische grüne Zweige eingetragen. In dieser späten Phase stellt das Eintragen des Astwerks vermutlich eine Übersprungshandlung dar, die dem Weibchen helfen soll, in Nestnähe, wo sie gebraucht wird, zu verweilen und nicht wegzufliegen, um zu jagen.

Die Befiederungsphase ist der zweite Spannungsmoment der Brutperiode; jetzt muß das Männchen sich, den Partner und die Jungen, die jedes mindestens so viel wie ein Altvogel verzehren, mit Nahrung versorgen. Die Zahl der hungrigen Schnäbel, die das Männchen zu versorgen hat, schwankt zwischen mindestens drei bei den großen Adlerarten bis zu einem Maximum von 15 bei polygamen Weihen; der Normalfall liegt bei vier bis fünf. Jetzt setzt das Männchen alle seine Beutefangkünste ein; tritt ein Nahrungsengpaß auf, ist es möglich, daß es den Tagesbedarf nicht decken kann. Trotzdem ist die Nestlingssterblichkeit in

Das Wanderfalken-Weibchen wacht am Nesteingang bei den heranwachsenden Jungen. Sie ist wie ihre Brut vom Futter abhängig, das vom Männchen angetragen wird. Dicke, dichtstehende Dunen schützen die jungen Falken.

Habichtsadlerpaar mit seinen fast flüggen Jungen. Das Männchen links im Bild hat Beute eingetragen, die beiden Jungtiere stehen in Bettelstellung davor. Die Hilfe des Weibchens ist nicht mehr nötig, die Jungen können schon alleine fressen. Selten sieht man beide Altvögel bei so großen Jungtieren noch gemeinsam am Horst.

diesem Entwicklungsstadium nicht am höchsten, sondern im früheren Dunenstadium, wo die Nahrungsansprüche der Jungen noch geringer sind. Es liegt nur wenig beweiskräftiges Material vor, daß Nahrungsmangel während dieser zweiten kritischen Phase die Zahl der ausfliegenden Jungen wirklich beeinflußt. Das wiederum weist daraufhin, daß Männchen so viel schlagen können wie gebraucht wird und daß das Nahrungsangebot zu diesem Zeitpunkt keinen limitierenden Faktor darstellt.

Sind die Jungen befiedert und können alleine im Nest zurückbleiben, nehmen auch die Weibchen am Beutefang teil und geben ihre Wache in Horstnähe auf. Bei einigen Falken und Habichten (beides Greifvogelgruppen die eher größere Bruten aufziehen als Adler oder Bussarde) bringen die Männchen aber weiterhin bis zum Ende der Nestlingszeit Nahrung zum Horst. Dies trifft z. B. für den Sperber und Turmfalken zu, die bis zu fünf Junge großziehen und sich von Vögeln bzw. leicht zu fangenden Feldmäusen nähren. Gewöhnlicherweise befreit das Weibchen aber seinen Partner durch aktive Teilnahme an der Jagd vom Druck, genügend Futter für die Jungen heranzuschaffen. In manchen Fallen schlagen Weibchen mehr als ihre Partner und bei einigen Arten ist der Beitrag der Männchen von diesem Zeitpunkt an beinahe verschwindend gering. Bei einigen Habichten und Falken sind Weibchen wesentlich kräftiger und können daher auch größere Tiere erbeuten, so daß sie insgesamt mehr Fleisch ins Nest tragen als das Männchen, selbst wenn sie weniger oft schlagen.

Die meisten Greife sind monogam und viele verpaaren sich lebenslänglich. Weihen und verschiedene Habicht-Arten sind teilweise polygam; ein Kornweihen-Männchen kann auf dem Höhepunkt seiner Manneskraft bis zu sieben Weibchen besitzen; gewöhnlich sind es drei oder vier. Untersuchungen aus früheren Zeiten deuteten an (und bestätigten damit Vermutungen) dies sei unvorteilhaft, weil die Weibchen schon früh das Nest verlassen müssen, um auf Jagd zu gehen. Neuere Untersuchungen von Orkney brachten jedoch hervor, daß durch Polygamie mehr ausgeflogene Junge pro Kopf der adulten Populationsmitglieder erreicht werden und daß die Zahl der Jungen nicht stark schwankt, auch wenn das Weibchen oft auf Beutefang aus ist.

Gegen Ende der Nestlingsperiode bringen die Alttiere weniger Nahrung, aber sie locken die Jungen nicht, wie von einigen angenommen wurde, mit Futter aus dem Nest. Die Jungen unternehmen ihre ersten Flugversuche selbständig, meist in Abwesenheit der Eltern. Dies ist nicht weiter verwunderlich, sie sind ja den ganzen Tag und vielfach auch die ganze Nacht alleine; einige Weibchen schlafen höchstens in Nestnähe. Werden fast flügge Junge z. B. von Beringern vom Nest verscheucht, überleben sie meistens. Man sollte junge Greife am besten in der Befiederungsphase beringen, wenn die Läufe schon voll entwickelt sind, sie aber mit Sicherheit noch nicht fliegen können.

Die Dauer der Nestlingsperiode schwankt von 25 Tagen bei kleinen Habichtarten und Falken bis über 120 Tage bei den größten Adlern und Geiern. Die Gesamtdauer ist wiederum bei tropischen Arten länger als bei Arten aus gemäßigten Zonen. Die tropischen Kaffernadler sind nach 90 bis 95 Tagen flügge, Steinadler nach 65 bis 80, im Durchschnitt nach etwa 70 Tagen. Bei anderen großen Adler-Arten finden wir ähnliche Unterschiede. Berechnen wir allerdings die zur Jagd verwendbaren Stunden vollen Tageslichts, ist die Nestlingsperiode in den Tropen kürzer. Ein Steinadler kann von Mai bis Juli in Schottland während achtzehn Stunden jagen, ein Kaffernadler in Kenya nie mehr als zehn, vermutlich sogar nur acht Stunden. Einem Steinadler stehen also während der Nestlingsperiode 1.260 Stunden für den Beutefang zur Verfügung, dem Kaffernadler 720, allerhöchstens 900.

Gerade ausgeflogene Jungvögel können noch nicht sehr gut fliegen, solange die Federkiele (Blutkiele) noch wachsen. Sie bleiben über Tage oder Wochen in Nestnähe und werden dort von den Altvögeln geatzt. In der ersten Zeit nach dem Ausfliegen sind einige Arten ziemlich leicht zu beobachten, nur in Waldgebieten geht der Kontakt zu den Jungvögeln schnell verloren; einige Arten verlassen die Umgebung des Horstes schneller als andere. Junge Wespenbussarde müssen zum Beispiel gleich nach dem Ausfliegen wegziehen. Junge Wahlbergadler bleiben in Kenya nur zehn bis vierzehn Tage in Horstnähe.

Beobachter verlieren meistens den Kontakt zu Altvögeln und Jungtieren, sobald diese ausgeflogen sind. Informationen aus den späteren Stadien müssen wir meist aus verstreuten Beobachtungen zusammensetzen, selten liegen detaillierte Studien individuell bekannter Vögel vor. So bleiben junge Mäusebussarde, die das Nest im Juli verlassen, bis August oder September im oder in der Nähe des elterlichen Reviers. Im Oktober setzt eine allgemeine Abwanderung ein, und die Adulten geben ihr Revier auf. Auch die Jungtiere verändern ihren Standort und bauen mitunter eigene Winterreviere auf, die nicht unbedingt in der Nähe ihres Geburtsortes liegen müssen. Junge Schreiseeadler bleiben bis zu zweieinhalb Monate in der Nähe ihres Horstes und wandern dann erst ab. Junge Bussarde und Schreiseeadler werden öfters von Altvögeln angegriffen. Dabei kann es sich aber um normales Territorialverhalten handeln, es muß kein gezieltes Vertreiben der eigenen Jungen sein.

Viele Leute glauben, daß Greife ihre Jungen vertreiben, damit diese unabhängig werden. In der einzigen vollständigen Beobachtung eines jungen Kaffernadlers wurde das Jungtier nach 98 Tagen verjagt. In dieser Zeit hatte es sich schon weiter vom Horst entfernt, konnte aber selbst noch keine Beute schlagen. Bei den Kronenadlern in Kenya füttern allerdings Eltern ihre Jungvögel noch neun bis elfeinhalb Monate am Horst. Die Jungen entbinden die Altvögel selbst von ihren elterlichen Pflichten und werden nicht fortgejagt. Irgendwann nach dem Ausfliegen lernen sie sicher, wie man Beute schlägt, und eines Tages kommen die Altvögel ohne Futter an den Horst, hören keine Antwort mehr auf ihr Rufen und merken so, daß der Nachwuchs selbständig geworden ist. Da sie sich solange um ihre Jungen kümmern müssen, können sie nicht jedes Jahr brüten; ähnliches Verhalten vermutet man bei der Harpyie. Der Vorteil einer verlängerten Versorgung durch die Altvögel könnte darin zu suchen sein, daß der Jungadler kräftiger wird und die kritische Phase erhöhter Jungendsterblichkeit zwischen Selbständigwerden und Geschlechtsreife besser überstehen kann.

Für genaue statistische Untersuchungen von Greifvogelbeständen sind drei Basisdaten notwendig:

1. Der gesamte Bestand an Greifvögeln eines Lebensraumes – nur zu oft werden lediglich die Brutpaare gezählt.
2. Die Zahl der Brutpaare – bei großen oder tropischen Arten schreitet ein größerer Prozentsatz nicht zur Brut als in gemäßigteren und kalten Gebieten; obwohl, wie schon gesagt, auch Fluktuationen im Nahrungsangebot sich auf das Brutverhalten mancher Arten, etwa arktischer Rauhfußbussarde und Gerfalken, auswirken.
3. Die Zahl der ausfliegenden Jungen – teilen wir diesen Wert durch die Ergebnisse, die sich aus Punkt 1 ergeben, erhalten wir die Anzahl von Jungvögeln pro Greifvogelpaar oder Adultvogel; dies ist die grundlegende Ausgangszahl für statistische Berechnungen. Berücksichtigt man bloß die Brutpaare oder gar nur solche Paare, die erfolgreich Junge großziehen, erhalten wir nicht nur ungenaue, sondern auch irreführende Werte.

Vorhandene glaubwürdige Zahlen, die auf diese Weise gewonnen wurden, zeigen, daß die Brutrate tropischer Arten niedriger ist als bei Arten der gemäßigten Breiten. So kommen beim britischen Steinadler jährlich 0,83 Junge auf ein Paar, läßt man menschliche Eingriffe außer Betracht. Durch menschliche Beeinflussung geht die Zahl auf 0,56 Junge pro Paar zurück. Ungestörte rhodesische Kaffernadler ziehen pro Jahr und Paar bloß 0,51 Junge groß, beim Schreiseeadler am Naivasha-See sind es sogar nur 0,47. Verglichen damit ist der Weißkopfseeadler aus Alaska mit 1,02 Jungen pro Jahr und Paar doppelt so produktiv. Kleine Arten, wie Habichte oder Falken, wurden in den Tropen noch nicht so genau untersucht wie in der gemäßigten Zone, daher ist ein Vergleich unmöglich. Da ihre Gelege im allgemeinen kleiner sind, wird vermutlich auch ihr Bruterfolg geringer sein.

Da in den Tropen weniger Paare zur Brut schreiten, Gelege kleiner ausfallen und weniger Junge großgezogen werden, müßten, vorausgesetzt die Jugendsterblichkeit sei gleichgroß wie in den gemäßigten Klimaten, tropische Arten älter werden als ihre Gegenstücke der gemäßigten Breiten. Beringer arbeiteten bis jetzt in großem Umfang aber nur in den gemäßigten Breiten, so daß uns aus tropischen Gebieten nicht einmal Angaben zur Überlebensrate von Jungvögeln bis zur Geschlechtsreife zur Verfügung stehen.

Beringungsergebnisse von „gemäßigten Arten" unterstreichen, daß der Zeitraum vom Ausfliegen bis zum Ende des ersten Winters für Jungvögel ein lebensentscheidender Zeitraum ist. Dies ist die dritte „kritische Phase" im Fortpflanzungszyklus. Sie ist wahrscheinlich notwendig, damit Jahre später gerade soviele geschlechtsreife Austauschpartner vorhanden sind, wie erforderlich, um eine stabile Adult-Population aufrechtzuerhalten. In jeder gefestigten Population pflanzen sich nur voll ausgefärbte Adultvögel fort. Falls subadulte oder immature Vögel brüten, ist dies immer ein Zeichen dafür, daß bei dieser Art das Populationsgleichgewicht gestört ist.

Die Auswirkung von Verlusten in verschiedenen Stadien des Fortpflanzungszyklus auf die Überlebensrate kann nur für ganz wenige Arten aus Tropen und gemäßigten Breiten annähernd berechnet werden, da ganz einfach keine Daten vorliegen. Kritische Phasen müssen sich bei verschiedenen Arten unterschiedlich auswirken. Sie können sich äußern in Verlusten von Gelegen, durch Brudermord, in Jungenverluste durch Verhungern oder, wie sich unlängst bei afrikanischen Geiern gezeigt hat, in Konkurrenz mit den Altvögeln am Aas im Stadium gerade nach dem Ausfliegen. Die Fortpflanzungsperiode muß jedoch meistens einige Monate vor solch kritischen Momenten für das Überleben der Population einsetzen – wie wissen Altvögel, wann sie mit der Brut beginnen sollen?

Nach dieser recht skizzenhaften und allgemein gehaltenen Übersicht, muß ich diejenigen Leser, die sich besonders für das Fortpflanzungsverhalten der Greife interessieren, auf die umfangreiche Literatur zu diesem Thema verweisen. Dabei ist zu bedenken, daß immer noch über zwei Fünftel aller Greife der Welt sehr wenig oder gar nichts bekannt ist und also noch viel Grundlagenforschung aussteht. Ich glaube, daß nicht einmal bei den etwa zwanzig bestuntersuchten Arten schon das letzte Wort zu ihrem Brutverhalten gesprochen wurde.

Ökologische Aspekte des Beutefangverhaltens

Die komplexen Beziehungen zwischen Greifern und ihren Beutetieren haben schon viele gute Wissenschaftler begeistert – und so manchen überfordert. Bücher wurden zu diesem Thema verfaßt, und kein anderes Thema könnte heißere Diskussionen auslösen. Vielleicht liegt es daran, daß der Mensch selbst Jäger seit prähistorischen Zeiten ist, oder weil ihn Greife wenigstens zeitweise interessieren. Bis heute haben wir noch keinen vollständigen Einblick in alle Zusammenhänge, und ich kann hier nur grundlegende Methoden erläutern, durch die wir die Problematik zumindest teilweise verstehen lernen.

Dieses Buch behandelt tagaktive Greife, nachts jagende Greifer, wie Eulen, berühren uns hier weiter nicht. Tatsächlich setzt die Aktivität einiger Nachttiere jedoch bereits bei Dämmerungseintritt ein, und einige tagaktive Greife schlagen Beutetiere mit nächtlicher Lebensweise, wie z. B. der Fledermausaar. Untersuchungen an nachtaktiven Greifen zeigen aber, daß für sie die selben Prinzipien zutreffen wie für die tagaktiven Beutefänger.

Der überwiegende Teil am Tage jagender Greife ernährt sich von relativ kleinen Beutetieren. Einen Sonderfall stellen die aasfressenden Geier dar, die wir getrennt behandeln werden. So können wir eine Vielzahl von Tierarten, die als Beute für Greife in Frage kämen, unberücksichtigt lassen. Ist der Größenbereich

Wanderheuschrecken waren eine beliebte Nahrungsquelle für Greife. Heute sind sie durch den Eingriff des Menschen seltener geworden. Auch andere Heuschreckenarten werden von Greifvögeln gerne genommen.

tatsächlich geschlagener Beutetiere auch relativ klein, finden wir sowohl große, als auch kleine Greife, die von Termiten und Heuschrecken bis zu Krabben, Schnecken, Fröschen, Fischen, Schlangen, Eidechsen, Vögeln und über 5 kg schwere Säugetiere verzehren. Bei vielen Beutetiergruppen wurde, soweit mir bekannt ist, kein Versuch gemacht, die Greifer-Beute-Beziehung genauer zu analysieren, von einigen ganz allgemeinen, oberflächlichen Feststellungen abgesehen. Säuger- und vogelfressende Greifer sind besser untersucht als alle übrigen. Daher werde ich mich auf die Ergebnisse jener Studien konzentrieren.

Wir wissen, daß Wanderfalken mehr als 120 Vogelarten schlagen; damit wird klar, daß in diesem Fall die Beziehung zwischen Greifer und Beute sehr komplex ist. Bei Arten, die Säuger erbeuten, erscheint die Beziehung manchmal relativ einfach; zum Beispiel bei Bussarden oder Turmfalken, die sich fast ausschließlich von kleinen Nagern ernähren. Das einfachste Greifer-Beute-Verhältnis, das ich kenne, ist das zwischen Kaffernadler und Klippschliefer: 98,2 % der Beute dieses Adlers besteht aus Klippschliefern. Der Rauhfußbussard ernährt sich sowohl im Brutgebiet als auch im Winterquartier größtenteils (90 bis 95 %) von zwei oder drei Nagerarten, so daß auch bei diesen Beispielen die Beziehungen recht einfach erscheinen.

Nun, es ist sehr einfach, Bestände von Kaffernadlern zu zählen, aber Klippschliefer, die zwischen riesigen, überwachsenen Felshaufen hausen, teilweise nachtaktiv und ständig in Bewegung sind, zu erfassen, stellt sich dagegen sehr schwierig dar. Populationen der Nagerarten, von denen Rauhfußbussarde leben, unterliegen selbst unregelmäßig schwankenden Bestandsänderungen, und der Bussard brütet in guten Mäusejahren öfter, legt mehr Eier und bringt mehr Junge zum Ausfliegen als in schlechten. So ist auch in den einfachsten Fällen die Beziehung

Die kaninchengroßen Klippschliefer sind mit den Elefanten verwandt. Kaffernadler ernähren sich häuptsächlich von ihnen und sind überalll dort verbreitet, wo wir auch Klippschliefer finden.

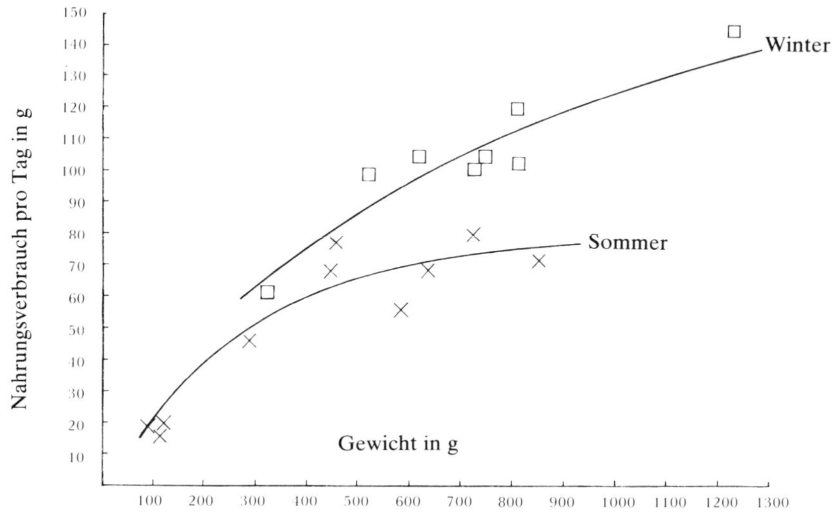

Abb. 42. Nahrungsansprüche von Greifen im Sommer und Winter. Die benötigte Nahrungsmenge ist nicht direkt proportional zum Körpergewicht. Größere Arten brauchen, unabhängig von der Jahreszeit, relativ weniger Nahrung.

Abb. 43. Diagramm des Nahrungsverbrauches. Die zum Überleben notwendige Minimalmenge erhöht sich bei kalter Witterung und bei größerem Nahrungsbedarf. Ein gewisser Anteil wird nicht gefressen, so daß ein Greif stets mehr tötet, als seiner Basisration entspricht.

verwickelter, als es bei oberflächlicher Betrachtung erscheint.

Weiter kompliziert sich das Verhältnis durch die Tatsache, daß noch eine Reihe anderer Greifer dieselben Beutearten schlägt. Klippschliefer werden unter anderem durch Säugetiere – vom Leoparden bis zur Manguste – und mindestens fünf weitere tagaktive Greife bejagt. Zudem stellen ihnen große Eulen sowie in den Wohnhöhlen Puffotter und Kobra nach. Die Nager der Tundra wiederum werden von Schnee-Eule, Skuas, Raben, Polarfüchsen und weiteren Greifern gefressen. Jede vollständige Studie über ökologische Aspekte des Beutefangverhaltens sollte deshalb alle möglichen Wechselbeziehungen zwischen Greifern und Beute berücksichtigen, und das ist mit ein Grund, warum viele Versuche fehlgeschlagen sind. Obwohl Teillösungen und vorläufige Ergebnisse sicherlich zu erreichen sind, kenne ich keine einzige Studie über Greifer-Beute-Beziehung, die mich wirklich vollkommen zufriedenstellt.

Wir müssen zunächst bei einem Aspekt beginnen und die Auswirkung eines möglichen Greifers auf seine Beute wie folgt erfassen; aus diesen Basisdaten kann schließlich der Wert nach einer einfachen Rechnung ermittelt werden.

1. Nahrungsbedarf. – Die von einem Greif verzehrte Nahrungsmenge ist eine Funktion seines Körpergewichts und variiert von 20 bis 25 % des Körpergewichts bei kleinen Arten bis ca. 5 % bei den großen. Ein Greif kann, genauso wie wir, nur bis zu einem bestimmten Quantum Nahrung zu sich nehmen. Wie die meisten reinen Fleischfresser sind auch Greife in der Lage, wenn sie die Möglichkeit dazu haben, Mengen zu verschlingen, die ihren mittleren Tagesbedarf um ein Vielfaches übersteigen. Ein Steinadler vermag bis zu 1.500 g auf einen Schlag zu verzehren, was dem Sechsfachen seines Tagesbedarfs entsprechen würde. Der gesättigte Vogel wird dann eine Zeit hindurch keine Beute schlagen, aber noch einige Male von der angefressenen Beute naschen. Ein großer Greif wird dann Tage, ja sogar Wochen ohne Futter auskommen. Der durchschnittliche tägliche Nahrungsbedarf läßt sich an Tieren in Gefangenschaft relativ einfach schätzen: man muß eine Art nur einige Monate lang halten, ihre Beute selbst schlagen lassen und vor und nach jeder Mahlzeit wiegen. Der Nahrungsbedarf steigt bei kaltem Wetter um 10 bis 40 % und durch Erfahrung um weitere 10 %, keinesfalls verdoppelt oder vervielfacht sich aber ihr Nahrungsbedarf durch solche Abweichungen (Abb. 42 und 43). Eine Greifart aus den Tropen sollte weniger Nahrung beanspruchen als eine gleichgroße der Arktis, ein im schnellen Ruderflug fliegender Greif mehr als ein Segelflieger, Altvögel weniger als Jungvögel usw.

2. Die Vergeudungsquote. – Um seinen täglichen Nahrungsbedarf zu decken, muß ein Greifvogel mehr an Beutetier-Gewicht zusammenbringen als er verzehrt. Magen, Fell, Federn und Knochen werden verschmäht oder können nicht verdaut werden. Der Anteil, den Greife dabei vergeuden, schwankt von 10 bis 30 %, je nach Art und Größe der Beute sogar von 0 bis 50 %. Fisch- und Schlangenfresser verdauen praktisch alles, auch Knochen, nur die Fischschuppen nicht. An einem Vogel aber sind viele unverdauliche Federn, und mehr als die Hälfte eines großen Säugetieres, das der Greif zerlegen muß, geht oft an einen anderen Räuber verloren oder aber kann nicht einverleibt werden. Zählen wir den nicht verwerteten Anteil zum täglichen Nahrungsbedarf eines Greifes, erhalten wir die Gesamtmenge, die ein Greif über einen gewählten Zeitraum schlägt oder benötigt. Schottische Steinadler z. B. schlagen und benötigen nach Schätzungen 87 kg pro ausgewachsenem Tier im Jahr, wovon sie 84 kg tatsächlich verzehren.

3. Die Greifvogeldichte. – Die meisten Greifvogelarten, auch Zugvögel, leben paarweise über ihr Brutgebiet verteilt, und viele sind sogar ganzjährig standorttreu. Ich bin dagegen, das Wort „Revier" auf Greife anzuwenden, da Revierbesitz gleichzeitig das Verteidigen des bewohnten Gebietes bedeutet und viele Greife niemals den gesamten Wohnbezirk, nicht einmal einen sehr großen Bereich verteidigen. Brutpaare sind gewöhnlich ziemlich gleichmäßig über ein Gebiet verteilt, Populationen können also ziemlich genau geschätzt werden. Koloniebrüter und Nomaden stellen natürlich Sonderfälle dar, die nicht in dieses allgemeine Schema passen. Normalerweise können wir das von einem Paar besetzte Gesamtareal schätzen und dann aus den Daten der Punkte 1 und 2 die in diesem Gebiet pro Jahr geschlagene und gefressene Beute ermitteln. Dabei sollten Unterschiede in Größe und Gewicht zwischen Männchen und Weibchen berücksichtigt werden.

4. Bruterfolg oder Nachwuchsrate. – Greife brüten mehr oder weniger regelmäßig jedes Jahr und ziehen innerhalb einer gegebenen Zahl von Jahren eine gewisse Anzahl von Jungvögeln groß. Diese Jungen müssen im Nest und eine gewisse Zeit nach dem Ausfliegen mit Nahrung versorgt werden; diese Zeitspanne erstreckt sich im Falle der großen, aasfressenden Geier über wenige Wochen oder beim Kronenadler auf elfeinhalb

Abb. 44. Neststandorte von Kampfadler und Wahlbergsadler im Untersuchungsgebiet Embu Distrikt, auf 387 km². Beide Arten jagen über dem gesamten Savannengebiet, ihre Reviere sind gleichmäßig verteilt. Allerdings sind die Territorien des 6 kg schweren Kampfadlers wesentlich größer als die des Wahlbergsadler, der nur 1 kg wiegt.

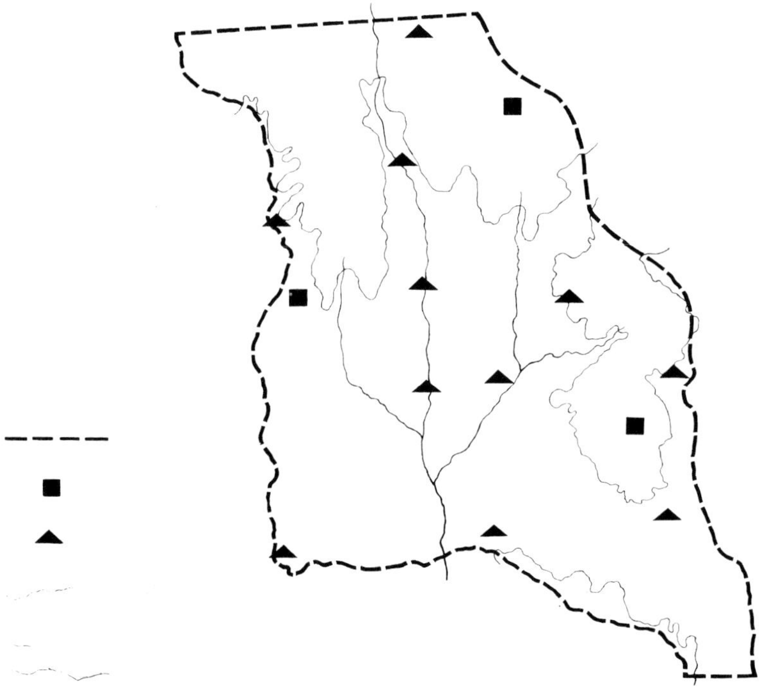

Monate. Leider gibt es für diese Berechnung keine brauchbare statistische Formel. Entweder müssen wir eine Greifvogelgruppe mehrere aufeinanderfolgende Jahre hindurch beobachten (je länger, desto besser), oder es wäre nötig, mehrere Paare einige Jahre lang hindurch zu untersuchen (dies erbringt vermutlich zuverlässigere Antworten); Unser Endziel sollten 50 bis 100 Bruten sein. Bei Arten, wie dem Rauhfußbussard, dessen Beutetiere zyklischen Schwankungen unterliegen, sollten Untersuchungen stets derselben Brutvogelgruppe mindestens über zwei Höhe- und Tiefpunkte der Nagerpopulation laufen. Soviel ich weiß, wurde dies bisher nie getan.

5. *Der Gesamtbedarf.* – Ist uns die Zahl an Altvögeln und die Zahl der von ihnen jährlich großgezogenen Jungen bekannt, läßt sich die Gesamtmenge an Nahrung errechnen, die von allen im Wohngebiet lebenden Tieren verbraucht wird. Immature und subadulte sowie unverpaarte Greife müssen auch irgendwo leben und werden oft im Wohnbezirk von verpaarten Artgenossen geduldet. Manchmal ist die Anzahl der Immaturen abzuschätzen, dann nämlich, wenn sie ein deutlich erkennbares Jugendkleid tragen; beim Gaukler z. B. besteht ungefähr 30 % der Gesamtpopulation aus unausgefärbten Halbwüchsigen. Beim Steinadler liegen wir mit Schätzungen von 20 % Immaturen und unverpaarten oder nichtbrütenden Altvögeln vermutlich richtig. Der gesamte Nahrungsbedarf aller Vögel eines Wohngebietes setzt sich aus dem Gewicht der Beute zusammen, das vom adulten Brutpaar, seiner Nachkommenschaft und den subadulten Ersatzpartnern, (die notwendig sind, um bei Ausfällen den

neuen Partner zu stellen, damit das Populationsgleichgewicht erhalten bleibt), gemeinsam gefressen werden.

6. *Nahrungsbevorzugung.* – Als nächstes müssen wir festhalten, was jede Greifart aufnimmt und wie schwer die Beute wiegt. Nahrungsbevorzugungen lassen sich aus Beutetierkonzentrationen am Horst ablesen; dies gilt als die zuverlässigste Methode; sie kann aber auch manchmal zu Trugschlüssen führen; wir können Beutefang direkt beobachten, geschlagene Beute identifizieren (meist schwierig!) und Gewölle unter Schlafplätzen oder Horsten aufsammeln. Gerade die letzte Methode wurde sehr oft angewandt, ist aber nicht sehr zuverlässig, da Knochen verschiedener Tiere nicht alle gleichmäßig schnell verdaut werden. Frosch-, Reptilien-, Fisch- und gelegentlich auch Säugerknochen lösen sich vollkommen auf, so daß in Gewöllen vorhandene Skelettreste kein genaues Bild des Speisezettels einer Greifvogelart abgeben. Fehlerquellen sind bei fast jeder Methodik unvermeidbar, wir müssen nur zur Kenntnis nehmen, daß es sie gibt. Ist die bevorzugte Beute und ihr Gewicht bekannt (bei Fischen und Säugern, deren Gewicht mit Größe und Alter schwankt, nicht immer einfach zu ermitteln), können wir kalkulieren, wieviel von jeder Tierart geschlagen werden muß, um den durchschnittlichen Nahrungsbedarf des Greifs zu decken. Der Gesamtbedarf schottischer Steinadler eines Wohnbezirks beläuft sich auf 271 kg und setzt sich aus 70 Hasen oder 110 Kaninchen, ungefähr 150 größeren Vögeln (meist Rauhfußhühnern) und 50 kg Aas zusammen.

7. *Beuteangebot.* – Zunächst ist die Zahl der Beutetiere im Wohnbezirk zu erfassen; daran scheitern auch gleich die meisten Untersuchungen. Nur sehr wenige Autoren haben die vom Greif benötigte Nahrungsmenge mit der Zahl vorhandener Beutetiere in Beziehung gesetzt, da es für eine einzelne Person sehr beschwerlich ist, neben der Beobachtung des Greifs seine Beute zu untersuchen und zu erfassen. Auch beim Kaffernadler, der simpelsten Greifer-Beute-Situation, ist bisher noch keine befriedigende Methode erarbeitet worden, die beschreibt, wie Klippschliefer im Wohngebiet eines Kaffernadlers zu zählen sind. Arten mit einem großen Speisezettel oder solche, deren Nahrungsbevorzugung sich je nach Jahreszeit ändert, lassen sich natürlich noch schwieriger behandeln. Der amerikanische Rotschulterbussard ernährt sich z. B. im Winter hauptsächlich von kleinen Nagern, im Sommer erbeutet er aber viele Schlangen und Frösche, deren Bestände besonders schwer zu erfassen sind. Einige Situationen sollten leichter zu übersehen sein; in den westlichen USA etwa fressen Steinadler zu 98 % Kaninchen und Hasen, deren Bestände nicht allzuschwer einzuschätzen sind. Soweit ich weiß, gibt es auch darüber noch keine Untersuchungen.

8. *Erlangbarkeit der Beute.* – Beutetiere mögen noch so häufig sein, kann der Greif sie nicht sehen, kann er sie auch nicht fangen oder nur unvorsichtige Individuen erwischen, die sich unnötigerweise Blößen geben. Seeadler sind nicht imstande, Fische zu fangen, die sich einen Meter unter der Wasseroberflä-

che bewegen, wo sie allerdings noch von Kormoranen erreicht werden. In der dichten Macchie des Mediterran existieren oft Kaninchen im Überfluß; für Habicht- und Steinadler sind sie nicht zu erlangen, wohl aber für Iltis und Fuchs.
Wir schätzen die Erlangbarkeit einer Beutegruppe und vergeben Wertungen, sagen wir, A, B, C, etc. Die Einstufung richtet sich nach dem jeweiligen Verhalten der Beutetiere, ihrer Bestandsdichte und kann von Tag zu Tag, ja von Stunde zu Stunde variieren. Wenn ein Feldbrand über die afrikanischen Ebenen tobt, jagt er zuerst die sonst gut versteckt sitzenden Heuschrekken aus ihren Verstecken; an ihnen laben sich Aare, Milane und Heuschrecken-Teesas. Nach Erlöschen des Brandes sind die Nager im abgebrannten Gebiet – nicht mehr von einer hohen Grasdecke beschützt – einem Angriff ausgesetzt.
Ein trommelnder Kragenhahn oder ein krähender Fasanhahn sind für einen Greif vermutlich viel auffälliger als deren heimliche tarnfarbene Weibchen. Ein Moorhuhn ist solange Beutetier für den Steinadler, wie es sich am Boden aufhält, und wird zum begehrten Jagdobjekt für den Wanderfalken desselben Areals, sobald es Luft unter die Schwingen nimmt. Ein Klippschliefer gibt sich nur beim Sonnenbad auf einem Felsen als Beute preis, ein Baumschliefer, wenn er in den obersten Zweigen äst. Ein Schwarm häufiger Vögel, z. B. Spatzen, ist auffälliger und verletzlicher als seltene Arten, die im dichten Unterwuchs leben. Ein Tier wird oft durch ungewöhnliche Situationen zum möglichen Beuteobjekt: etwa die ansonst gut versteckten Schlangen oder Ratten beim Überqueren einer Teerstraße für den Augurbussard, der auf einem Telegraphenmasten am Wegesrand aufgebaumt ist. Die günstige Ausgangssituation ist der Grund, warum soviele Greife, besonders Bussarde, auf Sitzwarten neben der Straße lauern.

Es ist uns also klar, wie schwierig es ist, alle Faktoren selbst der einfachsten Situation in den Griff zu bekommen. Die Schwierigkeiten vervielfachen sich mit zunehmender Zahl und Mannigfaltigkeit der zu berücksichtigenden Beutetiere und Predatoren. Im kargsten Lebensraum, der Tundra, wo die Nahrung der dort regelmäßig brütenden vier tagaktiven Greifvogelarten ziemlich gut bekannt ist, lieferte eine eingehende Untersuchung über ein bis zwei Populationszyklen der Beutetiere eine recht klare Schätzung des Räuber-Beute-Verhältnisses. In der tropischen Savanne oder im Urwald, wo mehr als 100 Arten einen Lebensraum besiedeln und mindestens 25 ein geographisches Gebiet, darunter Arten, von denen noch nicht einmal das Nest gefunden wurde, ist mit unserem heutigen Wissen eine derartige Bestandsaufnahme völlig unmöglich.

Meiner Meinung nach kann ein einzelner Forscher in einer derartig komplexen Situation keine Hoffnung auf Erfolg haben. Um den Einfluß von Greifvögeln z. B. im 110 km^2 großen Nairobi-Nationalpark erfolgreich zu untersuchen, wären im Idealfall ein Pflanzenökologe, ein Säugetierkundler, ein Herpetologe, der Schlangen und Frösche untersucht, und zwei Ornithologen, von denen einer die Greife selbst, der andere die übrigen

Vogelarten untersucht, notwendig. Alle müßten gleichzeitig mindestens drei Jahre lang neben- und miteinander arbeiten, da einige Greife, wie Sekretär und Gleitaar, teilweise nomadisieren.

Trotz der augenfälligen Schwierigkeiten haben sich einige Wissenschaftler nicht abschrecken lassen, wenigstens Teillösungen anzustreben, und in den letzten vierzig Jahren sind auf diese Art viele nützliche Daten zusammengetragen worden. Bis heute hat noch niemand umfassende Untersuchungen in tropischen Gebieten gewagt, gute Studien liegen jedoch von einzelnen Arten, Gruppen oder Populationen der gemäßigten Breiten vor. Obwohl sie nur eine Teilantwort des Gesamtproblems bilden, geben sie doch brauchbare Richtlinien ab. Es ist sehr zu bedauern, daß kein Versuch gemacht wurde, die Greifer-Beute-Beziehung in den Tropen zu studieren, da in der gemäßigten Zone kaum noch ursprüngliche Umweltverhältnisse vorliegen oder die Greife verfolgt werden; meist trifft sogar beides zu.

Aus den bis heute vorliegenden Ergebnissen lassen sich zwei Meinungen polarisieren. Die erste, orthodoxe Ansicht besagt, daß Greife „hart arbeiten müssen", um an ihre Nahrung zu kommen und daß ihre Populationsdynamik sowie die Beziehung zur Beute hauptsächlich vom vorhandenen Angebot abhängt. Die andere Ansicht besagt im Extremfall, daß Greife ihre Beute ohne Mühe schlagen und die gesamte Nahrungsmenge nicht der ausschlaggebende Faktor für Bestandsänderungen ist. Territorialverhalten, Struktur der besiedelten Gebiete etc. können sich in der Populationsdynamik wesentlicher auswirken und daher auch in der Beziehung des Greifes zu seiner Beute. Ich kann zum Beispiel nicht glauben, daß der Seeadler, der nur jede hunderste Stunde mit Jagen zubringt, in seinem Bestand nachhaltig durch den Beutefang berührt wird. Andererseits käme ein Mäusebussard im Dartmoor, der täglich elf Stunden auf Nahrungssuche gehen muß, in ernste Versorgungsschwierigkeiten, wenn die Zahl der Feldmäuse abnimmt.

Vor allem Wissenschaftler aus der kaltgemäßigten Klimazone neigen zur orthodoxen Ansicht, während diejenigen, die in den Tropen arbeiten, eher die zweite vertreten. Der verstorbene Prof. A. J. Marshall hielt es für unsinnig zu glauben, daß ein einzelner Faktor alleine ausschlaggebend sei, und denen, die eisern am orthodoxen Dogma festhalten, möchte ich Oliver Cromwells bekannte Worte in Erinnerung rufen, die er an seine streitenden Berater richtete: „Bedenket doch, daß Ihr Euch irren könnt."

Die beste und vollständigste Untersuchung führten Frank und John Craighead in Michigan und Wyoming durch. Sie bearbeiteten in den Jahren 1942–43 und 1947–48 sowohl tagaktive als auch nachtaktive Greife, ermittelten deren Vorzugsbeute in Sommer und Winter und veröffentlichten ihre Ergebnisse mit genauen Zahlenangaben und Tabellen 1956 in „Hawks, Owls and Wildlife". Ihre Untersuchung ist bis heute die vollständigste, und die ihr zugrundeliegende Methodik – von ihnen selbst entwickelt –, sollte, natürlich mit Verbesserungen, auch heute noch verwendet werden. Das Buch zu kennen ist für jeden, der Einblick in die Predator-Beute-Beziehung erhalten will, Voraussetzung.

Die meisten anderen Untersuchungen konzentrieren sich auf eine Art, wie L. Tinbergens monumentale Arbeit über den Sperber in Holland, oder eine Gruppe nahe verwandter Arten, etwa zwei oder drei Habicht-Arten. Kürzlich entstand eine Arbeit von W. J. A. Schipper über Beute und Beutefangverhalten dreier europäischer Weihenarten. H. Kruuk untersuchte die Beziehungen verschiedener afrikanischer Geierarten zueinander. Ich kann hier nur das Wesentlichste dieser Studien herausgreifen und muß den Leser bei Interesse für weitere Details auf die Originalarbeiten verweisen. Es ist ebenso nützlich, den Einfluß von Tiger oder Wildhunden auf ihre Beute als Vergleich zu kennen.

Die Brüder Craighead untersuchten drei Bussarde, Rundschwanzsperber, die amerikanische Kornweihe und den Buntfalken während Sommer und Winter, ebenso einige Eulen. Außerdem schätzten sie die Populationen der Hauptbeutetierarten, kleine Nager, Eichhörnchen, Kaninchen, Federwild und andere Vogelarten und weniger genau Frösche, Insekten und Schlangen. Sie erstellten durch Gewölluntersuchungen Beutepräferenzen für die verschiedenen Jahreszeiten (eine, wie die Autoren selbst zugeben, einseitige und verzerrende Methode) durch direkte Beobachtung am Nest oder der Stellen, wo Greife Beute geschlagen hatten. Für ihre spezielle Situation vermochten sie so den Einfluß vom Greif auf seine Beute ziemlich genau abzuschätzen. Alle drei *Buteo*-Arten, die Kornweihe und der Buntfalke wie die untersuchten Eulenarten, ernährten sich im Winter hauptsächlich von kleinen Nagetieren, so daß die Wechselbeziehung hier ziemlich einfach lag: ein Kollektiv von Greifern ernährte sich überwiegend von einer Beutegruppe, nämlich Kleinsäugern.

Zusammenfassend kamen sie zu der Schlußfolgerung, daß die Zahl der im Winter vorhandenen Greife primär von der Häufigkeit, das bedeutet Verfügbarkeit, der Beute abhängig war; zweitens von der Erlangbarkeit der Beute, die mit zunehmender Dichte, verursacht durch größere Auffälligkeit, zunahm und drittens vom Verhalten der Beutetiere selbst. Starke Nagerpopulationen vernichten durch Fraß die sie schützende Pflanzendecke und setzen sich dadurch dem Angriff der Greife aus; eine kleine Nagerpopulation hingegen ist nicht fähig, die langen Gräser ihres Lebensraumes abzufressen und bleibt damit vor den scharfen Augen der Greife besser gedeckt. Eine Katastrophe, in diesem Fall eine von Frost gefolgte Überschwemmung, die schützende Mausgänge mit Eis füllte, zwang die Nager, sich an der schneebedeckten Oberfläche aufzuhalten, wo sie für die Greife eine augenfällige, leichte Beute bildeten.

Unter diesen Umständen, schlossen die Craigheads, limitierten die Greife die Bestände ihrer Beutetiere, reduzierten die sehr hohen Herbstbestände bis auf geringe Zahlen im Frühjahr und konzentrierten sich in den Gebieten, wo die Nager besonders zahlreich und besonders leicht zu greifen waren. Abgesehen vom vogelschlagenden Rundschwanzsperber fraßen alle von ihnen untersuchten Arten überwiegend Nager, ihr Speisezettel wurde damit zu 87,2 bis 98,9 % gefüllt. Die Winterpopulation der Greife setzte sich aus Teilziehern und teilweise nomadisierenden Arten zusammen; während Herbst und Winter 1942–43 war die vierfache Zahl an Sperbern vertreten (213) als 1947–48 (56 Individuen). So schienen bei der ersten Untersuchung die Bedingungen für eine Konzentration von Greifen ideal zu sein. Sie konnten eine bestimmte Nahrungsquelle ausschöpfen, schlossen sich zusammen, wie es von Vögeln einer nomadisierenden Art auch zu erwarten ist. Die Situation ist in keinem Fall mit einer im afrikanischen Grabenbruch häufig auftretenden Rattenplage zu vergleichen, wo eine stabile Greifvogelpopulation standortstreuer Arten nicht in der Lage ist, die Zahl der am blanken Erdboden herumlaufenden Ratten zu dezimieren. Die vollgekröpften Greife sitzen übersatt herum und ignorieren leicht zu fangende Beute völlig. Irgendwelche Umwelteinflüsse, Hunger oder Krankheit z. B., reduzieren dann schließlich die Nagerpopulation.

Im Frühling und Sommer schlugen die in Wyoming und Michigan untersuchten Greifarten mehr Vögel, Reptilien und Frösche sowie Krebstiere, der Anteil an Nagern sank auf ungefähr 35 %. Außerdem stabilisierte sich die Greifvogelpopulation jetzt und besiedelte alte Reviere oder Wohnbezirke. Addieren wir die Zahlen von Frühjahr und Sommer, ergeben sich für beide Untersuchungsjahre fast identische Zahlen, nämlich 241 und 238. Der auf die Beutetier-Population ausgeübte Druck war jetzt nicht mehr von der Dichte der Beutetiere und deren Erlangbarkeit, sondern vom Verteilungsmuster der Horstplätze abhängig. Im Frühjahr schöpften sie immer noch die inzwischen stark dezimierten Jagdgründe des Winters aus, konnten dann aber auf neue, bislang nicht verfügbare Beutetiere ausweichen. Obwohl der Gesamtbedarf der ganzen Brutpopulation (zwei *Buteos*, ein *Accipiter*, der Buntfalke und verschiedene Eulen) am höchsten war, wenn sie selbst Junge im Nest hatten, konnten sie den Zuwachs der Beutetierpopulation nicht verhindern, sondern nur etwas abschwächen.

Dieser Zustand kommt dem Typus der stabilen, standortstreuen Greifvogelpopulationen, wie wir sie in den Tropen vorfinden, schon etwas näher; dort scheinen Greife häufig unfähig zu sein, die Individuenzahl der in ihrem Brutgebiet vorhandenen Beutetiere zu kontrollieren, ja sie scheinen diese nicht einmal maßgeblich zu beeinflussen. Allerdings fehlen vergleichbare quantitative Studien von Greifvögeln aus irgendeinem tropischen Gebiet. Im Untersuchungsgebiet der Craigheads war der wesentlichste Auslesefaktor, daß in Herbst und Winter eine standortstreue Greifvogelpopulation, verstärkt durch nomadisierende Zugvögel, die individuenreichen Nagerbestände des Spätsommers auf einen niedereren Bestand dezimierte und damit das Potential für eine zu starke Fortpflanzungsrate im Frühjahr abschöpfte. Weiteres Bejagen im Frühjahr verringerte die

Rechts: In tropischen Gebieten sterben Dunenjungen schnell, wenn sie lange der prallen Sonne ausgesetzt sind. Ein Elternteil (in unserem Fall ein weiblicher Kaffernadler) spendet daher den lebenswichtigen Schatten.

Unten: Der männliche Turmfalke bringt die Beute, hier eine Maus, nicht oft bis in den Horst.

Oben: Sobald junge Mäusebussarde ein bestimmtes Alter erreicht haben und halbwegs befiedert sind, werden sie alleine am Horst gelassen. Auch das Weibchen muß sich nun an der Nahrungsbeschaffung beteiligen. Drei Junge können Mäusebussarde nur in besonders guten Mäusejahren großziehen.

Links: Junge Bussarde sind auch nach dem Verlassen des Horstes noch drei bis vier Wochen von den Altvögeln abhängig, die für sie die Beute schlagen müssen.

normale Wachstumskurve die jährlichen Schwankungen unterliegt; auf den steilen Anstieg im Sommer folgt ein abrupter Zusammenbruch, im Winter sind nur mehr wenige Individuen vorhanden: der Zusammenbruch im Jahr II ist nach dem besonders starken Zuwachs im Sommer besonders heftig; die Population erholt sich im Jahr III noch nicht vollständig.

– – – – Die Wachstumskurve wird durch den Einfluß diverser Greifer geglättet: im Jahr II können auch die Räuber einen kleinen Zusammenbbruch nicht verhindern, er verläuft jedoch viel schwächer als ohne Eingriff der Greifer.

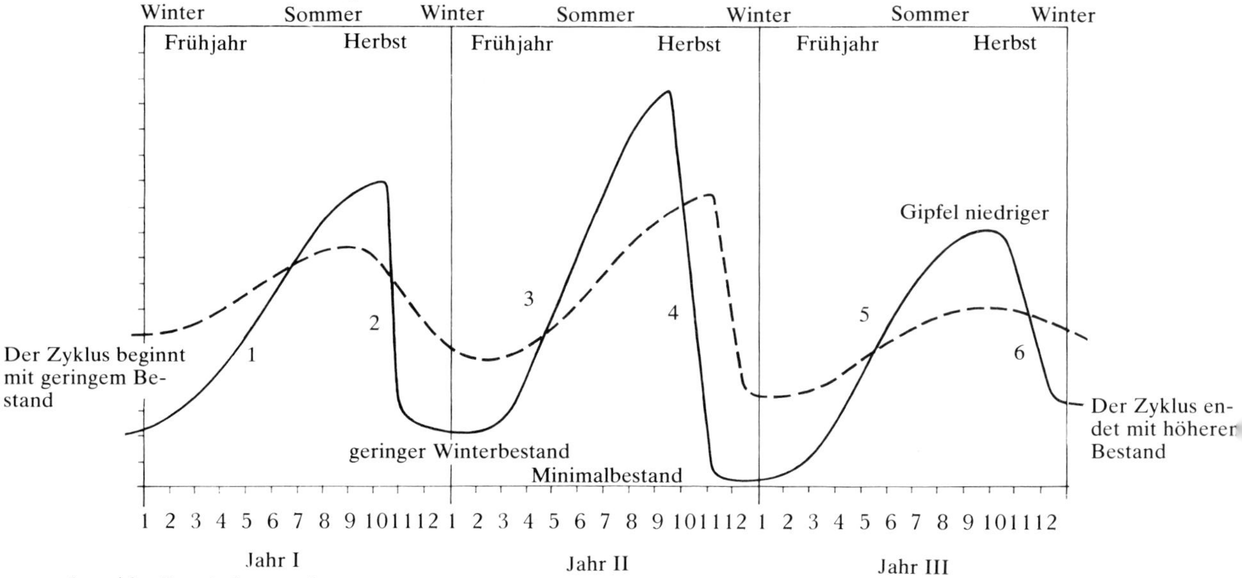

1 rapider Populationsanstieg 2 heftiger Zusammenbruch nach normalem Höhepunkt
3 extremer Anstieg zu Höchstzahlen 4 abrupter, extrem starker Zusammenbruch auf Minimalbestände
5 schächerer Populationsanstieg 6 schwacher Zusammenbruch

Abb. 45. Einfluß von Jägern auf Nagergradationen. Das Diagramm soll veranschaulichen, wie sich Bejagung auf extreme Erruptionen von Nagetieren auswirken kann (Fiktiv).

Restpopulation zwar noch etwas. Waren die Greife aber erst einmal auf ihre Territorien verteilt, erhielt die Beute eine Erholungspause und konnte sich wieder vervielfachen. Ohne Bejagung durch die Greife hätte die überstarke Nagerpopulation im Herbst alle verfügbare Nahrung verbraucht und wäre dann verhungert. Dann hätten weniger Individuen den Frühling erlebt als mit der Bejagung durch Bussarde, Falken und Eulen. Der Einfluß durch die Greife bestand darin, die extremen, steil ansteigenden Kurven von explosionsartigen Zyklen, die die Nager sonst durchgemacht hätten, zu glätten (Abb. 45).

Die Untersuchungen von Tinbergen am Sperber, der sich fast ausschließlich von Vögeln, bevorzugt von Kleinvögeln unter 30 g Körpergewicht, ernährt, zeigte ebenfalls auf, daß die Erlangbarkeit der Beute mit deren Häufigkeit oder Auffälligkeit zunahm. Haussperlinge, die sehr häufig sind und gerne auffällige Schwärme formieren, bildeten die bevorzugtesten Beutetiere (im Englischen heißt der Sperber auch Sperlings-Habicht), und ungefähr die Hälfte der Sperlingsbevölkerung fiel Sperbern zum Opfer. Baumpieper, die zwar nicht besonders häufig waren, sich auf ihren Singwarten und Balzflügen aber sehr auffällig benehmen, fanden sich als Nahrungstiere häufiger, als es im Verhältnis zu ihrer Individuendichte zu erwarten war. Während des Balzfluges bejagte sie auch der Baumfalke. Schwalben waren in großen Mengen vorhanden und verhielten sich auffallend, flogen im offenen Gelände für den Sperber aber zu schnell. Kleine, heimliche Arten wurden in Relation zu ihrer

Bestandsdichte selten gefangen. Betrachten wir den Effekt eines potentiellen Jägers auf eine Auswahl verschiedener Beutetiere, wird die selektive Wirkung der Bejagung deutlich. Der Sperber mag vielleicht Sperlingsbestände kontrollieren, auf Schwalben übt er keinen Einfluß aus. Ihre Bestände müssen anders reguliert werden, wahrscheinlich von keinem Greifer.

Verschiedene Untersuchungen in Amerika an Rauhfußhühnern und Fasanen verdeutlichten, daß balzende Hähne für Habicht und Rotschwanzbussard leichte Angriffspunkte bieten. Wir brauchen uns nur einen farbenschillernden Fasanenhahn auf dem Acker anzusehen und wissen sofort, wie gefährdet er ist. Andererseits lassen sich nur wenige ausgewachsene Moorhühner in ihren Revieren von Greifen schlagen; diese erbeuten hauptsächlich überzählige, unverpaarte oder junge Vögel.

Es ist einzusehen, daß die Natur einen männlichen Fasan, der seine Hennen befruchtet hat, entbehren kann, ein Baumpiepermännchen dagegen, das beim Aufziehen der Jungen mithilft, sollte sich nicht durch auffälliges Balzverhalten zur leichten Beute machen. Es muß irgendeinen sehr wichtigen biologischen Vorteil bringen, daß sich Männchen durch auffallendes Balzspiel so stark an ihre Feinde ausliefern. Bei manchen Säugerarten der afrikanischen Ebenen erbeuten Predatoren im Verhältnis mehr Männchen, als man nach den Gesamtbeständen erwartete. Ganz offensichtlich verlassen sie aus dem Zwang des Territorialverhaltens heraus nur zögernd ihr Revier und sind wegen dieser Hartnäckigkeit leichter zu erbeuten. Diese Hartnäckigkeit muß aber für die Art von Vorteil sein, sonst hätte die Selektion dieses Verhalten schon längst ausgemerzt.

Übergroße Zahlen schützen Beutetiere schon beinahe wieder vor ihren Jägern. Der Blutschnabelweber, *Quelea quelea*, wird in seinem Bestand von keinem Greifvogel kontrolliert, obwohl eine Vielfalt an Greifen, angefangen vom kleinen Accipiter bis hinauf zum großen Falken, diese Weber fressen. Neben den bis in die Millionen gehenden Brutkolonien sitzen oft Raubadler, die derartig sattgefressen sind, daß sie von dem vorhandenen Überfluß einfach nichts mehr aufnehmen können. Schmutzgeier holen zahllose Eier aus Pelikan- und Flamingokolonien und zerbrechen dabei mehr Eier als sie tatsächlich verzehren. Dennoch ist ihr Einfluß auf die Ausfliegerate der beiden Arten kaum von Bedeutung. Andererseits behauptet man, daß peruanische Küstenvögel ihre Nester im Stich lassen, wenn der Andenkondor in der Kolonie landet. Diese Tatsache verursacht größeren Schaden, als wenn er bloß unter den toten Küken aufräumt. Ich glaube wohl, daß so etwas geschehen kann, denn ich habe selbst erlebt, daß einige Marabus ein geschlossenes Abwandern einer Flamingokolonie von mehreren tausend Exemplaren auslösten. In einem Extremfall ist eine Art durch riesige Zahlen über jede Einschränkung durch Predation gefeit, im anderen Extrem können wenige Jäger durch bloße Störung einen weit größeren Schaden anrichten, so daß die wirkliche Entnahme von Individuen nicht ins Gewicht fällt.

In Gebieten, in denen wir eine Vielfalt von Greifvögeln ne-

Rechts: Weißrückengeier, ein Sperbergeier und ein Marabu am Kadaver eines Elefanten. Aasfresser verschmähen selbst das größte lebende Säugetier nicht.

Unten: Mögen die Gänsegeier noch so drohen, sie können nicht einmal verwilderte Hunde vom Aas vertreiben.

Unten: Ein Kronenadler hat eine Diadem-Meerkatze geschlagen. Bereits eine Stunde später hat sich der Adler satt gefressen und eine Hinterkeule an den Horst getragen. Große Beute kann der Adler nicht als Ganzes transportieren, oft bleiben Reste liegen.

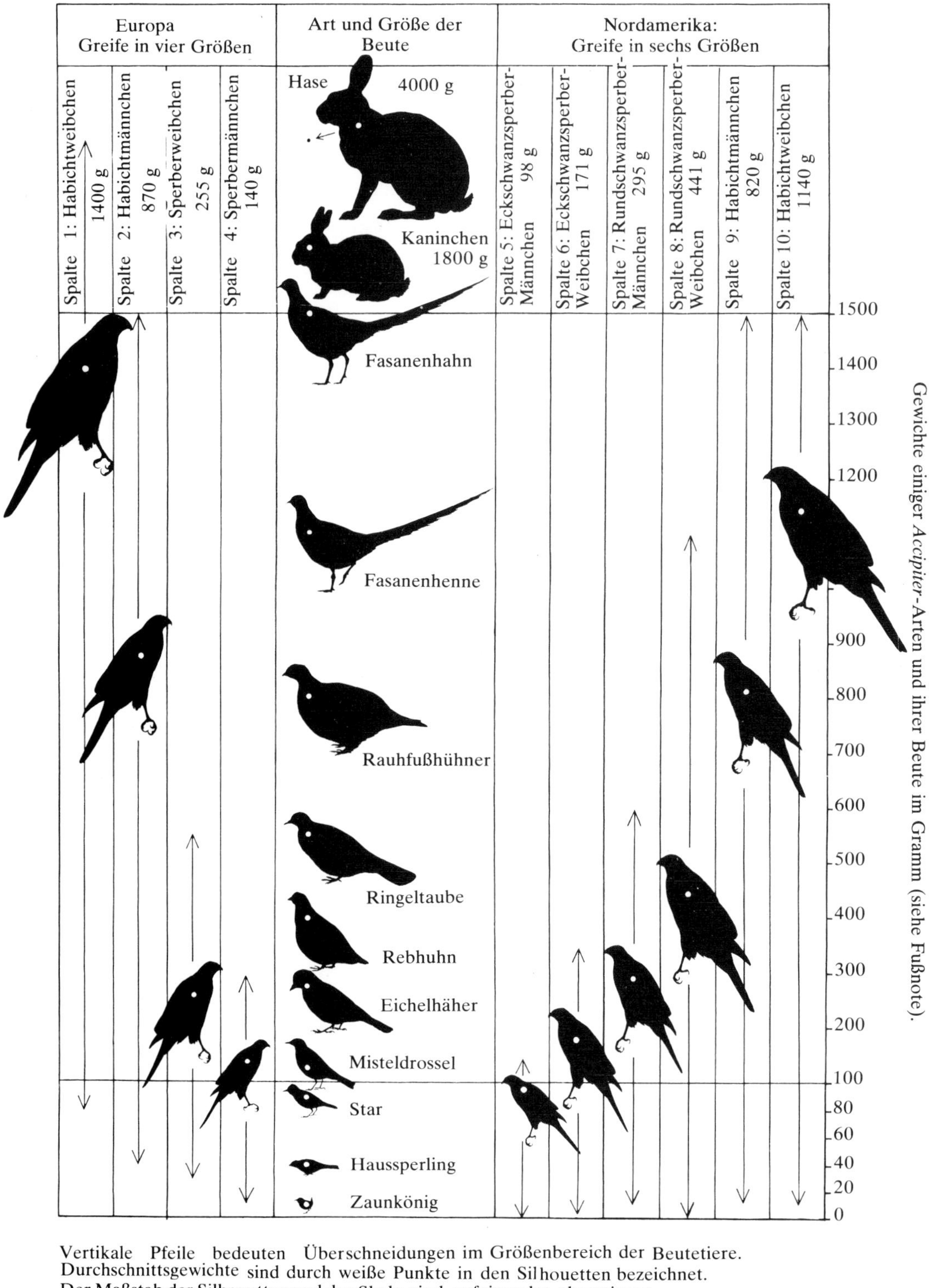

Vertikale Pfeile bedeuten Überschneidungen im Größenbereich der Beutetiere. Durchschnittsgewichte sind durch weiße Punkte in den Silhouetten bezeichnet. Der Maßstab der Silhouetten und der Skala sind aufeinander abgestimmt.

Abb. 46. Ökologische Trennung bei europäischen und nordamerikanischen *Accipiter*-Arten.

beneinander antreffen, kommt es gewöhnlich zu keiner Konkurrenz um dieselben Beutetierarten. Die Greifvogelarten selbst finden wir von sehr klein bis sehr groß abgestuft. Unter 10 schwedischen Greifen etwa liegen die Größen ähnlich verteilt wie bei 39 Arten aus Surinam. Sie sind also von vorneherein darauf eingerichtet, verschieden große Beute zu schlagen, manche spezialisieren sich auf bestimmte Nahrung (Schlangen, Krabben oder Schnecken), wie die Greife in Surinam (dies trifft weniger auf die schwedischen Arten zu); auch dadurch kommen sich die Beutegreifer untereinander kaum ins Gehege.

Gleichgroße Greife, die sich von derselben Beute ernähren, entgehen durch unterschiedliches Beutefangverhalten gegenseitiger Konkurrenz. So ist eine der beiden schneckenfressenden Weiharten in Surinam breitflügelig und kurzschwänzig und jagt von Sitzwarten aus, die andere Art hingegen langflügelig und langschwänzig. Sie greift dieselbe Schneckenart über Sumpfgebieten aus dem Flug. Auf den Andamanen sind zwei kleinwüchsige Schlangenadler verbreitet: eine Art jagt die Schlangen in den Mangrovebeständen der Küste, die andere im Regenwald des Hinterlandes; auf diese Weise vermeiden auch sie eine direkte Konkurrenz.

Sind in einem Gebiet gleichgroße Greifvögel, die von denselben Beutetieren leben, verbreitet, sind sie meist ökologisch oder geographisch voneinander getrennnt. Auf dem afrikanischen Kontinent kommen zum Beispiel fünf Bussardarten vor. Der Mäusebussard ist nur auf den der Küste vorgelagerten atlantischen Inseln verbreitet. Seine ökologische Nische füllt in Nordwest-Afrika der Adlerbussard aus. In den Savannen des tropischen Westafrika lebt nur eine einzige *Buteo*-Art, der Salvadori-Bussard, der in den höher gelegenen ostafrikanischen Savannen vom Augur-Bussard abgelöst wird. In Südafrika kommt über weite Gebiete nur der Schakalbussard vor. Daneben ist in den Berggebieten dort wie in Ostafrika der Bergbussard anzutreffen. Er konkurriert nicht mit Schakal- und Augurbussard, da er von ihnen ökologisch getrennt ist. Am Mt. Kenya lebt der Augurbussard z. B. im Tiefland und im montanen Grasland, der Bergbussard in den dazwischen liegenden Regionen. Diese schöne Einteilung scheint allerdings zusammenzubrechen, wenn die Flut europäischer Steppenbussarde ins Winterquartier Südafrika einbricht und mit Schakal- sowie Bergbussard um die vorhandenen Ratten wetteifern muß. Möglicherweise suchen sie etwas andere Biotope auf, oder aber die Ratten sind so zahlreich, daß die zusätzliche Bejagung durch die Steppenbussarde nicht weiter ins Gewicht fällt. Verhält es sich wirklich so, dann kann sich das Nahrungsangebot nicht regulierend auf die Bussard-Bestände auswirken.

Konkurrenzverhalten nahe verwandter Arten ist am besten in der Gattung *Accipiter* untersucht worden. Der beste Vergleich liegt zwischen den drei amerikanischen Arten Habicht, Eckschwanz- und Rundschwanzsperber vor. Bei allen Habichtarten sind die Männchen wesentlich kleiner als die Weibchen, so daß also im Endeffekt aus drei Arten sechs verschieden große

Rechts: Der Mauritius-Turmfalke ist der seltenste Greifvogel der Welt, sein Bestand wird auf höchstens siebzehn Tiere geschätzt. Dieses Tier soll mit seinem Partner in einem letzten verzweifelten Versuch den Artbestand durch Nachzucht in Gefangenschaft retten.

Unten: Spanische Kaiseradler am Horst; nur mehr hundert Individuen dieser Unterart leben heute noch. Durch die Naturschutzmaßnahmen der letzten Jahre hat sich ihr Bestand bereits etwas erholt.

Rechte Seite: Zwei junge Seeadler am Horst. Nur die nördlichsten Populationen sind zahlenmäßig stark vertreten, in Mitteleuropa ist die Art vom Aussterben bedroht.

Greife resultieren, die Beute in sechs Größengruppen schlagen (Abb. 46). Männliche Eckschwanzsperber wogen im Durchschnitt 98,8 g und töteten Beutetiere zwischen 3,4 bis 135 g, das Mittel lag bei 17,7 g. Weibchen (' 171 g Körpergewicht) schlugen Beute zwischen 3,4 g bis 343 g, durchschnittlich 28,4 g. Männchen und Weibchen des Rundschwanzsperbers, die durchschnittlich 295 bzw. 441 g wogen, machten Beute mit Durchschnittsgewichten von 37,6 und 50,7 g. Die Habichte wogen 820 respektive 1.140 g und ihre durchschnittlichen Beutegewichte lagen bei 397 und 552 g. Sowohl Habichtmann als auch -weib konnten Vögel bis zu 1.500 g Gewicht schlagen. In Europa töten weibliche Habichte schwerere Säugetiere als der Terzel.

In ähnlicher Weise greifen, gemeinsam betrachtet, Habicht und Sperber Vögel von der Größe eines Zaunkönigs bis zum Fasanenhahn. Die Aufteilung der europäischen Habichtarten ist nicht so regelmäßig abgestuft wie in Amerika, aber Sperberweibchen sind größer als weibliche Eckschwanzsperber und füllen damit die Nische des fehlenden Rundschwanzsperbers aus. Die Größe der geschlagenen Beutetiere überschneidet sich, aber 77,4 % der vom Sperber geschlagenen Tiere wiegen unter 40 g und 94,8 % der Habichtbeute über 40 g; bei beiden ist der Anteil an Nahrung, die zwischen 40 und 80 g beträgt, gleich hoch.

In Nordamerika verwirrt das Zugverhalten (Voll- bzw. Teilzieher) der *Accipiter*-Arten die Situation noch weiter, aber in den westafrikanischen Regenwäldern leben vier nicht ziehende Arten. Es handelt sich um den großen Trauerhabicht, den mittelgroßen Tachirohabicht, den kleinen Rotflankenhabicht und den winzigen Waldsperber. Ihrem Sexualdimorphismus entsprechend, formen sie acht Größenklassen, die von 78 g (Waldsperber-Männchen) und 82 g bis zu 650 und 790 g (Trauerhabicht-Weibchen) reichen. Die Gewichtsbereiche der kleineren Arten überschneiden sich, die der großen jedoch nicht. Der kräftigere Lauf des Tachirohabichts läßt jedoch darauf schließen, daß er schwerere Beutetiere tötet als es seiner Gewichtsklasse entspricht und daher doch mit dem Trauerhabicht konkurriert.

Leider sind von dieser Gruppe keine kompletten Beutelisten vorhanden, die einen ähnlichen Vergleich wie in Europa oder Nordamerika zulassen. Die Habichte wurden von Falknern abgerichtet und in Europa und Afrika auf lebende Beute angesetzt. Sie verhielten sich wie vorausgesagt: Trauerhabichte waren fähig, Vögel bis zur Größe eines Fasanes zu greifen, verfolgten aber keinen Vogel unter Hähergröße. Tachirohabichte schlugen Beutetiere von 90 bis 600 g, Rotflankenhabichte zwischen 30 und 300 g und der winzige Waldsperber sehr kleine Vögel von 8 bis 40 g. Eine Überraschung bildete das Verhalten eines weiblichen Trauerhabichts, der ein Kaninchen von 2.500 g und eine Katze tötete, während das Männchen Säugetiere gar nicht beachtete. Möglicherweise hatte sie derartige Säugetiere im Urwald noch nicht gesehen, was ich aber eher bezweifeln möchte. In diesem Fall geht das Mutmaßen allerdings zu weit, da ich aus Erfahrung weiß, daß Trauerhabichte reine Vogelfresser sind und in Kenya selten Vögel töten, die schwerer als 1.200 g sind.

In Neuguinea, wo acht *Accipiter*-Arten nebeneinander vorkommen, und in Celebes, wo vier Arten in einem relativ kleinen Gebiet vertreten sind, leben einige ausschließlich in den Bergwäldern, die anderen ökologisch von ihnen getrennt im Tiefland. Weiter deutet ihre Schnabelform und die Ausbildung der Fänge und Läufe darauf hin, daß sich einige von Reptilien, andere von Vögeln ernähren. Also wäre eine Konkurrenz auch durch unterschiedliche Beutepräferenz unterbunden.

Bei den Weihen ist der Sexualdimorphismus nicht nur in der Größe, sondern auch in der Färbung sichtbar. Meist sind die Männchen grau, die Weibchen braun gefärbt. In den meisten Teilen der Welt sind jeweils nur ein oder zwei Weihenarten verbreitet. In Europa brüten drei Arten relativ nahe beieinander; W. J. A. Schipper hat ihre Nahrungsökologie genauestens auf mögliche Konkurrenz untersucht. Alle drei ernähren sich im Grunde von Kleinsäugern, bessern ihren Speiseplan aber mit Vögeln, Fröschen, Eidechsen und Insekten auf. Von den drei Arten sind die Wiesenweihe Vollzieher, Rohr- und Kornweihe im Untersuchungsgebiet hauptsächlich Standvögel. Alle jagen auf ähnliche Weise über dichter Vegetation. Überschneidungen in der Wahl der Beutetiere liegen vor. Potentielle Konkurrenz sollte deshalb zwischen diesen Arten schärfer auftreten als zwischen den drei *Accipiter*-Arten der amerikanischen Wälder.

Die drei Weihen vermeiden jedoch direkte Konkurrenz durch verschiedene Brutzeiten; die Rohrweihe beginnt als erste mit dem Brutgeschäft, die Wiesenweihe als letzte. Bei Weihen beginnen Weibchen, deren Junge ein gewisses Alter erreicht haben, wieder zu jagen, und versorgen dann ihre Jungen überwiegend alleine, so daß männliche Wiesenweihen und weibliche Rohrweihen gleichzeitig auf Beutefang aus waren. In der Größenskala bildeten sie die größte bzw. kleinste Art. Und da die Größe des geschlagenen Beutetiers in Relation zur Körpergröße des Greifs steht, schloß sich auch in ihrem Fall direkte Konkurrenz aus. Sie vermieden überdies auch indirekte durch verschiedene Jagdmethoden und durch Bevorzugung verschiedener Gebiete. Von den drei Arten war die Kornweihe die beweglichste und tötete die meisten Vögel in offener Landschaft. Wiesenweihen jagten bis 12 km vom Horst entfernt, Rohrweihen nur bis 2 km, wobei Weibchen sich lieber in Nestnähe aufhielten. Aus der Kombination verschiedener Körpergrößen, verschiedener Brutzeiten, unterschiedlicher Beutetier-Bevorzugung und Abwechseln in der Betreuung verschieden alter Nestlinge durch den einen oder anderen Elternteil verringerte sich eine mögliche Konkurrenz. Verschieden große und damit verschieden jagdfähige Weihen hielten sich eher gemeinsam im selben Gebiet auf als solche gleicher Größe, denn diese wiederum machten entweder zu anderen Zeiten oder in einem anderen Gebiet Beute.

Oben: Der Bestand des Präriefalken hat sich in Kanada beinahe verdoppelt, seitdem den Vögeln künstliche Nistgelegenheiten geboten werden.

Rechts: Durch ihren plötzlichen Rückgang in den fünfziger Jahren machten Wanderfalken auf die Schädlichkeit von Insektiziden aufmerksam. Im Osten der Vereinigten Staaten sind sie bereits ausgerottet, in Mitteleuropa stark gefährdet.

Säugetiere in der Größe dieser jungen Schirrantilope können von jedem Adler geschlagen werden. Kronenadler töten gelegentlich Antilopen bis zu zwanzig Kilogramm Körpergewicht.

Die Wunden in meinem Rücken beweisen, daß weibliche Kronenadler mit geöffneten Fängen zuschlagen. Glücklicherweise zerfetzte sie hauptsächlich mein Hemd.

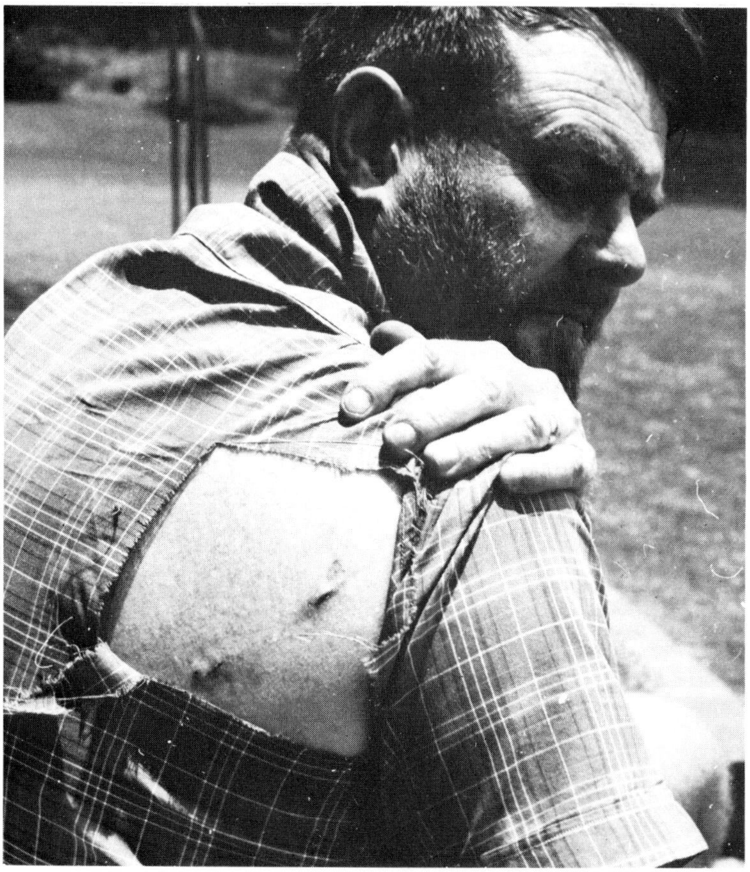

Gänsegeier benötigen keine besonders scharfen Augen, um einen großen Kadaver zu entdecken.

Dies sind alles Beispiele dafür, auf welche Art und Weise Greife drohender Konkurrenz ausweichen. In einigen Fällen, wo tatsächlich Konkurrenz auftritt, schließen manche Arten einander in ihrer Verbreitung aus. Dies scheint in Südfrankreich zwischen Habichtadler und Steinadler vorzuliegen, da beide Arten ähnliche Beute bejagen (hauptsächlich Kaninchen und Federwild). Der kleinere, aktivere Habichtadler ist in der Lage, den größeren Steinadler zu verdrängen. Aber sein optimaler Biotop ist vermutlich für den Steinadler gerade noch erträglich; in Frankreich verfälscht Verfolgung die Greifvogelsituation jedoch derartig, daß wir keine endgültigen Schlußfolgerungen ziehen können. In den afrikanischen Savannen finden wir eine ähnliche Beziehung zwischen dem Kampfadler und dem afrikanischen Habichtadler vor, die erste Art fast doppelt so groß wie die zweite, beide aber vorwiegend Federwild-Fresser, deren Beutespektren sich weit überschneiden. Sie verdrängen einander sicherlich nicht, möglicherweise deshalb, weil ihre großen Reviere sie mit Beute im Überfluß versorgen.

Der Konkurrenzkampf um Vorzugsbeutetiere scheint manchmal aber auch schärfer zu sein. Im Tsavo-Nationalpark in Kenya kommen Kampfadler, afrikanischer Habichtadler, Raubadler und Gaukler nebeneinander im selben Gebiet vor. Sie bejagen vor allem Dikdik-Antilopen, die sehr klein sind und ausgewachsen nur 4 bis 5 kg wiegen. In den Beutelisten aller genannten Greifarten waren sie mit 40 bis 47 % des Gesamtbeutegewichts vertreten, die stärksten Überschneidungen fanden sich zwischen Gaukler und Raubadler (78 %). C. Smeenck folgerte, daß alle brütenden Adler zusammengenommen 1.017 bis 1.485 Dikdik im 110 km^2 großen Tsavo-Park getötet hatten. Andere Jäger, wie Leoparden, Geparden, Servalkatzen und Schakale, können diese Antilope auch schlagen, und alles deutet darauf hin, daß sie tatsächlich in Überzahl vorhanden war. Im September allerdings, dem Monat der Dikdik-Maximalbestände, zählte man nur 25,5 Tiere pro km^2, das sind 2.800 für den gesamten Park. Mit anderen Worten: die Adler hatten allein 36 bis 56 % des Bestandes ausgemerzt. Dieses Ergebnis basiert allerdings auf einer einzigen Dikdik-Zählung, und die Angaben sind wahrscheinlich unzuverlässig. Wenn nicht, könnten die Tiere gar nicht überlebt haben (was sie tun), denn sie vermehren sich nicht wie Lemminge oder Kaninchen, sondern setzen höchstens zwei Kälber im Jahr. Es scheint plausibler, daß zu

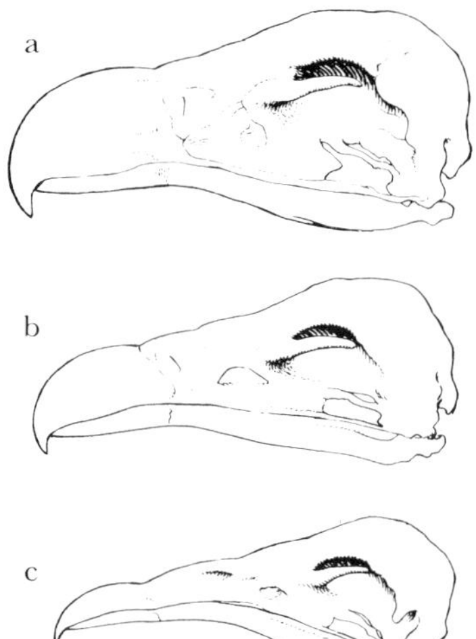

Abb. 47. Schädel afrikanischer Geier (nach H. Kruuk):
a. Ohrengeier – mächtiger Schnabel, starkverknöcherter Schädel, sind geeignet Haut und Sehnen zu zerreissen
b. Sperbergeier – Kopfform schlanker, Knochenbau leichter aber Schnabel kräftig, um weiche Fleischteile zu zerkleinern.
c. Schmutzgeier – der schlanke Schnabel und der schmale, leicht gebaute Schädel sind geeignet in Körperhöhlen einzudringen und herabgefallene Brocken aufzuheben.

dem Untersuchungszeitpunkt die Antilope so häufig war, daß alle Greifvogelarten Jagd auf sie machen konnten, ohne dabei stark zu konkurrieren.

Geier sind nicht-jagende Greife, die aber um Teile eines Kadavers streiten können. Über Neuweltgeier liegt dazu kein wissenschaftliches Datenmaterial vor. H. Kruuk hat aber sechs ostafrikanische Altwelt-Geierarten untersucht. Sie formen drei Artenpaare, denen jeweils eine andere Funktion am Aas zufällt. Die kleinen Arten Schmutz- und Kappengeier haben dünne Schnäbel und einen leichten Schädel; sie sind an das Auflesen kleiner Brocken oder Abreißen von Fleischstreifen aus schmalen Öffnungen angepaßt, die die mächtigen Schnäbel der großen Geier nicht erreichen können. Weißrücken- und Sperbergeier sind große Arten, besitzen mächtige Schnäbel, lange Hälse, aber einen leicht gebauten Schädel. Sie sind darauf spezialisiert, ihren langen Hals in Körperhöhlen zu stecken und weiches Fleisch abzuschneiden. Ohren- und Wollkopfgeier wiederum sind groß bis sehr groß, ihre Schnäbel und Schädel sehr mächtig, an das Abreißen von zäh am Knochen haftendem Fleisch und

Der schlanke Schnabel des Kappengeiers ist geeignet, die Larven des Pillendrehers aus der Dungkugel zu lesen.

das Fressen von Haut angepaßt. Ohrengeier sind imstande, jeden Kadaver aufzubrechen, auch solche, die andere Arten nicht öffnen können (Abb. 47).

Vermutlich wird keiner dieser Geierarten ein Brutrevier verteidigen, überdies sind sie auch noch brutökologisch voneinander getrennt. Der Schmutzgeier nistet auf Felsvorsprüngen, der Kappengeier horstet solitär auf Bäumen; Weißrückengeier sind baumbewohnende Koloniebrüter, Sperbergeier nisten kolonial in Felsen. Auch Ohren- und Wollkopfgeier brüten einzeln in Bäumen, nur sind Ohrengeier häufiger. Gewöhnlich erscheint der Wollkopfgeier als erster am Aas; obwohl er zahlenmäßig nur 3 % der gesamten Geierpopulation bildet, taucht er in etwa der Hälfte aller Fälle zuerst auf. Damit dürfte er zu den besten Spähern gehören. Danach folgen Ohren-, Weißrücken- und Sperbergeier, zuletzt bleiben Schmutz- und Kappengeier, die Reste aufsammeln. Schmutzgeier klauben Fleischreste von Knochen, Kappengeier meistens Teile, die am Boden liegen.

Trotz unterschiedlich geformter Schnäbel, verschiedenen Ankunftszeiten am Kadaver und verschiedenen Verhaltenswei-

In Drohhaltung meldet der dominante Weißrückengeier seine Besitzansprüche an.

sen – alles Punkte, die Konkurrenz vermeiden helfen –, treten Streitigkeiten bei allen sechs Arten auf, alle kämpfen um ihren Anteil am Aas. Ohrengeier verhalten sich besonders aggressiv, ebenso Sperbergeier; diese Arten setzen ständig ihre besonders ausgeprägten Drohgesten ein und stets setzte sich der Angreifer durch. Ähnliche Arten griffen einander häufiger an als andere und große Arten auch kleine, jedoch nicht umgekehrt. In der sich zankenden Masse ergatterte jedoch jeder stets einen Anteil, indem er sich auf seine spezielle Funktion konzentrierte. Die individuenstärksten Arten, Weißrücken- und Sperbergeier, ernährten sich von den weichen Fleischteilen, die den Großteil eines jeden Tierkörpers ausmachen. Wollkopf- und Ohrengeier zerrissen die Haut in Stücke; die kräftigeren Ohrengeier fraßen allerdings auch vom Kadaver selbst, während die kleineren Wollkopfgeier die verstreuten Fleischreste vom Boden klaubten. So wird also der heftige direkte Konkurrenzkampf der Geier um das Aas durch Unterschiede im Freßverhalten, in Körperbau und Funktion etwas abgeschwächt. Die sechs Arten bildeten ihrer Größe und Gestalt nach drei Paare, jedes Mitglied hatte eine vom zweiten leicht verschiedene Funktion zu erfüllen.

Anhand von Untersuchungen an verschiedensten Greifvogel-Gruppen, gleichgültig ob diese in gemäßigten oder tropischen Regionen verbreitet sind, zeigte es sich immer wieder, daß Nahrungskonkurrenz entweder durch Bevorzugung verschiedener Beutetiere, unterschiedliche Körpergröße, andere Beutefangmethoden oder spezifische strukturelle Anpassungen umgangen wird. Sind solche Anpassungen ausgebildet worden, um einer Konkurrenz um vorhandene Beute auszuweichen, sollte man daraus ableiten dürfen, daß die Menge der vorhandenen Nahrung einen der wichtigsten regulierenden Faktoren in der Ökologie der Greife darstellt. Die Alternativ-Vorstellung beträfe einen Überfluß an Beutetieren, aus deren Vorrat viele Greife schöpfen können, ohne einander im Wege zu sein. Dieser letzteren Situation entspricht eine Geierversammlung am Aas: dort liegt eine lokale Anhäufung von Nahrung vor, und alle müssen sich aktiv bemühen, ihren Teil davon abzubekommen, solange der Vorrat reicht. Manchmal fällt soviel Aas an, daß nicht einmal alle Geier des Gebietes gemeinsam den Kadaver bewältigen können. Die verschiedenen Rollen, die jede Art beim Verzehr des Aases übernimmt, haben sich sicher entwikkelt, damit für jede Art in schlechten Zeiten bessere Überlebenschancen vorhanden sind.

Untersuchungen einzelner Arten oder verschiedener Individuen einzelner Arten lassen die Verhältnisse noch komplizierter erscheinen. Die Populationsdichte schottischer Steinadler verändert sich nur wenig, sie ist im Gebiet der grünen, grasigen Hügellandschaft vom Argyll im Südosten des Landes ebenso hoch wie in den öden Sümpfen Sutherlands im Nordwesten. In beiden Gegenden bestreicht ein Paar einen Wohnbezirk von etwa 4.600 ha. Das Nahrungsangebot ist in jedem dieser Gebiete jedoch grundverschieden. In den östlichen Wiesenland-

Linke Seite oben: Mit ausgebreiteten Flügeln, gesenktem Kopf und durchgestreckten Beinen läuft der Ohrengeier zum Angriff. Der zweite schickt sich an ihm zu folgen.

Linke Seite unten: Nach den Regeln gewinnt immer der Angreifer. In unserem Fall vertreibt ein Sperbergeier einen jungen Weißrückengeier.

Dieser Schreiseeadler hat durch die dichte Pflanzendecke *(Pistia)* einen Fisch gegriffen. Jetzt bemüht er sich, ihn aus dem Wasser zu heben, bevor er vollends einsinkt.

schaften sind 30 bis 40 mal mehr Moorhühner und Schneehasen vorhanden als in den westlichen Mooren. Die Art scheint sich jedoch in beiden Gebieten gut zu behaupten, und nicht einmal der Bruterfolg liegt im Osten höher. Wissenschaftler versuchen dies damit zu erklären, daß im Westteil verhältnismäßig mehr Aas anfällt, wodurch ein Ausgleich zum geringen Anteil an lebender Nahrung geschaffen werde. In beiden Gebieten ziehen die Adler jedoch ihre Jungen mit lebender Beute groß.

In den zwei entferntesten Enden desselben Landes, kaum 80 km voneinander getrennt, versorgen einige Brutgebiete die Greife mit derartig vielen Hasen und Moorhühnern, daß Bejagung kaum einen Druck auf die Beutepopulation ausübt. In den anderen Gebieten würden sie, wenn die Greife Hasen und Moorhühner gleichstark bejagten – was beinahe unmöglich ist –, einen starken Druck ausüben; die Beutetier-Population besteht jedoch immer noch. Revierverhalten und Verteilung über den Raum begrenzt das Anwachsen eines Greifvogelvorkommens über eine bestimmte Dichte hinaus, die Vögel könnten nicht überleben, wenn sie ihre Nahrungsquelle zum Versiegen brächten. Daß die Erlangbarkeit von Beute wichtiger ist als die Zahl vorhandener Beutetiere, scheint auch auf tropische Adler-Standvogelpopulationen zuzutreffen. Ihre Reviere versorgen sie mit mehr Beutetieren, als sie jemals verzehren könnten. In ihrem Fall sind jedoch noch zahlreiche andere Greifer vorhanden, und deren Einfluß ist nur wenig untersucht.

Verhaltensunterschiede, die zwischen verschiedenen Individuen derselben Art im gleichen Gebiet auftreten, verwirren das Bild noch weiter. Am Naivasha-See brütete nur eins von zwei

Schreiseeadler-Paaren, deren Horste nur 180 m auseinanderlagen. Beide Paare fischten in derselben Lagune. Das eine Paar zog innerhalb von 18 Monaten dreimal je 4 Junge groß, das andere Paar kein einziges. Es ist unwahrscheinlich, daß in diesem Fall das Nahrungsangebot der limitierende Faktor gewesen sein soll, da die Seeadler nur etwa jeweils eine von hundert Stunden mit Jagd verbringen. In Populationen des Mäusebussards oder des schottischen Steinadlers finden sich immer wieder Paare, die sich durch einen überdurchschnittlichen Bruterfolg auszeichnen. Ein Bussardweibchen mag jahrelang größere Gelege zeitigen als ihre Nachbarin. Solche Unterschiede lassen sich meiner Meinung nach auf größeres oder geringeres Jagdgeschick zurückführen.

Beeinflussen nun Greife die Bestände ihrer Nahrungstiere tatsächlich? Manchmal, etwa im Untersuchungsgebiet der Brüder Craighead im Winter vom Michigan, scheint dies wirklich der Fall zu sein. Auf andere Gebiete und andere Jahreszeiten scheint es wiederum nicht zuzutreffen. Arten, wie der Rauhfußbussard in der Tundra oder vermutlich auch australische Schwarzachselaare, profitieren von einem vorhandenen Nahrungsüberschuß. Sie konzentrieren sich dann in solchen Gebieten, machen größere Gelege und ziehen ihre Jungen mit größerem Erfolg bis zum Ausfliegen groß. Aber auch dann kann sich kein Taggreif vermehren wie Lemminge oder Kaninchen, ja nicht einmal wie irgendeine Singvogelart, die oft mehrere Bruten im Jahr großzieht. Anderswo kann eine stabile Standvogelpopulation, wie wir sie etwa in den afrikanischen Savannen vorfinden, den Überfluß an Beutetieren ganz eindeutig nicht einschränken.

In den meisten Fällen müssen wir überdies feststellen, daß die Berechnungen nicht korrekt ausgeführt wurden. Wo die Greifart ausführlich untersucht wurde, fehlen die genauen Untersu-

Rupfplätze geben über die Nahrung des Sperbers Auskunft. Wir brauchen nur die Beute aufheben und untersuchen.

chungen der Beutetiere. Aus einer Kurve von Nahrungsverbrauch gegen Körpergewicht können wir zwar den Nahrungsbedarf der einzelnen Arten theoretisch errechnen, dies sollte aber stets an Gefangenschaftstieren überprüft werden. Außerdem können wir den anatomischen Bau (Schneckenfresser z. B. besitzen einen langen Darm) untersuchen und versuchen, daraus die Jagdmethoden und Vorzugsbeute abzulesen; wir sollten jedoch in jedem Fall kritisch überprüfen, ob eine Art wirklich so jagt und die theoretisch bestimmte Beutetiergruppe frißt. Dann müssen wir herausfinden, wieviele Beutetiere vorhanden sind und wie jagbar sie wirklich sind.

Jeder, der sich für Ökologie von Greifern interessiert, gleich ob es sich dabei speziell um Greifvögel oder andere Jäger handelt, wird zugegeben, daß wir um einzelne Zusammenhänge noch sehr wenig wissen. In manchen Gebieten, gewöhnlich in den kalten Klimazonen, erscheint die Situation recht einfach. In anderen Regionen, etwa im Inneren eines tropischen Regenwaldes, scheinen die Beziehungen sehr komplex und extrem schwer durchschaubar. Wir sollten zunächst einmal eine einfache Beziehung klar analysieren. Es müßte doch im Bereich menschlicher Denkfähigkeit liegen, eine Methode zu erfinden, um Klippschliefer zu zählen oder Hasen in Utah!

Das Greifer-Beute-Verhältnis bleibt bei einer gesunden Umwelt im Gleichgewicht – mit Abweichungen in die eine oder andere Richtung. Wenn Greifer zu zahlreich werden und zu viele Beutetiere ausgemerzt haben, sterben sie entweder selbst zahlreicher oder setzen aber mit Brüten aus, bis das Gleichgewicht wieder hergestellt ist. Territorialverhalten verteilt Arten, die nicht ziehen – den Großteil aller Arten im warmen Klima – gleichmäßig über das Gelände. Schon dadurch wird die in einem Gebiet bestimmter Größe vorhandene Zahl an Greifvögeln maßgeblich bestimmt. Im Embu District brüten immer noch drei Kampfadlerpaare, genauso viele wie vor 30 Jahren, obwohl sich dort sonst einiges verändert hat (Abb. 44). Bei Standvögeln muß das Territorium die Paare mit einem Minimum an Beutetieren versorgen. Die Greife können sich aber nicht überstark vermehren, auch wenn die Beutetiere in noch so großem Überfluß vorhanden sind.

Als letzter Punkt sei noch darauf verwiesen, daß Beutetiere nicht nur Bejagung überstehen müssen, sondern auch Seuchen und Hungerperioden, die mehr Todesopfer fordern als jede Bejagung. Die Zahl der Löwen im Nairobi National Park ändert sich kaum; mehrere aufeinanderfolgende gute Regenjahre lassen aber die Bestände ihrer Beutetiere ins Unendliche ansteigen, die nächste Dürreperiode überschwemmt das Land dann mit einem Teppich stinkender Körper, den Hyänen und Geier nicht mehr bewältigen können. Die Art der Regulation und die Schwelle des Gleichgewichts verschiebt sich von Art zu Art, ein weiterer Grund, warum wir das gesamte Problem der Greifer-Beute-Beziehung bis heute noch so wenig durchschauen.

Greifvogelschutz

Das Wort „erhalten“ ist heute nicht mehr modern, ja es kann dem Artenschutzgedanken sogar abträglich sein, weil es vielfach mit Sentimentalität und extremen Anschauungen verknüpft ist und den Naturschutzgegnern willkommene Munition liefert. Darum ist es notwendig, den Begriff Erhaltung genau zu definieren. In meinem Lexikon steht unter „erhalten“: vor Schaden, Verfall oder Verlust fernhalten. Eine umfassendere biologische Definition besagt: das Aufrechterhalten des Energieflusses, der von der Sonne abgegeben und durch Wachstum und Aktivität von Pflanze und Tier wieder freigesetzt wird. Letzteres ist für unsere Greife zu weit gefaßt, die einfachere Definition Schutz vor Schaden, Verfall oder Verlust trifft eher zu.

Nur der Mensch schafft die Notwendigkeit, Arten in diesem Sinne bewahren zu müssen, und nur der Mensch kann die nötigen Maßnahmen hierzu treffen. Unter natürlichen Bedingungen bleibt das dynamische Gleichgewicht zwischen einfallender Sonnenenergie, Regen und daraus resultierendem Pflanzenwachstum, Herbivoren, die Pflanzen fressen und Greifer, die Herbivore und einander fressen, über sehr lange Zeiträume konstant. Es wird nur durch größere geologische Katastrophen wie Vulkanausbrüche, Erdbeben oder sehr allmählich durch Klimaveränderungen verschoben. Einigen Tieren ist es möglich, sich anzupassen, andere, die weniger plastisch sind, müssen aussterben. Es ist möglich, daß der Kalifornische Kondor sich schon auf dem Wege des Aussterbens befindet, und der Mensch diesen Prozeß nur einfach beschleunigt hat. Ich kenne keine einzige Greifvogelart, die von etwas oder jemandem anderen als dem Menschen bedroht wird. Stellenweise können Greifvogelpopulationen z. B. durch übergroße Elefantenbestände, die alle Bäume vernichtet haben, beeinflußt werden: indirekt ist dieser „Nationalparkeffekt“ aber wiederum auf den Menschen zurückzuführen.

Um notwendige Schutzmaßnahmen einzuleiten, müssen wir zunächst feststellen, welche Arten gefährdet sind und wie groß das Ausmaß ihrer Bedrohung tatsächlich ist. Dann müssen wir herausfinden, welcher Art die Bedrohung ist: sie kann direkt, etwa durch Verfolgung, oder indirekt in Lebensraumzerstörung oder Auswirkung von Pestiziden bestehen.

Drittens müssen wir Maßnahmen ergreifen, um der Gefährdung Einhalt zu gebieten. So kann der Umfang des Problems ermessen werden, um schließlich Prioritäten aufzustellen und festzulegen. Leider vereitelt heute vielfach Politik und vor allem die irrige Meinung, daß sich die menschliche Rasse unbegrenzt fortpflanzen kann, sonst vermutlich gute Schutzmaßnahmen.

In der ersten Instanz müssen wir zwischen Arten und Unterarten unterscheiden. Örtlich können geographische Unterarten gefährdet sein, die Art als Ganzes betrachtet jedoch nicht oder vielleicht nicht in solch starkem Ausmaß. So sind etwa der spanische Kaiseradler *Aquila heliaca adalberti* und der Everglade-Schneckenweih *Rostrhamus sociabilis plumbeus* nur mehr in wenigen hundert Individuen vertreten. Im Gesamtverbreitungsgebiet sind die Bestände des Kaiseradlers mäßig bedroht, in Spanien, wie gesagt, allerdings stark gefährdet. Wenn der Schneckenweih auch in Florida stark gefährdet ist, woanders kommt er überall recht häufig vor. Das Bild ändert sich allerdings sofort, sollte der Vertreter aus Florida doch als eigene Art anerkannt werden. Auch die Unterart als solche ist natürlich schützenswert, die Bedeutung ihrer Erhaltung für die Art an sich jedoch weniger wichtig.

Des weiteren müssen wir zwischen seltenen und bedrohten Arten unterscheiden. Der Taita-Falke *Falco fasciinucha* war und ist anscheinend in seinem gesamten afrikanischen Verbreitungsgebiet aus unbekannten Gründen selten. Die Population als solche scheint aber in keiner Weise gefährdet zu sein. Die südafrikanische Mohrenweihe *Circus maurus* hingegen ist innerhalb ihres kleinen Verbreitungsgebietes auch noch relativ selten, und obwohl ihre Population im Moment stabil zu sein scheint, wird sich jede Drainage oder Erschließung ihres Brutgebietes verheerend auswirken. Viele Arten wiederum, von denen wir annehmen, daß sie selten seien, sind vielleicht gar nicht so selten, nur wenig erforscht. Die afrikanische Unterart des Bartgeiers *Gypaetus barbatus meridionalis* steht zum Beispiel als bedrohte Art im Red Data Book; im Süden und Osten Afrikas ist die Art auch tatsächlich selten (der Brutbestand beträgt etwa 120 Paare), in Äthiopien hingegen ziemlich häufig, der Bestand dort wird auf ca 16.000 oder noch mehr Exemplare geschätzt.

Unter diesen Vorbehalten kann ich beim Durchsehen der Artenliste nur 4 Greife als stark gefährdet bezeichnen; darunter eine Art, die unbemerkt vielleicht schon ausgestorben ist. Der Kalifornische Kondor wird von manchen als aussterbendes lebendes Fossil bezeichnet (es gibt zur Zeit noch 40 oder 50 lebende Exemplare), das ohnehin im Begriff ist abzunehmen; sein endgültiges Aussterben wird allerdings vom Menschen beschleunigt. Der Schlangenhabicht Madagaskars (keine Zahlen bekannt) wurde schon seit vielen Jahren nicht mehr gesehen; scheinbar ist er in seinem begrenzten Urwald-Lebensraum sehr selten und mag schon ausgestorben sein. Über seine Lebensweise ist aber so wenig bekannt, daß man ihn möglicherweise eines Tages wiederfindet und zwar zahlreicher, als man dachte. Der Affenadler von den Philippinen ist nur mehr in weniger als 100 freilebenden Exemplaren vorhanden, sein Bestand ist stark gefährdet und Inhalt eines speziellen Schutzprogrammes. Am stärksten gefährdet ist schließlich der Mauritius-Turmfalke, dessen Bestand aus weniger als 20 Individuen besteht; in einem letzten verzweifelten Versuch soll er durch Gefangenschafts-Nachzucht gerettet werden.

Unter diesen stark bedrohten Arten sind drei Inselbewohner,

deren Lebensraum auf verschwindende Flächen von Urwaldgebieten beschränkt ist; der Kalifornische Kondor lebt auf einer Art ökologischer Insel in der Nähe von Los Angeles und San Diego.

Bei allen gerade aufgezählten Arten ist eine vorsichtige, regelmäßige Bestandsaufnahme und Überwachung angebracht. Beim Schlangenhabicht liegt kein vernünftiger Untersuchungsplan vor, wie die Art überhaupt zu erfassen ist, damit nötige Schutzmaßnahmen eingeleitet werden können. Der Status der anderen drei Arten ist ziemlich genau bekannt, und entsprechende Schutzmaßnahmen sind bereits aufgestellt. Ich bezweifle zwar, ob die Maßnahmen, die zum Schutze des Affenadlers getroffen wurden, sehr effektiv sind, und im Falle des Kalifornischen Kondor werden unter Umständen auch die besten Erhaltungsmaßnahmen nutzlos bleiben, solange vom Menschen ständig Druck auf die Bestände ausgeübt wird. Selbst wenn es gelingt, den Mauritius-Turmfalken in Gefangenschaft zu züchten, ist die Art als solche zwar gerettet, sein Bestand kann aber nur gering bleiben, weil ein Großteil seines natürlichen Lebensraumes vernichtet ist und er von den eingebürgerten Rhesusaffen auch weiterhin gestört werden wird.

Weitere 20 Arten stehen zwar nicht vor dem Aussterben, sind aber dennoch in ihrer Existenz bedroht. Zur Zeit mögen ihre Bestände noch in die Hunderte oder sogar Tausende gehen, ihre Zahlen nehmen jedoch ständig langsam ab. Hierzu zählen der Andenkondor, Weißkopfseeadler, Seeadler und Riesenseeadler; von diesen Arten sagt man, sie entwickelten sich durch Pestizid-Auswirkungen und allgemeinen Druck des Menschen zur Zeit rückläufig. Der Bartgeier nimmt am Rande seines Verbreitungsgebietes ab, bleibt in anderen Regionen jedoch stabil. Er zählt als Nahrungsspezialist besonderer Art ganz sicher zu den empfindlichen Arten. Gänsegeier, Kapgeier und Mönchsgeier zählen ebenfalls zu dieser Kategorie, sie sind ganz einfach durch Fortschritte in Zivilisation, Hygiene und verbesserte Viehhaltung, durch die weniger Aas anfällt, bedroht. Die südafrikanische Mohrenweihenpopulation soll stabil sein, diese Behauptung bedarf jedoch einer gründlicheren Untersuchung. Die Wiesenweihe hat seit 1970 in Nordeuropa stark abgenommen; zwei *Accipiter*-Arten, Prinzenhabicht und Gundlachsperber, sind in ihrer Verbreitung auf bedrohte Inselhabitate beschränkt. Der unmöglich zutrauliche Galapagosbussard, der nur auf einigen Inselchen des gesamten Archipels vorkommt, wird immer noch vom Menschen verfolgt. Die Bestände von Schrei-Schell- und Kaiseradler haben in Teilen ihres Gesamtverbreitungsgebietes abgenommen und stehen dort mehr oder minder vor dem Aussterben. Der Seychellen-Turmfalke ist zur Zeit noch nicht bedroht, aber sein extrem begrenzter Lebensraum ist zwangsläufig durch jeden Eingriff katastrophal gefährdet. Drei große Falkenarten – Saker, Gerfalke und Wanderfalke – sind durch die Nachstellungen von Falknern und starke Pestizidkontaminationen mancherorts selten geworden. Bessere Information könnte offenbaren, daß einige Populationen gar nicht so

Der Galapagosbussard ist wie die meisten Bewohner der Insel so zahm, daß wir ihn ohne Versteck formatfüllend fotografieren können. Nachstellungen reduzierten seinen Bestand auf 130 Paare, heute ist er streng geschützt.

arg gefährdet sind. Doch es ist eindeutig besser, hier zu viel zu tun als zu wenig.

Dann gibt es noch 44 wenig untersuchte Arten, bei denen unter Umständen eine Gefährdung vorliegen könnte, über deren Lebensweise wir jedoch zu wenig wissen. Die meisten dieser Greife sind Inselbewohner und bevorzugen als Lebensraum meist Urwald. Einige wenige leben in offener Landschaft, aber in einem sehr begrenzten Verbreitungsgebiet, wie etwa der Tropfenfalke. Einige sind große, auffällige Arten mit einem riesigen Aktionsradius und einer geringen Besiedlungsdichte, wie die Harpyie. Es gibt keine Anhaltspunkte, ob diese Arten auch wirklich gefährdet sind, wenn nicht, werden sie gewiß in nächster Zukunft durch menschliche Aktivitäten in Bedrängnis geraten. Das rapide Wachstum der menschlichen Population scheint unabwendbar, wenn nicht vorher eine katastrophale Hungersnot oder Seuche Einhalt gebietet. Dies bedeutet aber für die Zukunft: Abholzen unberührter Urwaldgebiete in allen Teilen der Welt und Anlegen von Äckern und Plantagen, wodurch das Schicksal vieler an das Urwaldleben spezialisierter Greifvogelarten besiegelt zu sein scheint.

Sie wundern sich wahrscheinlich, daß Fischadler, Steinadler, Rohrweihe und andere in vielen Teilen Mitteleuropas gefährdete Arten in keiner Liste angeführt sind: Vielleicht hätte ich Rohr- und Steppenweihen berücksichtigen können; ihr Brutverbreitungsgebiet ist jedoch groß und ihre Populationsdynamik unterscheidet sich in vieler Hinsicht von der großer Adler. Abgesehen von den Bewohnern einiger Mittelmeerländer sind sich die meisten Europäer und Nordamerikaner darüber einig, daß Greife erhalten werden sollten. Gewöhnlich wird dies in einem Gesetz verankert in Verbindung mit der Einleitung von aktiven Schutzmaßnahmen. Wenn auch nur 10 Fischadlerpaare in Großbritannien brüten, ist dies doch das Zehnfache der Brutpopulation von 1955, in Schweden sind es etwa 2.500. Steinadler nehmen in Schottland zwar durch direkte Nachstellung und Lärmbelästigung langsam ab, ihr Gesamtbestand macht sie doch in ihrem riesigen Gesamtverbreitungsgebiet zum vermutlich häufigsten Großadler der Welt.

In jedem Land werden Naturschützer ihre Greifvogelarten auf Gefährdung überprüfen und notwendige Erhaltungsmaßnahmen treffen. Ich werde an dieser Stelle versuchen, den Greifvogelschutz weltweit darzulegen.

Bedrohungen jeder Art können sich aus einer Vielzahl von Faktoren zusammensetzen:

1. Direkte Verfolgung. – Durch Abschluß, Fang, Vergiften etc. Am ärgsten betroffen sind große Adlerarten, Habichte und einige Falken.

2. Indirekte Verfolgung. – Bergsteiger, Urlauber und Angler fallen während der Brutsaison im Revier ein und vergrämen Greife; Fotografen stören durch ihre Sorglosigkeit; aber auch harmlose Spaziergänger können, ohne dies zu beabsichtigen, schon einer empfindlichen Art das Brutgeschäft verleiden.

3. Pestizide. – Ihre Problematik ist in letzter Zeit besonders in den Vordergrund gestellt worden und hat zu vielen populationsökologischen Studien Anlaß gegeben. Den Umweltgiften wird vielfach die größte Schuld an der Bestandsabnahme zugeschoben, obwohl in Großbritannien Nachstellungen direkter sowie indirekter Art mindestens genausoviel dazu beigetragen haben. Nur ganz bestimmte chlorierte Kohlenwasserstoffe üben jenen verheerenden Effekt aus, meist ist auch nicht die ganze Art betroffen, die Auswirkungen treffen nur lokale Populationen, also Unterarten. Des weiteren sind auch nicht alle Greifvogelarten gleich empfindlich, am sensibelsten reagieren die vogelfressenden Habichte und Falken und die Fischfresser Seeadler und Fischadler.

4. Lebensraumvernichtung. – Dies trifft besonders die tropischen Regenwälder. Wie in den vorigen Kapiteln wiederholt betont, können Regenwaldarten nur im Urwald leben und nirgendwo sonst. Solche Arten müssen unweigerlich aussterben, wenn wir den Dschungel abholzen. Waldbiotope sind fast überall bedroht – sie gelten als das zukünftige Erschließungsbebiet neuer Nahrungsquellen für den Menschen. Diese Hoffnungen erweisen sich oft als trügerisch, da der heftige Tropenregen, der die Urwälder entstehen läßt, die Bodensalze rasch auslaugt und die Erde erodiert, so daß die anfangs hohe Fruchtbarkeit gerodeten Urwaldbodens oft nur von kurzer Dauer ist. Die Menschen gerade in den „Urwaldländern" verdoppeln sich jedoch beinahe mit jeder Generation, und Urwälder sind die einzigen Gebiete, in denen sie selbst noch Raum zum Überleben finden. Vernichtung dieser Waldgebiete, zum Teil offensichtlich un-

vermeidbar, ist für die Greife wahrscheinlich die schlimmste langfristige Bedrohung. Manchmal wird sie sogar von den Forstbeamten selbst verursacht, denen regelmäßige Reihen von aufgelockerten Eukalyptus- oder Föhrenbeständen lieber sind als die vielleicht schönen und interessanten, aber ökonomisch unrentablen Baumarten des tropischen Regenwaldes.
Es folgt nun eine Aufstellung der Gefahren für die vier bedrohtesten Arten:

1. Kalifornischer Kondor. Direkte Verfolgung, die ehemalige Hauptursache seines Rückganges fällt kaum mehr ins Gewicht. Am meisten wirken sich indirekte Nachstellungen aus; Erholungssuchende (auch Ornithologen) dringen massenweise in sein Brutgebiet, und die Nachfrage nach Dämmen, neuen Erholungsgebieten etc. hält weiter an. Pestizide wirken sich auf den Kalifornischen Kondor nicht direkt aus, sein Hauptbrutgebiet steht unter Schutz, wenn es auch kein unverletzlicher Nationalpark ist. Die Art wird vermutlich trotz aktiver Schutzmaßnahmen schwer überleben.

2. Schlangenhabicht. Die Biotopansprüche und die Fortpflanzungsbiologie dieser Art sind völlig unerforscht. Direkte und indirekte Nachstellungen wirken sich bei dieser Art gar nicht aus, und auch Pestizide haben kaum einen Einfluß. Der Schlangenhabicht bewohnt aber primären Regenwald, der auf Madagaskar größtenteils vernichtet wurde; die spärlichen Reste sind stark bedroht. Falls diese Art überhaupt noch existieren sollte (sie wurde schon über 30 Jahre lang nicht mehr gesichtet) und wenn man ihren Lebensraum-Rest bestehen läßt, sollte eine kleine Population überleben können.

3. Affenadler. Dieser Vogel war am stärksten von direkter Verfolgung betroffen. Er war eine beliebte Trophäe und auch Tiergärten und Museen stellten ihm nach. Die Bejagung ist jetzt gesetzlich verboten, nur sind Gesetze alleine nicht immer wirkungsvoll. Sein Lebensraum ist durch den explosionsartigen menschlichen Bevölkerungsanstieg rapide geschrumpft und wird voraussichtlich noch weiter eingeschränkt. Es ist nicht möglich, das ehemalige Verbreitungsgebiet der Art wieder in den ursprünglichen Zustand zurückzuversetzen, sie muß in kleinen Urwaldinseln überleben – falls angestrengte Versuche unternommen werden, diese Reste und damit die Art zu schützen. Wir wissen über ihre Biologie, Raumansprüche und Populationsdynamik im natürlichen Lebensraum nur ungenügend Bescheid, und die Versuche, eine Vernichtung des Regenwaldes zu verhindern, sind bisher weder ausreichend noch wirkungsvoll. Diese einmalige Art wird vermutlich trotz Erhaltungsversuchen weiter im Bestand abnehmen.

4. Mauritius-Turmfalke. Vor 10 Jahren gab es noch 20 Exemplare, 1976 waren es weniger als 10, davon lebten 2 in Gefangenschaft. Früher auf Mauritius weitverbreitet und häufig, ist die Art durch Lebensraumzerstörung und Nachstellung auf einen kleinen Restbestand in einem einzigen Gebiet zusammengeschrumpft. Dieser Rest zeigte auch noch schlechte Bruterfolge, teils wegen der eingeführten Rhesusaffen, teils weil er immer noch von den Einwohnern von Mauritius verfolgt wird. Immerhin hat es 1978 einen ersten echten Bruterfolg gegeben. Aktive Schutzmaßnahmen sind im Entstehen, und schließen einen letzten, verzweifelten Bruterfolg in Gefangenschaft ein. Es ist trotz allem ungewiß, ob die Art überleben kann.

Wir können die Überlebenschancen für jede Art auf diese Art und Weise abwägen. Im Anhang V habe ich die größten Gefahren für bedrohte aber auch für nur möglicherweise bedrohte Arten angedeutet – die Erhaltung all dieser Arten hängt davon ab, wie wir diesen Bedrohungen entgegenwirken. Natürlich können wir diesen Bedrohungen abhelfen, sofern die Menschen die sie geschaffen haben, dies versuchen wollen. Wollen sie, so können sie es auch; so einfach ist das!

1. Direkte Verfolgung muß gesetzlich verboten und das Gesetz auch befolgt werden. Zur Zeit sind Naturschutzgesetze in vielen Ländern entweder zu schwach oder sie können sich nicht durchsetzen, manchmal sogar beides. Nachstellungen werden oft durch Schafzucht oder Rinderhaltung hervorgerufen; die Einwohner Kretas essen Eleonorenfalken und auch in Westafrika dienen Greife als Nahrungsmittel. In Großbritannien sind zwar alle Greife geschützt, das Gesetz wird aber nicht sehr wirkungsvoll durchgeführt. Die Bußgelder sind nicht hoch genug, sie wirken gegenüber den Strafgeldern die Schweden verhängt geradezu lächerlich. Wenn ein amerikanischer Professor mit 3000 $ bestraft wird, weil er illegal Eiklar importiert hat, möchte ich auch sehen, daß ein schottischer Grundbesitzer mit 1000 £ bestraft wird, wenn er einen Steinadler tötet.

Obwohl Schlagfallen wegen ihrer ungemeinen Grausamkeit verboten sind, werden sie in manchen Teilen Europas dennoch heimlich eingesetzt.

Meistens werden Adler ungerechtfertigt beschuldigt, Lämmer geschlagen zu haben. Dieses schwächliche Tier weist aber eindeutig die tödlichen Spuren der Adlerklauen auf.

Wildhüter und Viehzüchter, vor allem Schafzüchter werden sich unweigerlich beschweren, daß Greife sie schädigen. Viele Greifvögel wurden und werden in Europa abgeschossen, weil sie Brieftauben schlagen (Wanderfalken), Schafe und Lämmer attackieren (Stein- und Seeadler, letzterer wurde in England deswegen ausgerottet) oder Federwild erbeuten sollen.
Jede eingehendere Untersuchung hat jedoch die meisten dieser Unterstellungen widerlegt oder als maßlos übertrieben gezeigt. Vom Wanderfalken ist bewiesen, daß er nur eine von 800 Brieftauben schlägt. Steinadler, die in den Vereinigten Staaten zu tausenden aus dem Flugzeug vernichtet wurden, schlagen kaum einmal ein Lamm – im Gegenteil, sie leben fast ausschließlich von Nagern, den direkten Nahrungskonkurrenten der Schafe! Die Angewohnheit, tote Lämmer anzugehen, hat vielen die Anschuldigung Lamm-Töter eingebracht. Dabei ist es einfach zu beweisen, ob ein Adler ein Lamm wirklich geschlagen hat: es weist dann tiefe, blutende Wunden auf. Sperber vergreifen sich selten an Fasanen, diese sind viel zu groß, und der Schaden, den sie an Fasanküken anrichten, kann leicht vermieden werden, indem man die Verschläge nicht gerade neben einem Sperberhorst anbringt.
Auf der anderen Seite können Naturschützer aber ihrer eigenen Sache schaden, wenn sie behaupten, Greife richteten gar keinen Schaden an. Einige Arten fressen mit Sicherheit Waldhühner oder Fasane, ja sogar Haushühner (besonders in tropischen Ländern). Es wird notwendig sein zu bekennen, daß gelegentliche Schadensfälle auftreten und sich Gedanken zu machen, wie der Schaden zu vermeiden oder zu vergüten ist. Naturschützer tun gut daran, zuzugeben, daß solche Verluste vorkommen und werden allen danken, die sie hinnehmen.

2. Indirekte Verfolgung. Dieses Problem zu bewältigen ist schon wesentlich schwieriger, da Störungen selten absichtlich stattfinden. Bergsteiger wollen nicht wissentlich Adler, Falken oder Bartgeier zur Aufgabe des Horstes veranlassen. Auch Angler verhindern die Eiablage von See- oder Fischadler nicht mit Absicht. Nur Vogelfotografen wissen sehr wohl, welches Risiko darin liegt, brütende Greife auf dem Film festzuhalten! Wie Punkt 1 wirkt sich auch die indirekte Nachstellung vornehmlich in den entwickelten, fortschrittlichen Ländern aus und verschärft sich in einer Wohlstandsgesellschaft, die mit ihren Autobahnen, Motorbooten und Flugzeugen ehedem unberührte Gebiete für sich erschließt. Die Fluten von Wanderern, die sich heute ins Cairngorm-Naturreservat von Schottland ergießen, sind die Ursache für nur schwache bis ausbleibende Bruterfolge mehrerer bisher regelmäßig brütender Steinadlerpaare. Sie wollen keinen Schaden anrichten – nur, die Adler können unter diesen Bedingungen nicht brüten.
Wir können solche Effekte nicht gänzlich verhindern, aber den Schaden vielleicht dadurch verringern, daß das Publikum nur zu bestimmten Gebieten Zutritt erhält. Es sollte auch genau überlegt werden, ob der Nistort einer seltenen Greifvogelart nicht doch bekanntgegeben werden sollte. Falkner, Eiersammler und andere, die Greifvögel verfolgen, wissen meist ohnehin, wo diese Arten brüten. Es ist wenigstens den Versuch wert, an einigen Stellen, wo Greife regelmäßig durch menschliche Störung fehlbrüten, die Tatsache ihrer Brut bekanntzumachen und vielleicht die Horste zu bewachen.

Ein junger Habicht auf der Faust des Falkners. Es wäre begrüßenswert, könnten sich mehr Falkner dazu entschließen, von den gefährdeten Falkenarten auf Habichte als Beizvögel umzusteigen.

Unter indirekte Verfolgung fallen auch Veränderungen in der Art der Bodennutzung; etwa das Aufforsten ehemaliger Moorlandschaften, wodurch Steinadler, Rotmilane und Merline beeinflußt werden, denen damit der natürliche Jagdbiotop genommen wird. Auf den Bestand des fast ausgestorbenen welschen Rotmilans, der sich nur sehr langsam und zögernd erholen kann, wirkt sich Aufforstung ernster aus, als auf die ein oder zwei Steinadlerpaare, die hier gerade noch am Rande ihres Verbreitungsgebietes Nachwuchs großziehen. Im Austausch brüteten sonst mehr Kornweihen, Sumpfohreulen oder Habichte. Aufforstungen bereichern vereinfacht gesagt die Umwelt. Und es ist nicht nur alleine die Schuld der Forstämter, daß Rechtecke regelmäßig mit fremdländischen Nadelhölzern bepflanzt werden, die sich für Industriezwecke eignen, und nur selten bis zum Hochwald heranwachsen. Die Bürger jedes Staates, die ja schließlich alles finanzieren, sollten auf ihre Wälder achten und darauf bestehen, Klimaxwälder zu erhalten; es läge in ihrer Macht.

3. Pestizide. Von Schädigungen durch Pestizide sind auch wiederum die „zivilisierten" Länder am stärksten betroffen. Allerdings schieben sie, wenn die giftigsten Pestizide verboten sind, jene dann in die Entwicklungsländer ab, die sie gerne als billige Lösung für ihre Schädlingsbekämpfung annehmen. Ich kann mich noch gut daran erinnern, wie DDT als überlegenes, relativ ungiftiges Insektizid angepriesen wurde, das für die Natur viel weniger schädlich wäre, als Arsen. Kein Mensch konnte damals seine langfristigen Wirkungen vorhersehen. Da ich Jahre lang aktiver Landwirtschaftsberater gewesen bin, der viel mit Kleinbauern zu tun hatte, kenne ich beide Seiten des Problems. Meiner Meinung nach sind Insektizid-Produzenten manchmal ungerechtfertigt verurteilt worden.

Nichtsdestoweniger ist heute erwiesen, daß gewisse Verbindungen, die chlorierten Kohlenwasserstoffe, bewirken, daß bestimmte Greifvogelarten, vor allem Fisch- und Seeadler, Falken und Habichte dünnschalige, leicht zerbrechliche Eier legen. Dadurch wird eine Fortpflanzung dieser Arten unmöglich gemacht, sie sterben in bestimmten Gebieten aus. Diese Schädigungen sind erstmals bei Wanderfalken in den östlichen Vereinigten Staaten und in Südengland aufgetreten, sowie bei Seeadler, Fischadler und Weißkopfseeadler (und anderen Fischfressern) in Teilen ihres Verbreitungsgebietes. Keine Art als solche ist durch Pestizide vom Aussterben bedroht. Auch von den Arten, die am stärksten betroffen sind, wie Sperber, Wanderfalke und Seeadler, gibt es in anderen Teilen ihrer großen Verbreitungsgebiete gesunde, unbetroffene Populationen. Meist wird die Schuld am Rückgang einer Art leichtfertig den Pestiziden zugeschrieben, obwohl sie durch andere menschliche Eingriffe und sogar direkte Nachstellung verursacht oder mindestens verschlimmert wird.

Die giftigsten Pestizide werden in den fortschrittlichen Staaten aus dem Verkehr gezogen. DDT ist in sehr vielen Staaten verboten. Der Welt-Nahrungsbedarf zwingt aber dazu, sie durch praktische und billige Produkte zu ersetzen. Mit der Zeit, wenn auch einer ziemlich langen Zeitspanne, werden auch die chlorierten Kohlenwasserstoffe aus unserer Umwelt verschwinden. Sollten sich die neuen Produkte nicht eines Tages als noch giftiger erweisen, könnten Wanderfalken vielleicht wieder in den Adirondack Mountains (USA) oder auf den Klippen von Dover brüten.

4. Waldvernichtung. Es gibt etwa 4.000 Millionen Menschen auf der Welt, von denen 2.800 Millionen in unterentwickelten Ländern leben. Sie nehmen jährlich um 2,5 bis 3 % zu, verdoppeln sich in etwa 25 bis 30 Jahren. Meist sind es Kleinbauern, die vom Ertrag ihres Ackerlandes leben müssen. Dieser ist oft sehr gering, sie brauchen etwa 1/5 ha pro Kopf, um zu überleben. Jeder kann für sich selbst nachrechnen, aber es läuft doch darauf hinaus, daß jährlich 14 Millionen Hektar neuen Bodens kultiviert werden sollten, bloß um den niedrigen Lebensstandard dieser armen Bauern erhalten zu können.

In der Vergangenheit sind zahllose unzureichende Versuche unternommen worden, Bergwälder als Nutzholzreserven, Wasserschutzgebiete, ja auch als Naturreservate zu erhalten. Hungrige Menschen werden mit großer Wahrscheinlichkeit diese Reservate ignorieren. Reiche Lebensräume, vor allem Urwälder, werden innerhalb der nächsten zwei Jahrzehnte unweigerlich in zunehmende Bedrängnis geraten, und bis jetzt gibt es noch keine Anhaltspunkte dafür, daß irgendein Land die Notwendigkeit einer gesunden, biologisch fundierten, erhaltenden Landnutzung einsieht.

Selbstverständlich sind nicht nur die Greifvögel betroffen, sondern sämtliche Lebewesen: Pflanzen und Tiere der Wälder. Ein Greifvogelbrutpaar, besonders bei großen Arten, beansprucht jedoch ein Gebiet von bestimmter Ausdehnung, das es ausschöpfen kann. Von vielen Urwaldarten sind diese Ansprüche nicht bekannt, weil man noch nicht einmal ihre Nester gefunden hat. Das einzige, was wir in solchen Fällen unternehmen können, ist die Ökologie der empfindlichsten Arten zu untersuchen. Anhand des Datenmaterials ließe sich eher beurteilen, wieviel Wald erhalten werden muß, um eine lebensfähige Population des Graukopfhabichts oder des Dschungeladlers zu gewährleisten. Naturschützer müssen dann noch andere Gründe vorbringen, weshalb solche Gebiete unter Schutz gestellt werden sollten; denn für Greife alleine wird dies kaum geschehen. Glücklicherweise ist das nicht schwer: Waldrestbestände stehen häufig an Steilhängen, die ohnedies besser nicht abgeholzt werden sollten. Sie könnten mit Nutzholz und anderen Naturprodukten ihre Ureinwohner versorgen und schützen – Greife eingeschlossen. Leider sehen Landwirte Waldboden als besonders fruchtbar an und meinen, er werde für eine Menge widerliches Holz vergeudet, Forstbeamte schätzen ihn hingegen als zukünftigen Träger von regelmäßig gewachsenen Telegrafenmasten oder Zeitungspapier. Sie sind vielfach der Meinung, es sei notwendig, solche Erträge zu produzieren, um die Wälder vor den gierigen Landwirten zu schützen. Wir können nur hoffen, daß

Nistkästen ermöglichen verschiedenen Vogelarten neue Brutgebiete zu erschließen oder wieder zubesiedeln. Hier ein Nistkasten für Turmfalken.

eines Tages der gesunde Menschenverstand die Oberhand gewinnt und uns ausreichend große natürliche Waldgebiete erhalten bleiben. In der Zwischenzeit sind die Zukunfts-Aussichten für Greife und andere Waldbewohner – die Menschen, die auf natürliche Waldgebiete angewiesen sind, eingeschlossen – schlecht.

Die Maßnahmen, die innerhalb der nächsten 20 Jahre (bis dahin müßte sich die menschliche Bevölkerungsexplosion auf die eine oder andere Art ausgeglichen haben) getroffen werden müssen, um der Greifvogelbedrohung Einhalt zu gebieten, lassen sich wie folgt zusammenfassen:

1. Verbesserung der Gesetze und energische Bestrafung von Überschreitungen.
2. Erziehung und Aufklärung der Öffentlichkeit.
3. Einziehen aller Pestizide, die eine Gefährdung für die Umwelt darstellen oder darstellen könnten.
4. Erhaltung ausreichend großer Waldgebiete und sonstiger außergewöhnlicher Lebensräume, besonders Feuchtgebiete, sowohl zum Wohle der Menschheit als auch der Greife.

Dies sind alles naheliegende und klare Maßnahmen, denen aber zu wenig Aufmerksamkeit geschenkt wird, im besten Falle mündliche Zusicherungen.

Wir können aber auch wirksame Schritte zur Erhaltung der Greife unternehmen. Ein erster ist das Anbieten von Nisthilfen. Als Kaiser Menelik den äthiopischen Bauern befahl, das unfruchtbare, grasbedeckte Hochland mit importierten Eukalyptusbäumen zu bepflanzen, stellte er unwissentlich Krähen, Augurbussarden, Lannerfalken, Raubadlern und anderen Vögeln solche Nisthilfen zur Verfügung. Ähnliches verzeichnete man auch in den großen Ebenen von Colorado und Montana. Turmfalken machen gerne von Nistkästen Gebrauch. Eine klassische Populationsstudie dieser Art nahm A.J. Cave in den Niederlanden ausschließlich an Bewohnern von Nistkästen vor. Ohne jede natürliche Nistmöglichkeit erreichte die Art in den Poldern eine Populationsdichte von 33 Paaren auf 18 km^2, in einem Jahr mehr, im anderen weniger. In der Nähe des Hawk Mountain, Pennsylvania, werden viele Nistkästen von Buntfalken besetzt. Indem er für Kanadagänse Nisthöhlen in Steilwänden anbrachte, hat Richard Fyfe in Saskatchewan die lokale Präriefalkenpopulation mehr als verdoppelt. Fischadler in Wisconsin und Schneckenweihe in Florida haben beide künstliche Nestunterlagen aus Metall angenommen.

Ganz eindeutig könnten also Populationen einiger Arten stark zunehmen, wenn der Mensch etwas nachhilft. Diese Experimente sind auch von großem Interesse, weil durch sie die obere Bestandsgrenze einer Greifvogelpopulation für ein Gebiet ermittelt werden kann. Die Brüder Craighead hätten vermutlich andere Schlußfolgerungen über sommerliche Eulen- und Falkenreviere gezogen, wenn sie jedes Wäldchen mit passenden Nistkästen versehen hätten.

In ganz kritischen Fällen müssen diverse Arten in Gefangenschaft gezüchtet werden. Im Falle des extrem bedrohten Mauritius-Turmfalken ist es zu befürworten, weil die Methode zuvor am häufigen amerikanischen Buntfalken erprobt wurde. Der Wanderfalke, der in den östlichen Vereinigten Staaten ausgestorben ist, wird von Tom Cade und seinen Mitarbeitern an der Cornell Universität erfolgreich nachgezogen. Die Weibchen können dazu gebracht werden, Nachgelege zu produzieren und indem man das erste künstlich ausbrütet, kann jedes Paar mehr Junge großziehen als in freier Wildbahn. Sogar künstliche Befruchtung ist bereits gelungen. Und durch Selektion ließe sich ein Super-Falke züchten, der imstande ist, Wachteln zu schlagen, wodurch die Nachfrage nach den seltenen Präriefalken nachlassen sollte. Solche Methoden, vor wenigen Jahren noch

Zwei beinahe flügge Schreiadler. Unter natürlichen Bedingungen hätte das zweite Tier kaum Überlebenschancen gehabt. Um den Bruterfolg der gefährdeten Art zu erhöhen, wurde es als kleines Küken einem Schwarzmilan „untergeschoben“ und vor dem Selbständigwerden in den Horst zurückgesetzt.

als undurchführbar abgetan, haben sich heute als erfolgreich erwiesen. Sie sind aber keine Entschuldigung dafür, daß jeder nun Greifvögel halten kann. Zuchtversuche sollten auf einige wenige Stellen beschränkt bleiben, wo Experten ausreichend Geldmittel und Räumlichkeiten zur Verfügung stehen. Ein Amateurfalkner hat in seinem Hinterhof aber diese Möglichkeiten nicht.

Eine andere Methode hat erst kürzlich Bernt Meyburg am Schreiadler entwickelt. Sie verhindert teilweise die scheinbar unnötigen Verluste der jüngsten Nestgeschwister, die dem Bruderkampf zum Opfer fallen. Er entfernte junge Schreiadler aus dem Horst und ließ sie fast ganz von Schwarzmilanen großziehen. Dann setzte er das große Junge zu seinem Geschwister in den Horst zurück. Sind sie alt genug, kämpfen die Geschwister nicht mehr miteinander, die Altvögel akzeptieren sie bereitwillig und füttern gut. Die Rechnung ist einfach: diese sensationelle und doch einfache Methode kann den Bruterfolg großer Adler fast verdoppeln. Nachdem sich dieses Verfahren etabliert hatte, nahm Meyburg, der jetzt in Spanien den bedrohten Kaiseradler untersucht, Nestjüngste mit praktisch keinen Überlebenschancen (Kaiseradler legen drei, manchmal sogar vier Eier) und bot sie Weibchen mit unbefruchteten Gelegen um die Schlüpfzeit an. Die Weibchen adoptierten diese Jungen sofort und zogen sie bereitwillig auf. Ein Jahr Arbeit an einigen Paaren erhöhte den Bruterfolg dieser Paare um 40 %, den der Gesamtpopulation um 4 %. Auf alle spanischen Kaiseradler bezogen, erhöhte sich deren Produktionsrate um ein Vielfaches. Es bleibt aber noch zu beweisen, daß diese erhöhte Anzahl von Jungvögeln auch überleben wird, so daß die Population tatsächlich anwächst.

Man könnte diese Methode genauso gut dazu verwenden, ausgestorbene Teilpopulationen durch Ausbürgerung überzähliger Tiere wieder aufleben zu lassen. In Großbritannien hat sich die Fischadler-Population aus den Beständen ziehender skandinavischer Wintergäste etabliert. Der Seeadler allerdings, der seit 1916 in England ausgestorben ist, früher aber an den Küsten Schottlands relativ häufig war, kann sich nicht auf diese Weise erholen, da die skandinavischen Seeadler Jahresvögel sind und ihre Population selbst außerdem im Abnehmen begriffen ist. Ein erster Wiedereinbürgerungsversuch, bei dem vier Jungvögel auf Faire Isle ausgesetzt wurden, schlug fehl; dies ist allerdings kein Grund aufzugeben. Man könnte Seeadlergelege oder frisch geschlüpfte Küken Steinadlern unterlegen; junge Steinadler lassen sich leicht mit der Hand aufziehen.

Diese Versuche müßten in Küstennähe stattfinden, etwa in Rhum, Islay, Skye oder am westlichen Ross, und sollten in rund 20 Steinadlerhorsten 10 Jahre lang durchgehalten werden. Auf diese Weise wird sich dann eine kleine, aber lebensfähige Seeadlerpopulation in dem Gebiet entwickeln, das sie früher schon besiedelt hat; falls die Seeadler nicht sofort wieder abgeschossen werden! Ganz ähnlich ließe sich mit dem welschen Rotmilan verfahren, sobald sich seine Bestände ein wenig mehr erholt haben (sie sind anscheinend auf dem besten Weg dazu). Seine Gelege könnten von Bussarden in Argyll oder Devon ausgebrütet werden – Gebiete, in denen die Lebensaussichten für Rotmilane recht günstig erscheinen. Solche positive Bemühungen, örtlich ausgestorbene Greifvogelarten wieder einzubürgern, bedürften allerdings einer besseren Unterstützung durch das Gesetz, als es momentan der Fall ist.

Manche Arten nützen schon selbständig die Vorteile der Veränderungen durch den Menschen, wie wir sie im Kapitel Stadtgebiete ausführlich besprochen haben. Sie brauchen vielleicht nur geringe Hilfen – wie Nistkästen für Wanderfalken und andere große Falkenarten. Kornweihen sind die einzigen Greife, die zur Zeit in Großbritannien an Bestand zunehmen, größtenteils hervorgerufen durch die zahlreichen Aufforstungen. Dies war von den Forstbeamten wohl kaum bezweckt, aber sicherlich könnten die Wälder so verwaltet werden, daß immer geeignete Brutbiotope für Wiesen- und Kornweihen (junge Bestände) und Mäusebussarde und Habichte (Hochwald) vorhanden sind. Natürlich gibt es unzählige Gründe, die von Wildhütern gegen den Besatz eines Reviers mit Habichten vorgebracht werden. Ebenso von Forstbeamten, da alte Baumbestände nur durch Ausschlägern und über lange Zeiträume entstehen, und ökonomisch gesehen wenig rentabel sind.

Greifvogelschutz besteht im Grunde nur aus wenigen einfachen vorbeugenden und konstruktiven Schritten. Nachstellungen müssen effektvoll unterbunden werden. Des weiteren sollten Erziehungsmaßnahmen dahin zielen, Verständnis in der Bevölkerung für die Rolle der Greifvögel in der Natur zu wekken. Die ohnehin in jedem Fall unerwünschte Umweltverschmutzung muß unter Kontrolle gebracht werden und Waldgebiete sowie andere Lebensräume sollten weltweit vernünftig verwaltet werden, so daß ihre ursprünglichen Bewohner uns nicht verlorengehen. Enthusiasten können die Nistgelegenheiten vervielfachen, und sie können den Bruterfolg einiger Arten erhöhen, indem sie Jungvögel austauschen oder mit der Hand aufziehen. Einige Arten lassen sich in Gefangenschaft ziehen und können später ausgesetzt werden. Vor zehn Jahren schienen solche Dinge noch undurchführbar, heute stehen wir offensichtlich an der Schwelle zu neuen, hoffnungsvollen Entwicklungen.

Solche Vorschläge mögen manchem utopisch erscheinen, wenn wir bedenken, wie schnell die Weltbevölkerung bis zu vielleicht selbstvernichtenden Zahlen anwächst. Nehmen wir aber keine vernünftige, bewahrende Haltung in der Problematik der Bodennutzung ein, sind wir zur Katastrophe verurteilt. Die Vernichtung des letzten Greifvogelbiotops im tropischen Regenwald wird die Selbstvernichtung der Menschen nicht aufhalten. Wer das nächste Mal eine Schlagfalle oder einen anderen Anschlag auf das Leben von Greifvögeln sieht, kann mit Recht John Donne zitieren: „Und deshalb frage niemals wem die Stunde schlägt; denn sie schlägt Dir!“

Anhang

I. Die heutigen Arten der Ordnung Falconiformes

Diese Artenliste greift auf die spezielle Liste in Brown & Amadon: Eagles, Hawks and Falcons of the World zurück. Einige kleine Veränderungen schienen nach dem heutigen Wissensstand unvermeidbar. Die Liste greift jedoch in keiner Weise der Revision von Peters Checklist durch D. Amadon vor, in der einige andere Änderungen in der systematischen Reihenfolge und Nomenklatur vorgesehen sind. Die hier vorgenommenen Veränderungen sind geringfügiger Natur, die Gattungen *Aegypius, Torgos, Sarcogyps* und *Trigonoceps* habe ich unter *Aegypius* zusammengefaßt und *Lophaetus* zu *Spizaetus* gezogen. Den Augurbussard, *Buteo augur*, betrachte ich als eigene Art und trenne sie vom Schakalbussard, *Buteo rufofuscus*, wodurch ich auf ingesamt 287 Arten komme. In der überarbeiteten Liste sind mehr als 290 Arten vorgesehen, aber weniger Genera, deren Reihenfolge etwas verändert wird, ebenso ändert sich die Reihenfolge der Arten in großen Gattungen wie *Accipiter*, *Buteo*, oder *Falco*.

Aus Gründen der Platzersparnis sind hier gleichzeitig einige Angaben brutbiologischer Daten abgedruckt. Die Buchstaben hinter jedem Namen (A, B, C, D, E,) deuten an, ob eine Art genau, gut, mäßig, wenig bekannt oder unbekannt ist (siehe Kapitel Brutbiologie). Die Zahlen in eckigen Klammerngeben, sofern bekannt, die Gelegegröße an; Zahlen in runden Klammern die Druchschnittswerte der Gelegegröße, z. B. [1–3 (2)]; ein Fragezeichen nach der Zahl bedeutet, daß der genaue Wert nicht bekannt ist, aber etwa so viel betragen könnte.

ORDNUNG FALCONIFORMES (Greifvögel)

Unterordnung Cathartae (Neuweltgeier)

Überfamilie CATHARTOIDEA

Familie Cathartidae

Genus *Cathartes*		
Cathartes aura	Truthahngeier	B (2)
C. burrovianus	Kleiner Gelbkopfgeier	D (2?)
C. melambrotus	Großer Gelbkopfgeier	E
Genus *Coragyps*		
Coragyps atratus	Rabengeier	C (2)
Genus *Sarcorhamphus*		
Sarcorhamphus papa	Königsgeier	D (I)
Genus *Gymnogyps*		
Gymnogyps californianus	Kalifornischer Kondor	B (I)
Genus *Vultur*		
Vultur gryphus	Andenkondor	C (I)

Unterordnung Accipitres (Greife)

Überfamilie ACCIPITROIDEA (Eigentliche Greife)

Familie Pandionidae (Fischadler)

Genus *Pandion*		
Pandion haliaetus	Fischadler	A [2–4 (3)]

Familie Accipitridae (Habichtartige)

Unterfamilie PERNINAE

Genus *Aviceda*		
Aviceda cuculoides	Kuckucksweih	C (2–3)
A. madagascariensis	Lemurenweih	E
A. jerdoni	Hinduweih	C (2–3)
A. subcristata	Papuaweih	C (2–3 bisw. 4)
A. leuphotes	Dreifarbenweih	C (2–3)
Genus *Leptodon*		
Leptodon cayanensis	Cayenneweih	E
Cenus *Chondrohierax*		
Chondrohierax uncinatus	Langschnabelweih	D (2–3)
Genus *Henicopernis*		
Henicopernis longicauda	Langschwanzweih	E
H. infuscata	Bismarckweih	E
Genus *Pernis*		
Pernis apivorus	Wespenbussard	A [I–3 (2)]
P. celebensis	Celebes Wespenbussard	E (2?)
Genus *Elanoides*		
Elanoides forficatus	Schwalbenweih	B [2–4 (3)]

Unterfamilie MACHAERHAMPHINAE

Genus *Machaerhamphus*		
Machaerhamphus alcinus	Fledermausaar	C (I–2)

Unterfamilie ELANINAE

Genus *Gampsonyx*		
Gampsonyx swainsonii	Perlaar	D (3)
Genus *Elanus*		
Elanus leucurus	Weißschwanzaar	B (4–5)
E. caeruleus	Gleitaar	B (3–5)
E. notatus	Australischer Gleitaar	C (3–4)
E. scriptus	Schwarzachselaar	C (3–6)
Genus *Chelictinia*		
Chelictinia riocourii	(Afrikanischer) Schwalbenschwanzaar	C (4)

Unterfamilie MILVINAE

Genus *Rostrhamus*		
Rostrhamus sociabilis	Schneckenweih	C [2–4 (3)]
R. hamatus	Hakenweih	D
Genus *Harpagus*		
Harpagus bidentatus	Doppelzahnweih	D (I–2)
H. diodon	Braunschenkelweih	D (2)
Genus *Ictinia*		
Ictinia plumbea	Schwebeweih	C (I–2)
I. misisippiensis	Mississippiweih	B (I–3)
Genus *Lophoictinia*		
Lophoictinia isura	Schopfmilan	C (2)
Genus *Hamirostra*		
Hamirostra melanosternon	Bussardmilan	C (2)
Genus *Milvus*		
Milvus migrans	Schwarzer Milan	B [I–5 (2–3)]
M. milvus	Roter Milan	B [I–5 (2–3)]
Genus *Haliastur*		
Haliastur sphenurus	Keilschwanzweih	C (2–3)
I. indus	Brahminenweih	C [I–4 (2–3)]

Unterfamilie HALIAEETINAE

Genus *Haliaeetus*		
Haliaeetus leucogaster	Weißbauchseeadler	C (2–3)
H. sanfordi	Salomenseeadler	E
H. vocifer	Schreiseeadler	B[I–3 (2)]
H. vociferoides	Madagaskarseeadler	C [I–3 (2)]
H. leucoryphus	Bindenseeadler	C [I–3 (2)]
H. leucocephalus	Weißkopfseeadler	[I–3 (2)]
H. albicilla	Seeadler	B [I–3 (2)]
H. pelagicus	Riesenseeadler	C [I–3 (2)[
Genus *Ichthyophaga*		
Ichthyophaga humilis (syn. *nana*)	Braunschwanzseeadler	C [I–3 (2)]
I. ichthyaetus	Graukopfseeadler	C [2–4 (3)]
Genus *Gypohierax*		
Gypohierax angolensis	Geierseeadler, Palmgeier	C (I)

Unterfamilie AEGYPIINAE

Genus *Neophron*		
Neophron percnopterus	Schmutzgeier	B [I–3 (2)]
Genus *Gypaetus*		
Gypaetus barbatus	Bartgeier	C (I–2 bisw. 3)
Genus *Necrosyrtes*		
Necrosyrtes monachus	Kappengeier	C (I)
Genus *Gyps*		
Gyps bengalensis	Bengalengeier	C (I)
G. africanus	Weißrückengeier	B (I)
G. indicus	Dünnschnabelgeier	C (I)
G. rueppellii	Sperbergeier	B (I?2)
G. himalayensis	Himalayageier	C (I)
G. fulvus	Gänsegeier	B (I)
G. coprotheres	Kapgeier	C (I)
Genus *Aegypius*		
Aegypius tracheliotus	Ohrengeier	C (I)
A. calvus	Kahlkopfgeier	C (I)
A. monachus	Mönchsgeier	B (I)
A. occipitalis	Wollkopfgeier	C (I)

Unterfamilie CIRCAETINAE

Genus *Circaetus*		
Circaetus gallicus	Schlangenadler	A (I)
C. cinereus	Brauner Schlangenadler	B (I)
C. fasciolatus	Graubrustschlangenadler	D (I)
C. cinerascens	Bandschlangenadler	C (I)
Genus *Terathopius*		
Terathopius ecaudatus	Gaukler	B (I)
Genus *Spilornis*		
Spilornis holospilus	Philippinen Schlangenweihe	E
S. rufipectus	Celebes Schlangenweihe	E
S. cheela	Schlangenweihe	C (I)
S. klossi	Zwergschlangenweihe	E
S. elgini	Andamanen Schlangenweihe	E
Genus *Dryotriorchis*		
Dryotriorchis spectabilis	Schlangenbussard	E
Genus *Eutriorchis*		
Eutriorchis astur	Schlangenhabicht	E

Unterfamilie POLYBOROIDINAE

Genus *Polyboroides*		
Polyboroides typus	Höhlenweihe	B (I–2)
P. radiatus	Madagaskar Höhlenweihe	C (I–2)
Genus *Geranospiza*		
Geranospiza caerulescens	Sperberweihe	D (I–2?)

Unterfamilie CIRCINAE

Genus *Circus*

Circus assimilis	Fleckenweihe	C [2–4 (3)]
C. aeruginosus	Rohrweihe	B (3–8)
C. ranivorus	Froschweihe	C (3–5)
C. maurus	Mohrenweihe	D (3–5)
C. cyaneus	Kornweihe	A [3–I2 (4–6)]
C. cinereus	Grauweihe	D (3–4)
C. macrourus	Steppenweihe	B (3–6)
C. pygargus	Wiesenweihe	B [3–I0 (4–5)]
C. melanoleucus	Elsterweihe	B (4–6)
C. buffoni	Weißbrauenweihe	D (3–5?)

Unterfamilie ACCIPITRINAE

Genus *Melierax*

Melierax metabates	Kleiner Singhabicht	C (I–2)
M. canorus	Großer Singhabicht	C (I–2)
M. gabar	Gabar Habicht	C [I–3 (2–3)]

Genus *Megatriorchis*

Megatriorchis doriae	Salvadorihabicht	E

Genus *Erythrotriorchis*

Erythrotriorchis radiatus	Fuchshabicht	C [I–3 (2–3)]

Genus *Accipiter*

Accipiter gentilis	Habicht	A [I–5 (3)]
A. henstii	Madagaskarhabicht	D [2 (2–3)]
A. melanoleucus	Mohrenhabicht, Trauerhabicht	B (2–3)
A. meyerianus	Meyerhabicht	E
A. buergersi	Prachthabicht	E
A. ovampensis	Ovambosperber	C (2–3)
A. madagascariensis	Madagaskarsperber	D (3)
A. gularis	Trillersperber	C (3)
A. virgatus	Besrasperber	C [2–5 (3–4)]
A. nanus	Archboldsperber	D
A. rhodogaster	Schlegelsperber	E
A. erythrauchen	Rotnackensperber	E
A. cirrhocephalus	Sidneysperber	C (2–4)
A. brachyurus	Dreifarbensperber	E
A. nisus	Sperber	A [2–7 (5)]
A. rufiventris	Rotbauchsperber	C (2–4)
A. striatus	Eckschwanzsperber	B (4–5 +)
A. erythropus	Waldsperber	D (2)
A. minullus	Zwergsperber	B (2–3)
A. castanilius	Rotflankenabicht	E
A. tachiro	Tachirohabicht	B (2–3)
A. trivirgatus	Schopfhabicht	C (2–3)
A. griseiceps	Graukopfhabicht	D
A. trinotatus	Fleckenschwanzsperber	E
A. luteoschistaceus	Rabaulhabicht	E
A. fasciatus	Bänderhabicht	C (2–4)
A. henicogrammus	Halmahera Habicht	E
A. novaehollandiae	Neuhollandhabicht	C (2–4)
A. griseogularis	Graukehlhabicht	E
A. melanochlamys	Mantelhabicht	E
A. imitator	Trughabicht	E
A. albogularis	Elsterhabicht	E
A. haplochrous	Weißbauchhabicht	E
A. rufitorques	Fidjihabicht	D (I–3)
A. poliocephalus	Aschkopfhabicht	E
A. princeps	Prinzenhabicht	E
A. soloensis	Chinesenschikra	C [2–5 (3–4)]
A. brevipes	Kurzfanghabicht	C (3–5)
A. badius	Schikra	C [2–7 (3–5)]
A. butleri	Nikobarenschikra	D
A. francesii	Echsenhabicht	C (3–4)
A. collaris	Halsbandsperber	E
A. superciliosus	Däumlingssperber	D (3)
A. gundlachi	Gundlachsperber	E
A. cooperii	Rundschwanzsperber	A [3–6 (4–5)]
A. bicolor	Zweifarbensperber	A (4)
A. poliogaster	Graubauchhabicht	E

Genus *Urotriorchis*		
Urotriorchis macrourus	Langschwanzhabicht	E
Unterfamilie BUTEONINAE		
Genus *Butastur*		
Butastur rufipennis	Heuschreckenteesa	D [I–3 (2–3)]
B. liventer	Malaienteesa	C (2–3)
B. teesa	Weißaugenteesa	C (2–3)
B. indicus	Kieferntеesa	C (2–3)
Genus *Kaupifalco*		
Kaupifalco monogrammicus	Sperberbussard	C [I–3 (2–3)]
Genus *Leucopternis*		
Leucopternis schistacea	Schieferbussard	E
L. plumbea	Bleibussard	E
L. princeps	Prinzenbussard	E
L. melanops	Zügelbussard	E
L. kuhli	Weißbraunenbussard	E
L. lacernulata	Weißhalsbussard	E
L. semiplumbea	Möwenbussard	D
L. albicollis	Schneebussard	D (I)
L. occidentalis	Graurückenbussard	D
L. polionota	Mantelbussard	E
Genus *Buteogallus*		
Buteogallus anthracinus	Krabbenbussard	D(I–2)
B. aequinoctialis	Rotbauchbussard	D (I–2)
B. urubitinga	Urubitinga	D (I)
Genus *Harpyhaliaetus*		
Harpyhaliaetus solitarius	Einsiedleradler	D (I)
H. coronatus	Zaunadler	E
Genus *Heterospizias*		
Heterospizias meridionalis	Savannenbussard	C (I–2)
Genus *Busarellus*		
Busarellus nigricollis	Fischbussard	D
Genus *Geranoaetus*		
Geranoaetus melanoleucus	Aguja	D (I–3)
Genus *Parabuteo*		
Parabuteo unicinctus	Wüstenbussard	C (2–4)
Genus *Buteo*		
Buteo nitidus	Zweibindenbussard	C [I–3 (2)]
B. magnirostris	Wegebussard	D (I–2)
B. leucorrhous	Weißbürzelbussard	D
B. ridgwayi	Haitibussard	D (I–2)
B. lineatus	Rotschulterbussard	C [2–5 (3–4)]
B. platypterus	Breitflügelbussard	C (2–4)
B. brachyurus	Kurzschwanzbussard	B (2–4)
B. albonotatus	Mohrenbussard	C [I–3 (2)]
B. solitarius	Hawaiibussard	D
B. swainsonii	Prairiebussard	D [2–4 (3)]
B. galapagoensis	Galapagosbussard	B (I–2)
B. albicaudatus	Weißschwanzbussard	C [I–3 (2)]
B. polyosoma	Rotrückenbussard	D (I–3)
B. poecilochrous	Puma Bussard	E
B. jamaicensis	Rotschwanzbussard	B [I–4 (2–3)]
B. ventralis	Magellanbussard	D (2–3 ?)
B. buteo	Mäusebussard	A [I–5 (2–3)]
B. oreophilus	Bergbussard	C (2)
B. brachypterus	Madagaskarbussard	C (2)
B. lagopus	Rauhfußbussard	B (2–7)
B. rufinus	Adlerbussard	C [2–5 (2–3)]
B. hemilasius	Mongolenbussard	C [2–5 (2–3)]
B. regalis	Königsbussard	B (3–5)
B. auguralis	Salvadoribussard	C (2–3)
B. rufofuscus	Felsenbussard, Schakalbussard	C (I–3)
B. augur	Augurbussard	B (I–3)
Genus *Morphnus*		
Morphnus guianensis	Würgadler	E

Genus *Harpia*

Harpia harpyja	Harpyie	C (2)

Genus *Harpyopsis*

Harpyopsis novaeguineae	Papua Adler	E

Genus *Pithecophaga*

Pithecophaga jefferyi	Affenadler	B (I)

Unterfamilie AQUILINAE

Genus *Ictinaetus*

Ictinaetus malayensis	Malayenadler	C (I–2)

Genus *Aquila*

Aquila pomarina	Schreiadler	A [I–3 (2)]
A. clanga	Schelladler	B [I–3 (2)]
A. rapax	Raubadler/Steppenadler	B [I–3 (2)]
A. heliaca	Kaiseradler	B [I–4 (2)]
A. wahlbergi	Wahlbergadler	A (I)
A. gurneyi	Molukkenadler	E
A. chrysaetos	Steinadler	A [I–3 (2)]
A. audax	Keilschwanzadler	B [I–3 (2)]
A. verreauxi	Kaffernadler, Verreaux-Adler	A [I–3 (2)]

Genus *Hieraaetus*

Hieraaetus fasciatus	Habichtadler	A [I–3 (2)]
H. pennatus	Zwergadler	B [I–2 (2)]
H. morphnoides	Kaninchenadler	C [I–2 (2)]
H. dubius	Fleckenadler	A [i (2 ?)]
H. kienerii	Rotbauchadler	D (I)

Genus *Spizastur*

Spizastur melanoleucus	Elsteradler	D (I)

Genus *Spizaetus*

Spizaetus occipitalis	Schopfadler	B (1–2)
S. africanus	Schwarzachseladler	D
S. cirrhatus	Haubenadler	C (I)
S. nipalensis	Bergadler	C (I)
S. bartelsi	Bartelsadler	E
S. lanceolatus	Celebesadler	D
S. philippensis	Philippienenadler	E
S. alboniger	Traueradler	E
S. nanus	Dschungeladler	E
S. tyrannus	Tyrannenadler	D
S. ornatus	Prachtadler	D

Genus *Stephanoaetus*

Stephanoaetus coronatus	Kronenadler	A (I–2)

Genus *Oroaetus*

Oroaetus isidori	Isidoradler	C [I (2 ?)]

Genus *Polemaetus*

Polemaetus bellicosus	Kampfadler	B (I)

Überfamilie SAGITTAROIDEA
Familie Sagittariidae (Sekretäre)

Genus *Sagittarius*

Sagittarius serpentarius	Sekretär	B (I–3)

Unterordnung Falcones (Falken)
Familie Falconidae
(Unterfamilie POLYBORINAE)

Genus *Daptrius*

Daptrius ater	Gelbkehl-Wespenfalke	E
D. americanus	Rotkehl-Wespenfalke	D

Genus *Phalcoboenus*

Phalcoboenus carunculatus	Streifenkarakara	E
P. megalopterus	Bargkarakara	C (2–3)
P. albogularis	Weißkehl-Karakara	D
P. australis	Falkland-Karakara	C (2–3)

Genus *Polyborus*

Polyborus plancus	Karakara	C [2–4 (2–3)]

Genus *Milvago*

Milvago chimango	Chimango	C (2–3)
M. chimachima	Chimachima	D (2)

Unterfamilie HERPETOTHERINAE

Genus *Herpetotheres*

Herpetotheres cachinnans	Lachfalke	D (I)

Genus *Micrastur*

Micrastur ruficollis	Sperberwaldfalke	E
M. plumbeus	Einbindenwaldfalke	E
M. mirandollei	Graurückenwaldfalke	E
M. semitorquatus	Kappenwaldfalke	E
M. buckleyi	Traylorwaldfalke	E

Unterfamilie FALCONINAE

Genus *Spiziapteryx*

Spiziapteryx circumcinctus	Tropfenfalke	E

Genus *Poliohierax*

Poliohierax semitorquatus	Halsband-Zwergfalke	A (2–3)
P. insignis	Langschwanz-Zwergfalke	E

Genus *Microhierax*

Microhierax caerulescens	Rotkehlfälkchen	C [4–5 (3–4)]
M. fringillarius	Finkenfälkchen	C [2–5 (3–4)]
M. latifrons	Weißscheitelfälcken	E
M. erythrogonys	Zweifarbenfälkchen	D
M. melanoleucus	Elsterfälkchen	D (3–4)

Genus *Falco*

Falco naumanni	Rötelfalke	B [3–6 (4–5)]
F. rupicoloides	Steppenfalke	C [2–6 (3–4)]
F. alopex	Fuchsfalke	D
F. sparverius	Buntfalke	B [3–7 (4–5)]
F. tinnunculus	Turmfalke	A [2–9 (4–6)]
F. newtoni	Malegassen Turmfalke	D
F. punctatus	Mauritius Turmfalke	C (2–3)
F. araea	Seychellen Turmfalke	C (I–2)
F. moluccensis	Molukkenfalke	D [4 (3–5 ?)]
F. cenchroides	Graubartfalke	C (4–6)
F. ardosiaceus	Graufalke	C (3–5)
F. dickinsoni	Schwarzrückenfalke	C (2–3)
F. zoniventris	Bindenfalke	D
F. vespertinus	Rotfußfalke	A [2–5 (3–4)]
F. chicquera	Rothalsfalke	C (3–5)
F. columbarius	Merlin	A [2–7 (5–6)]
F. berigora	Habichtfalke	C (2–4)
F. novaezeelandiae	Maorifalke	C (2–3)
F. subbuteo	Baumfalke	B (2–3)
F. cuvieri	Afrikanischer Baumfalke	C (2–3)
F. severus	Malaienbaumfalke	C (3–4)
F. longipennis	Australischer Baumfalke	C (2–3)
F. eleonarae	Eleonorenfalke	A [I–4 (2–3)]
F. concolor	Schieferfalke	C [I–4 (2–3)]
F. rufigularis	Fledermausfalke	D (2–3)
F. femoralis	Aplomado-Falke	C (2–4)
F. hypoleucos	Silberfalke	C (2–4)
F. subniger	Rußfalke	C (3–4)
F. biarmicus	Lanner	B (3–4)
F. mexicanus	Präriefalke	B[3–6 (4–5)]
F. jugger	Laggarfalke	C [2–5 (3–4)]
F. kreyenborgi	Kreyenborg-Falke	E
F. cherrug	Sakerfalke	B [3–5 (4)]
F. rusticolus	Gerfalke	B [2–7 (4)]
F. deiroleucos	Rotbrustfalke	D (3 ?)
F. fasciinucha	Teitafalke	C (3)
F. peregrinus	Wanderfalke	A [2–5 (3–4)]

II. Greifvogelarten, die weniger günstige Lebensräume bewohnen

Alle Arten brüten regelmäßig in dem Lebensraum, in dem sie erwähnt sind. Ihr Status ist mit folgenden Buchstaben symbolisiert (gilt auch für Anhang III). S: sämtliche Populationen der Art bestehen völlig oder überwiegend aus Standvögeln. T: Tielzieher, manche Populationen ziehen, andere sind Standvögel. Z: Zugvögel, alle Populationen, zumindest der größte Teil ziehen. N: Nomaden. Z/N: Zugvögel und Nomaden.

Art	Status	Verbreitung
TUNDRA		
1 Rauhfußbussard *Buteo lagopus*	Z	Holarktisch
2 Steinadler *Aquila chrysaetos*	Z	Holarktisch
3 Gerfalke *Falco rusticolus*	S,T	Holarktisch
4 Wanderfalke *Falco peregrinus*	Z	Kosmopolit

Der Präriebussard, *Buteo swaisonii*, geht bis nach Alaska; auch der Europäische Seeadler, *Haliaeetus albicilla*, der Weißkopfseeadler, *H. leucocephalus* und der Riesenseeadler, *H. pelagicus* erscheinen manchmal in arktischen Gewässern; sie sind jedoch keine typischen Tundrabewohner.

Art	Status	Verbreitung
TAIGA (Boreale und kaltgemäßigte Nadelwälder)		
1 Kornweihe *Circus cyaneus* nur am Südrand	Z	Holarktisch
2 Elsterweihe *C. melanoleucus* der Taiga	Z	Palearktisch
3 Habicht *Accipiter gentilis*	S,T	Holarktisch
4 Sperber *A. nisus*	Z,T	Palearktisch
5 Eckschwanzsperber *A. striatus*	Z	Nearktisch
6 Mäusebussard *Buteo buteo* (*vulpinus* und *japonicus*)	Z	Palearktisch
7 Rotschwanzbussard *B. jamaicensis*	Z	Nearktisch
8 Rauhfußbussard *B. lagopus*	Z	Holarktisch
9 Steinadler *Aquila chrysaetos*	S,T	Holarktisch
10 Merlin *Falco columbarius*	Z	Holarktisch
11 Gerfalke *F. rusticolus*	S	Holarktisch
12 Wanderfalke *F. peregrinus*	Z	Kosmopolit

Die Arten 1, 2, 4, 5 und 7 brüten häuptsächlich im südlichen Teil der Taiga.

Art	Status	Verbreitung
LAUBWÄLDER DER GEMÄSSIGTEN BREITEN		
1 Truthahngeier *Cathartes aura*	Z	Nearktisch
2 Wespenbussard *Pernis apivorus*	Z	Palearktisch
3 Schwarzer Milan *Milvus migrans*	Z	Palearktisch und Australien
4 Roter Milan *M. milvus*	Z	Palearktisch
5 Habicht *Accipiter gentilis*	S	Holarktisch
6 Trillersperber *A. gularis*	Z	Palearktisch (O)
*7 Sidneysperber *A. cirrhocephalus*	S	Australien
8 Sperber *A. nisus*	S,T	Palearktisch
9 Eckschwanzsperber *A. striatus*	S,T	Nearktisch
*10 Bänderhabicht *A. fasciatus*	S	Australien
11 Neuhollandhabicht *A. novaehollandiae*	S	Australien
12 Rundschwanzsperber *A. cooperi*	T	Nearktisch
13 Kiefernteesa *Butastur indicus*	Z	Palearktisch (O)
14 Breitflügelbussard *Buteo platypterus*	Z	Nearktisch
15 Rotschulterbussard *B. lineatus*	T	Nearktisch
16 Magellanbussard *B. ventralis*	S	Südamerika
17 Rotschwanzbussard *B. jamaicensis*	S	Nearktisch
18 Mäusebussard *B. buteo*	S	Palearktisch
19 Schreiadler *Aquila pomarina*	Z	Palearktisch
20 Schelladler *a. clanga*	Z	Palearktisch
*21 Bergadler *Spizaetus nipalensis*	S	Palearktisch (Japan)
22 Weißkehlkarakara *Phalcoboenus albogularis*	S	Südamerika
23 Baumfalke *Falco subbuteo*	Z	Palearktisch

* in dieser Zone nicht am besten vertreten

HEIDE, BERGLAND UND SUMPFLANDSCHAFTEN DER GEMÄSSIGTEN BREITEN

1 Andenkondor *Vultur gryphus*	S	Südamerika
2 Rohrweihe *Circus aeruginosus*	Z	Palearktisch
3 Kornweihe *C. cyaneus*	T	Holarktisch
4 Grauweihe *C. cinereus*	S	Südamerika
5 Wiesenweihe *C. pygargus*	Z	Paleraktisch (W)
6 Elsterweihe *C. melanoleucus*	Z	Palearktisch (O)
7 Rotrückenbussard *Buteo polyosoma*	S	Südamerika
8 Mäusebussard *B. buteo*	S	Palearktisch
9 Steinadler *Aquila chrysaetos*	S	Holarktisch
10 Keilschwanzadler *A. audax*	S	Australien
11 Weißkehlkarakara *Phalcoboenus albogularis*	S	Südamerika
12 Falklandkarakara *Ph. australis*	S	Südamerika
13 Karakara *Polyborus plancus*	S	Südamerika
14 Chimango *Milvago chimango*	S	Südamerika
15 Buntfalke *Falco sparverius*	S,T	Nearktisch
16 Turmfalke *F. tinnunculus*	S,T	Palearktis
17 Graubartfalke *F. cenchroides*	S	Australien
18 Merlin *F. columbarius*	Z	Holarktis
19 Kreyenborgfalke *F. kreyenborgi*	S?	Südamerika
20 Wanderfalke *F. peregrinus*	S	Kosmopolit

MONTANES GRASLAND UND HOCHLAND DER TROPEN

1 Andenkondor *Vultur gryphus*	S	Südamerika
2 Punabussard *Buteo poecilochrous*	S	Südamerika
3 Streifenkarakara *Phalcoboenus carunculatus*	S	Südamerika
4 Bergkarakara *Ph. megalopterus*	S?	Südamerika

Andere Arten, die regelmäßig in dieser Zone aufscheinen:

1 Rotrückenbussard *Buteo polyosoma*	S	Südamerika
2 Augurbussard *B. augur*	S	Afrika
3 Aguja *Geranoaetus melanoleucus*	S	Südamerika
4 Bartgeier *Gypaetus barbatus*	S	Afrika
5 Kaffernadler *Aquila verreauxi*	S	Afrika
6 Karakara *Polyborus plancus*	S	Südamerika
7 Lannerfalke *Falco biarmicus*	S	Afrika
8 Wanderfalke *F. peregrinus*	S	Afrika und anderswo

sowie möglicherweise auch andere Arten.

Art	Status	Lebensraum	Verbreitung
WÜSTEN			
1 Schwarzachselaar *Elanus scriptus*	S,N	Subtr./Tropische Savannen	Australien
2 Schmutzgeier *Neophron percnopterus*	S	Subtr./Tropische Savannen	Eurasien/Afrika
3 Gänsegeier *Gyps fulvus*	S	Subtropisches Bergland	Europa
4 Sperbergeier *G. rueppellii*	S	Tropische Savannen	Afrika
5 Kapgeier *G. coprotheres*	S	Subtropisches Bergland	Afrika
6 Mönchsgeier *Aegypius monachus*	S	Subtropisches Waldland	Eurasien
7 Ohrengeier *A. tracheliotus*	S	Tropische Savannen	Afrika
8 Wollkopfgeier *A. occipitalis*	S	Tropische Savannen	Afrika
9 Schlangenadler *Circaetus gallicus* (subssp)	T	Subtropisches Waldland	Eurasien
10 Kleiner Singhabicht *Melierax metabates*	S	Tropische Savannen	Afrika/Arabien
11 Großer Singhabicht *M. canorus*	S	Tropische Savannen	Afrika
12 Adlerbussard *Buteo rufinus*	S/N	Subtropische Steppen	Eurasien
13 Mongolenbussard *B. hemilasus*	S/N	Subtropische Steppen	Asien
14 Königsbussard *B. regalis*	S/N	Subtropische Steppen	Nordamerika
15 Rotschwanzbussard *B. jamaicensis*	S	Gemäßigte Laubwälder	Nordamerika
16 Steppen/Raubadler *Aquila rapax* (subssp)	T	Subtropische Steppen/ Tropische Savannen	Eurasien/Afrika
17 Steinadler *A. chrysaetos*	S	Gebirge der gemäßigten Breiten	Eurasien/Afrika
18 Keilschwanzadler *A. audax*	S/N	Subtropische Steppen/ Tropische Savannen	Australien
19 Kaffernadler *A. verreauxi*	S	Tropische Savannen	Afrika
20 Habichtadler *Hieraaetus fasciatus*	S	Subtropisches Bergland	Eurasien
21 Kampfadler *Polemaetus bellicosus*	S	Tropische Savannen	Afrika
22 Karakara *Polyborus plancus*	S/N	Steppe/Tropische Savannen	Süd- und Mittelamerika
23 Halsband-Zwergfalke *Poliohierax semitorquatus*	S	Tropische Savannen	Afrika

24 Turmfalke *Falco tinnunculus*	S/N	Steppen der gemäßigten Breiten und anderswo	Eurasien
25 Buntfalke *F. sparverius*	S/N	Steppen der gemäßigten Breiten und anderswo	Amerika
26 Graubartfalke *F. cenchroides*	S/N	Subtropische Steppen und anderswo	Australien
27 Habichtfalke *F. berigora*	S/N	Subtropisches Waldland und anderswo	Australien
28 Rothalsfalke *F. chicquera*	S	Tropische Savannen	Afrika
29 Schieferfalke *F. concolor*	Z	Inseln des Roten Meeres	Afrika
30 Lannerfalke *F. biarmicus*	S	Tropische Savannen	Afrika
31 Präriefalke *F. mexicanus*	S	Subtropische Steppen	Nordamerika
32 Sakerfalke *F. cherrug*	T	Subtropische Steppen	Asien
33 Wanderfalke *F. peregrinus*	T	Subtropische Steppen/ Tropische Savannen	Kosmopolit

Artensumme	Vorzugslebensraum		Verbreitung	
Einige Populationen, wie beim Europäischen Schlangenadler, ziehen andere nicht. Einige Arten, z. B. Wespenbussard, Rotfußfalke und Rötelfalke ziehen durch Wüsten, brüten aber nicht darin.	Subtropische Steppen	10	Kosmopolit	1
	Subtropisches Waldland und Berland	8	Eurasien	10
	Tropische Savannen	16	Afrika	12
	Gemäßigte Breiten	4	Amerika	5
	An Gewässern lebend	1	Australien	4
	(manche Arten sind in mehreren Lebensräumen häufig)		(manche Arten sind über mehrere Kontinente verbreitet).	

Art	Verbreitung

BESONDERE LEBENSRÄUME

Feuchtgebiete

1 Fischadler *Pandion haliaetus*	Kosmopolit
2 Schneckenweih *Rostrhamus sociabilis*	Nord- und Südamerika
3 Hakenweih *R. hamatus*	Südamerika
* 4 Brahminenweih *Haliastur indus*	Orientalis/Australien
5 Weißbauchseeadler *Haliaeetus leucogaster*	Orientalis/Australien
* 6 Salomonenseeadler *H. sanfordi*	Salomonen
7 Schreiseeadler *H. vocifer*	Afrika
8 Madagaskar-Seeadler *H. vociferoides*	Madagaskar
* 9 Bindenseeadler *H. leucoryphus*	Eurasien
10 Weißkopfseeadler *H. leucocephalus*	Nordamerika
11 Seeadler *H. albicilla*	Eurasien
12 Riesenseeadler *H. pelagicus*	Nordost-Asien
13 Braunschwanzseeadler *Ichthyophaga nana*	Orientalis
14 Graukopfseeadler *I. ichthyaetus*	Orientalis
*15 Palmgeier (Geierseeadler) *Gypohierax angolensis*	Afrika
*16 Rohrweihe *Circus aeruginosus*	Alte Welt
*17 Froschweihe *C. ranivorus*	Afrika
*18 Weißbrauenweihe *C. buffoni*	Südamerika
*19 Krabbenbussard *Buteogallus anthracinus*	Nord- und Südamerika
20 Rotbauchbussard *B. aequinoctialis*	Südamerika
21 Urubitinga *B. urubitinga*	Südamerika
*22 Savannenbussard *Heterospizias meridionalis*	Südamerika
23 Fischbussard *Busarellus nigricollis*	Südamerika
24 Eleonorenfalke *Falco eleonorae*	Mittelmeerraum
*25 Schieferfalke *F. concolor*	Rotes Meer

* nicht nur in diesem Lebensraum

Außerdem erbeuten noch folgende Arten einen Großteil ihrer Beute in Feuchtgebieten: Chinesenschikra *Accipiter soloensis*, Rotschulterbussard *Buteo lineatus* und Keilschwanzweih *Haliastur sphenurus*; Schwarzmilane *Milvus migrans* frequentierten häufig Hafenanlagen und der Rotmilan *M. milvus* Häfen auf den Cap Verde Inseln

Stadtgebiete (Häufige, regelmäßig in Städten brütende Abräumer)

1 Rabengeier *Coragyps atratus*	Mittel- und Südamerika
2 Schwarzer Milan *Milvus migrans*	Alte Welt
3 Schmutzgeier *Neophron percnopterus*	Asien, Afrika
4 Kappengeier *Necrosyrtes monachus*	Afrika
5 Bengalengeier *Gyps bengalensis*	Asien
6 Weißrückengeier *G. africanus*	Afrika

Art	Verbreitung
7 Dünnschnabelgeier *G. indicus*	Asien
8 Raubadler *Aquila rapax*	Asien, Afrika
9 Karakara *Polyborus plancus*	Südamerika
10 Chimango *Milvago chimango*	Südamerika
Stadtgebiete (Arten, die Städte wegen eines besonderen Nahrungsangebotes oder Nistgelegenheiten aufsuchen)	
1 Fledermausaar *Machaerhamphus alcinus* (Fledermäuse)	Asien, Afrika
2 Chimachima *Milvago chimachima* (Abräumer)	Südamerika
3 Rötelfalke *Falco naumanni* (nistet an Gebäuden)	Europa, Nordafrika
4 Buntfalke *F. sparverius* (Gebäude)	Nord- und Südamerika
5 Turmfalke *F. tinnunculus* (Gebäude)	Eurasien, Afrika
6 Madagaskar-Turmfalke *F. newtoni* (Gebäude)	Madagaskar
7 Seychellen-Turmfale *F. araea* (Gebäude)	Seychellen
8 Molukkenfalke *F. moluccensis* (Gebäude)	Molukken
9 Fledermausfalke *F. rufigularis* (Gebäude)	Südamerika
10 Lannerfalke *F. biarmicus* (Gebäude)	Afrika
11 Laggar-Falke *F. jugger* (Gebäude)	Asien, Indien
12 Rotbrustfalke *F. deiroleucos* (Gebäude)	Süd- und Mittelamerika
13 Wanderfalke *F. peregrinus* (Gebäude)	Kosmopolit

Anmerkung zum ersten Absatz: von den zehn regelmäßig in Städten brütenden Arten geht der Raubadler nur in Nordafrika und Asien in Stadtgebiete, jedoch nicht in Südafrika oder Europa. Anmerkung zu Absatz zwei: Von den dreizehn Stadtbewohnern werden elf durch die günstigen Nistmöglichkeiten an Gebäuden angelockt, alle Falken suchen die Kunstfelsen auf. Unter ihnen ist der Rötelfalke diejenige Art, die von Gebäuden am meisten angezogen wird, sie brütet in Spanien und anderen Gebieten häufig in Kirchtürmen.

III. Arten der vier reichhaltigsten Lebensräume

Anmerkung: 1 subtropisches Wald- und Bergland; 2 warmgemäßigte offene Steppen und Grasgebiete; 3 tropische Savannen; 4 tropischer Regenwald.

* endemische Gattung des tropischen Regenwalds + Vorzugsbiotop
o Art kommt vor, hat ihren Verbreitungsschwerpunkt aber anderswo
S Standvogel; T Teilzieher; Z Zugvogel; N Nomade

Art	1	2	3	4	Verbreitungsschwerpunkt
Truthahngeier *Cathartes aura*	+T	+T	+S		Nord- bis Südamerika
Kleiner Gelbkopfgeier *C. burrovianus*			+S		Südamerika
Großer Gelbkopfgeier *C. melambrotus*			+S	oS	Südamerika
Rabengeier *Coragyps atratus*	oS	oS	+S		Nord- bis Südamerika
* Königsgeier *Sarcorhamphus papa*				+S	Mittel- und Südamerika
Kalifornischer Kondor *Gymnogyps californianus*	+S				Westl. Nordamerika
Andenkondor *Vultur gryphus*	+S				Südamerika
Kuckucksweih *Aviceda cuculoides*			oS	+S	Afrika
Lemurenweih *A. madagascariensis*			oS	+S	Madagaskar
Hinduweih *A. jerdoni*				+S	Orientalis
Papuaweih *A. subcristata*			oS	+S	Australasien
Dreifarbenweih *A. leuphotes*			+Z	oZ/N	Orientalis
* Cayenneweih *Leptodon cayanensis*				+S	Südamerika
* Langschnabelweih *Chondrohierax uncinatus*				+S	Mittel- und Südamerika
* Langschwanzweih *Henicopernis longicauda*				+S	Neuguinea und benachbarte Inseln
Bismarckweih *H. infuscata*				+S	Neubritannien (Bismarck-Archipel)
Wespenbussard *Pernis apivorus*	oZ			+S	Europa, Asien
Celebes-Wespenbussard *P. celebensis*				+S	Celebes
Schwalbenweih *Elanoides forficatus*	+Z		+oZ	+S	Nord- bis Südamerika
Fledermausaar *Machaerhamphus alcinus*			S	+S	Asien, Afrika
Paerlaar *Gampsonyx swainsonii*			+S		Mittel- und Südamerika
Weißschwanzaar *Elanus leucurus*		+N	+N		Nord- und Südamerika
Gleitaar *E. caeruleus*		+N	+N		Europa, Asien, Afrika
Australischer Gleitaar *E. notatus*		+N	+N		Australien
Schwarzachselaar *E. scriptus*		+N	+N		Australien
Afrikanischer Schwalbenschwanzaar *Chelictinia riocourii*			+Z		Afrika
* Doppelzahnweih *Harpagus bidentatus*				+S	Südamerika

Art	1	2	3	4	Verbreitungsschwerpunkt
Braunschenkelweih *H. diodon*				+S	Südamerika
Schwebeweih *Ictinia plumbea*			+T	+T	Südamerika
Mississippiweih *I. misisippiensis*		+Z			Nordamerika
Schopfmilan *Lophoictinia isura*		+S	+S		Australien
Bussardmilan *Hamirostra melanosternon*		+S	+S		Australien
Schwarzmilan *Milvus migrans*	+Z	oZ	+Z	oZ	gesamte Alte Welt
Rotmilan *M. milvus*	+T				Eurasien, Afrika
Keilschwanzweih *Haliastur sphenurus*	oS	oS	+S		Australien
Brahminenweih *H. indus*	oS		+S	oS	Orientalis/Australasien
Geierseeadler (Palmgeier) *Gypohierax angolensis*			+S	+S	Afrika
Schmutzgeier *Neophron percnopterus*	+Z	+Z	+S		Eurasien, Afrika
Bartgeier *Gypaetus barbatus*	+S				Eurasien, Afrika
Kappengeier *Necrosyrtes monachus*			+S	oS	Afrika
Bengalengeier *Gyps bengalensis*			+S		Orientalis
Weißrückengeier *G. africanus*			+S		Afrika
Dünnschnabelgeier *G. indicus*	+S	+S	+S		Orientalis
Sperbergeier *G. rueppellii*			+S		Afrika
Himalayageier *G. himalayensis*	+S				Orientalis
Gänsegeier *G. fulvus*	+T				Europa
Kapgeier *G. coprotheres*	+S		oS		Afrika
Ohrengeier *Aegypius tracheliotus*		+S	+S		Afrika
Kahlkopfgeier *A. calvus*			+S	oS	Orientalis
Mönchsgeier *A. monachus*	+T				Eurasien
Wollkopfgeier *A. occipitalis*			+S		Afrika
Schlangenadler *Circaetus gallicus* (incl subspp)	+Z	oZ	+S		Eurasien, Afrika
Brauner Schlangenadler *C. cinereus*			+S		Afrika
Graubrustschlangenadler *C. fasciolatus*			+S	+S	Afrika
Bandschlangenadler *C. cinerascens*			+S		Afrika
Gaukler *Terathopius ecaudatus*			+S/N		Afrika
Philippinen-Schlangenweihe *Spilornis holospilus*			+S	+S	Philippinen
Celebes Schlangenweihe *S. rufipectus*			+S		Celebes
Schlangenweihe *S. cheela*			oS	+S	Orientalis
Zwergschlangenweihe *S. klossi*				+S	Nikobaren
Andamanen-Schlangenweihe *S. elgini*				+S	Andamanen
* Schlangenbussard *Dryotriorchis spectabilis*				+S	Afrika
* Schlangenhabicht *Eutriorchis astur*				+S	Madagaskar
Höhlenweihe *Polyboroides typus*			oS	+S	Afrika
Madagaskar-Höhlenweihe *P. radiatus*			+S	oS	Madagaskar
Sperberweihe *Geranospiza caerulescens*			+S	oS	Südamerika
Fleckenweihe *Circus assimilis*		+T	+S		Australien
Rohrweihe *C. aeruginosus*		+T	+S		Kosmopolit mit Ausnahme von Amerika
Froschweihe *C. ranivorus*		+S	+S		Afrika
Mohrenweihe *C. maurus*		+S			Südafrika
Grauweihe *C. cinereus*		+T	+S		Südamerika
Steppenweihe *C. macrourus*		+Z			Eurasien
Wiesenweihe *C. pygargus*		+Z			Europa
Weißbrauenweihe *C. buffoni*		+S	+S		Südamerika
Kleiner Singhabicht *Melierax metabates*		oS	+S		Afrika, Arabien
Großer Singhabicht *M. canorus*		+S	+S		Afrika
Gabarhabicht *M. gabar*			+S		Afrika
* Salvadorihabicht *Megatriorchis doriae*				+S	Australis
Fuchshabicht *Erythrotriorchis radiatus*	oS		+S		Australis
Habicht *Accipiter gentilis*	+S				Eurasien, Nordamerika
Madagaskarhabicht *A. henstii*			oS	+S	Madagaskar
Trauerhabicht *A. melanoleucus*			oS	+S	Afrika
Meyerhabicht *A. meyeri*				+S	Orientalis, Australasien
Prachthabicht *A. buergersi*				+S	Neuguinea
Owambosperber *A. ovampensis*			+T		Afrika
Madagaskarsperber *A. madagascariensis*			+S		Madagaskar
Trillersperber *A. gularis*	+Z				Ostasien
Besrasperber *A. virgatus*			oS	+S	Orientalis
Archboldsperber *A. nanus*				+S	Celebes
Schlegelsperber *A. rhodogaster*				+S	Celebes
Rotnackensperber *A. erythrauchen*				+S	Molukken
Sidneysperber *A. cirrhocephalus*	+S		+S		Australien
Dreifarbensperber *A. brachyurus*				+S	Neubritannien
Sperber *A. nisus*	+S				Eurasien

Art	1	2	3	4	Verbreitungsschwerpunkt
Rotbauchsperber *A. rufiventris*	+S			+S	Afrika
Eckschwanzsperber *A. striatus*	+S				Nord- und Südamerika
Waldsperber *A. erythropus*				+S	Afrika
Zwergsperber *A. minullus*			+S	+S	Afrika
Rotflankenhabicht *A. castanilius*				+S	Afrika
Tachirohabicht *A. tachiro*			oS	+S	Afrika
Schopfhabicht *A. trivirgatus*				+S	Orientalis
Graukopfhabicht *A. griseiceps*				+S	Celebes
Fleckschwanzsperber *A. trinotatus*				+S	Celebes
Rabaulhabicht *A. luteoschistaceus*				+S	Neubritannien
Bänderhabicht *A. fasciatus*	+S		+S		Australien
Halmaherahabicht *A. henicogrammus*			+S		Molukken
Neuhollandhabicht *A. novaehollandiae*	+S		+S	+S	Australis
Graukehlhabicht *A. griseogularis*				+S	Molukken
Mantelhabicht *A. melanochlamys*				+S	Neuguinea
Trughabicht *A. imitator*				+S	Salomonen-Inseln
Elsterhabicht *A. albogularis*				+S	Salomonen-Inseln
Weißbauchhabicht *A. haplochrous*				+S	Neukaledonien
Fidjihabicht *A. rufitorques*			oS	+S	Fidji-Inseln
Aschkopfhabicht *A. poliocephalus*				+S	Neuguinea
Prinzenhabicht *A. princeps*				+S	Neubritannien
Chinesenschikra *A. soloensis*	+Z				Ostasien
Kurzfanghabicht *A. brevipes*	+Z				Eurasien
Schikra *A. badius*			+T		Indien, Afrika
Nikobarenschikra *A. butleri*				+S	Nikobaren
Echsenhabicht *A. francesii*			+S		Madagaskar, Komoren
Halsbandsperber *A. collaris*	+S		+S		Nord-undSüdamerika
Däumlingssperber *A. superciliosus*				+S	Südamerika
Gundlachsperber *A. gundlachi*				+S	Kuba
Rundschwanzsperber *A. cooperi*	+T				Nordamerika
Zweifarbensperber *A. bicolor*				+S	Südamerika
Graubauchhabicht *A. poliogaster*				+S	Südamerika
* Langschwanzhabicht *Urotriorchis macrourus*				+S	Afrika
Heuschreckenteesa *Butastur rufipennis*			+Z		Afrika
Malaienteesa *B. liventer*			+S		Orientalis
Weißaugenteesa *B. teesa*			+S		Indien
Kiefernteesa *B. indicus*	+Z				Ostasien
Sperberbussard *Kaupifalco monogrammicus*			+S		Afrika
Schieferbussard *Leucopternis schistacea*				+S	Südamerika
Bleibussard *L. plumbea*				+S	Südamerika
Prinzenbussard *L. princeps*				+S	Südamerika
Zügelbussard *L. melanops*				+S	Südamerika
Weißbrauenbussard *L. kuhli*				+S	Südamerika
Weißhalsbussard *L. lacernulata*				+S	Südamerika
Möwenbussard *L. semiplumbea*				+S	Südamerika
Schneebussard *L. albicollis*			oS	+S	Mittel- und Südamerika
Graurückenbussard *L. occidentalis*				+S	Nord- und Südamerika
Mantelbussard *L. polionota*				+S	Südamerika
Einsiedleradler *Harpyhaliaetus solitarius*				+S	Südamerika
Zaunadler *H. coronatus*			+S		Südamerika
Savannenbussard *Heterospizias meridionalis*		+S	+S		Südamerika
Aguja *Geranoaetus melanoleucus*		+S			Südamerika
Wüstenbussard *Parabuteo unicinctus*	+S	oS	+S		Mittel- und Südamerika
Zweibindenbussard *Buteo nitidus*	+S		+S		Mittel- und Südamerika
Wegebussard *B. magnirostris*	+S		+S		Mittel- und Südamerika
Weißbürzelbussard *B. leucorrhous*			+S		Südamerika
Haitibussard *B. ridgwayi*			+S		Südamerika
Breitflügelbussard *B. platypterus*				oS	Mittelamerika und Antillen
Kurzschwanzbussard *B. brachyurus*	+S		+S	+S	Mittel- und Südamerika
Rotschulterbussard *B. lineatus*	+S				Mittelamerika
Mohrenbussard *B. albonotatus*	+S		+S		Mittel- und Südamerika
Hawaiibussard *B. solitarius*	+S				Hawaii
Prairiebussard *B. swaisonii*		+Z			Nordamerika
Galapagosbussard *B. galapagoensis*			+S		Galapagos-Inseln
Weißschwanzbussard *B. albicaudatus*	+S	oS	+S		Mittel- und Südamerika
Rotrückenbussard *B. polyosoma*		+S			Südamerika
Rotschwanzbussard *B. jamaicensis*	+S	oS			Nordamerika
Mäusebussard *B. buteo*	+S				Eurasien

Art	1	2	3	4	Verbreitungsschwerpunkt
Bergbussard *B. oreophilus*	+S			+S	Afrika
Madagaskarbussard *B. brachypterus*			+S		Madagaskar
Adlerbussard *B. rufinus*	+S	+S			Eurasien, Afrika
Mongolenbussard *B. hemilasius*		+S			Asien
Königsbussard *B. regalis*		+S			Nordamerika
Salvadoribussard *B. auguralis*			+Z		Afrika
Schakalbussard *B. rufofuscus*	+S	+S			Südafrika
Augurbussard *B. augur*			+S		Afrika
* Würgadler *Morphnus guianensis*				+S	Südamerika
* Hayrpyie *Harpia harpyja*				+S	Südamerika
* Papua-Adler *Harpyopsis novaeguineae*			+S		Neuguinea
* Affenadler *Pithecophaga jefferyi*				+S	Philippinen
* Malayenadler *Ictinaetus malayensis*				+S	Orientalis
Raub/Steppenadler *Aquila rapax*		+Z	+S		Asien, Afrika
Kaiseradler *A. heliaca*	+S	oS			Europa
Wahlbergadler *A. wahlbergi*			+Z		Afrika
Molukkenadler *A. gurneyi*				+S	Neuguinea
Steinadler *A. chrysaetos*	+S				Europa, Amerika
Keilschwanzadler *A. audax*	+S	+S/N	+S/N		Australien
Kaffernadler *A. verreauxi*	+S		+S		Afrika
Habichtadler *Hieraaetus fasciatus*	+S		+S		Europa, Afrika
Zwergadler *H. pennatus*	+Z				Europa, Afrika
Kaninchenadler *H. morphnoides*	+S		+S	oS	Australien
Fleckenadler *H. dubius*			oS	+S	Afrika
Rotbauchadler *H. kienerii*				+S	Orientalis
* Elsteradler *Spizastur melanoleucus*				+S	Mittel- und Südamerika
Schopfadler *Spizaetus occipitalis*			+S	oS	Afrika
Schwarzachseladler *S. africanus*				+S	Afrika
Haubenadler *S. cirrhatus*			+S	+S	Orientalis
Bergadler *S. nipalensis*	+S			+S	Orientalis
Bartelsadler *S. bartelsi*				+S	Java
Celebes-Adler *S. lanceolatus*				+S	Celebes
Philippinen-Adler *S. philippensis*				+S	Philippinen
Traueradler *S. alboniger*				+S	Orientalis
Dschungeladler *S. nanus*				+S	Orientalis
Tyrannenadler *S. tyrannus*			+S	oS	Mittel- und Südamerika
Prachtadler *S. ornatus*				+S	Mittel- und Südamerika
Kronenadler *Stephanoetus coronatus*			oS	+S	Afrika
* Isidoradler *Oroaetus isidori*				+S	Südamerika
Kampfadler *Polemaetus bellicosus*	oS	oS	+S		Afrika
Sekretär *Sagittarius serpentarius*		+S	+S		Afrika
Gelbkehl-Wespenfalke *Daptrius ater*		+S			Südamerika
Rotkehl-Wespenfalke *D. americanus*			oS	+S	Südamerika
Bergkarakara *Phalcoboenus megalopterus*	+S				Südamerika
Karakara *Polyborus plancus*	+S	+S	+S		Mittel- und Südamerika
Chimango *Milvago chimango*		+S			Südamerika
Chimachima *M. chimachima*			+S		Südamerika
* Lachfalke *Herpetotheres cachinnans*				+S	Mittel- und Südamerika
* Sperberwaldfalke *Micrastur ruficollis*				+S	Mittel- und Südamerika
Einbindenwaldfalke *M. plumbeus*				+S	Südamerika
Graurückenwaldfalke *M. mirandollei*				+S	Mittel- und Südamerika
Kappenwaldfalke *M. semitorquatus*				+S	Mittel- und Südamerika
Traylor-Waldfalke *M. buckleyi*				+S	Mittel- und Südamerika
Tropfenfalke *Spiziapteryx circumcinctus*			+S		Südamerika
Halsband-Zwergfalke *Poliohierax semitorquatus*		+S	+S		Afrika
Langschwanz-Zwergfalke *P. insignis*			+S		Orientalis
Rotkehlfälkchen *Microhierax caerulescens*				+S	Orientalis
Finkenfälkchen *M. fringillarius*				+S	Orientalis
Weißscheitelfälkchen *M. latifrons*				+S	Borneo
Zweifarbenfälkchen *M. erythrogonys*				+S	Philippinen
Elsterfälkchen *M. melanoleucus*				+S	Orientalis
Rötelfalke *F. naumanni*	+Z	+Z			Europa, Asien
Steppenfalke *F. rupicoloides*		+S	+S		Afrika
Fuchsfalke *F. alopex*			+S		Afrika
Buntfalke *F. sparverius*	+S	+S	+S		Nord- und Südamerika
Turmfalke *F. tinnunculus*	+S	+S/N	+S		Eurasien, Afrika
Malegassen-Turmfalke *F. newtoni*			+S		Madagaskar
Mauritius-Turmfalke *F. punctatus*				+S	Mauritius

Art	1	2	3	4	Verbreitungsschwerpunkt
Seychellen-Turmfalke *F. araea*			+S	+S	Seychellen
Molukkenfalke *F. moluccensis*			+S		Molukken
Graubartfalke *F. cenchroides*	+S	+S	+S		Australien
Graufalke *F. ardosiaceus*			+S		Afrika
Schwarzrückenfalke *F. dickinsoni*			+S		Afrika
Bindenfalke *F. zoniventris*			+S		Madagaskar
Rotfußfalke *F. vespertinus*	+Z				Europa, Asien
Rothalsfalke *F. chicquera*		oS	+S		Afrika, Indien
Merlin *F. columbarius*		+S			Eurasien, Nordamerika
Habichtfalke *F. berigora*	+S	+S/N	+S/N		Australien
Maorifalke *F. novaezeelandiae*	+S				Neuseeland
Baumfalke *F. subbuteo*	+Z				Eurasien
Afrikanischer Baumfalke *F. cuvieri*	+S		+S	+S	Afrika
Malaien-Baumfalke *F. severus*				+S	Orientalis
Australischer Baumfalke *F. longipennis*	+S			+S	Australis
Fledermausfalke *F. rufigularis*			oS	+S	Südamerika
Aplomado-Falke *F. femoralis*		+T	+S		Nord- und Südamerika
Silberfalke *F. hypoleucos*	oS	+S/N	+S		Australien
Rußfalke *F. subniger*	+S	oS	+S		Australien
Lannerfalke *F. biarmicus*	+S	+S	+S		Eurasien, Afrika
Laggarfalke *F. jugger*	+S		+S		Orientalis
Präriefalke *F. mexicanus*	+S	+S			Nordamerika
Sakerfalke *F. cherrug*	+T	+Z			Eurasien
Rotbrustfalke *F. deiroleucos*			oS	+S	Südamerika
Teita-Falke *F. fasciinucha*			+S		Afrika
Wanderfalke *F. peregrinus*	+S	+T	+S	oS	Kosmopolit

Artenreichste Lebensräume

1 Tropische Savannen
112 Arten bevorzugen sie
18 erscheinen gelegentlich
——
130 Arten insgesamt leben hier

2 Tropische Regenwälder
111 Arten bevorzugen sie
13 erscheinen gelegentlich
——
124 Arten insgesamt leben hier

3 Subtropisches Waldland und Bergland
65 Arten bevorzugen es
8 scheinen auf
——
73 Arten insgesamt leben hier

4 Warmgemäßigte Steppen und Ebenen
47 Arten bevorzugen sie
12 scheinen noch auf
——
59 Arten insgesamt leben hier

Verbreitung	1	2	3	4
Kosmopoliten	1	1	1	1
Eurasien (Palaearktis)	25	16		
Afrika (Äthiopis)	15	19	61	28
Nordamerika (Nearktis)	15	12		
Mittel- und Südamerika (Neotropis)	16	14	34	40
Tropisches Asien (Orientalis)	9	3	25	38
Australien (Australis)	15	12	20	20

IV. Zugvögel und nomadisierende Arten

Spalte 1: Brutverbreitung oder Winterquartiere sind arktisch (AR), gemäßigt (GE), subtropisch (STR), tropisch (TR) oder Kombinationen daraus. N = Nordhemisphäre, S = Südhemisphäre. Spalte 2: Gewicht unter 300 g = klein; 300 bis 600 g = mittelklein; 600 bis 1.000 g = mittelgroß; 1.000 bis 2.000 g = groß; über 2 kg = sehr groß.

Art		Spalte 1 Brut-verbreitung	Spalte 1 Winter-verbreitung	Spalte 2 Gewicht
A Vollzieher				
1 Schwalbenschwanzaar *Chelictinia riocourii*		TR	TR	klein
2 Mississippiweih *Ictinia mississippiensis*		GE/STR	TR	klein
3 Schwarzmilan *Milvus migrans*		GE/STR	TR	mittelgroß
*4 Steppenweihe *Circus macrourus*		GE/STR	TR	mittelklein
5 Wiesenweihe *C. pygargus*		GE/STR	TR	mittelklein
6 Elsterweihe *C. melanoleucus*		GE/STR	TR	mittelklein
7 Trillersperber *Accipiter gularis*		GE	TR	klein
8 Chinesenschikra *A. soloensis*		GE	TR	klein
9 Kurzfangsperber *A. brevipes*		STR	STR/TR	klein
10 Heuschrecken-Teesa *Butastur rufipennis*		TR	TR	mittelklein
11 Kieferntеesa *B. indicus*		GE/STR	TR	mittelklein
12 Präriebussard *B swainsonii*		GE/STR (N)	GE/STR (S)	mittelgroß
13 Rauhfußbussard *B. lagopus*		AR	GE	mittelgroß
14 Salvadoribussard *B. auguralis*		TR	TR	mittelgorß
15 Schreiseeadler *Aquila pomarina*		GE/STR	TR (S)	groß
16 Schelladler *A. clanga*		GE/STR	TR (N)	groß
17 Wahlbergadler *A. wahlbergi*		TR (S)	TR (N?)	mittelgroß
18 Zwergadler *Hieraaetus pennatus*		STR	TR	mittelgroß
19 Rötelfalke *Falco naumanni*		STR	TR/STR (S)	klein
20 Rotfußfalke *F. vespertinus*		GE/STR	TR/STR (S)	klein
21 Baumfalke *F. subbuteo*		GE/STR	TR (S)	klein
22 Eleonorenfalke *F. eleonorae*		STR	TR	klein
23 Schieferfalke *F. concolor*		TR	TR	klein
	AR 1	0	0	10 klein
	GE	2	1	5 mittelklein
	GE/STR/TR	11	4	6 mittelgroß
	STR	4	0	2 groß
	TR	5	18	
B Überwiegend Zugvögel				
1 Fischadler *Pandion haliaetus*		GE/TR	GE/TR	groß
2 Wespenbussard *Pernis apivorus*		GE/TR	TR	mittelgroß
3 Schwalbenweih *Elanoides forficatus*		STR/TR	TR?	mittelklein
4 Schwebeweih *Ictinia plumbea*		TR	TR	klein
5 Rotmilan *Milvus milvus*		GE/STR	STR	mittelgroß
6 Rohrweihe *Circus aeruginosus*		GE/STR/TR	TR/STR	mittelklein
7 Eckschwanzsperber *Accipiter striatus*		GE	GE/STR	klein
8 Breitflügelbussard *Buteo platypterus*		GE/STR	STR/TR	mittelklein
9 Steppen/Raubadler *Aquila rapax*		GE/STR	TR	sehr groß
10 Merlin *Falco columbarius*		GE/STR	GE/STR	klein
11 Sakerfalke *F. cherrug*		GE/STR	STR/TR	mittelgroß
12* Wanderfalke *F. peregrinus*		AR/GE/STR	GE/TR	mittelgroß
	AR	1 (teilweise)	0	3 klein
	TE	1	0	3 mittelklein
	TE/STR/TR	9	5	4 mittelgroß
	STR/TR	1	3	1 groß
	TR	1	4	1 sehr groß
C Teilzieher				
1 Truthahngeier *Cathartes aura*		GE/STR	STR/TR	groß
2 Kuckucksweih *Aviceda cuculoides*		TR	TR	klein
3 Dreifarbenweih *A. leuphotes*		TR	TR	klein
4 Bindenseeadler *Haliaeetus leucoryphus*		GE/STR	STR/TR	sehr groß
5 Weißkopfseeadler *H. leucocephalus*		AR/GE/TR	GE/STR	sehr groß

* Wanderfalken könnten auch als Teilzieher eingestuft werden, vermutlich zieht aber die Mehrheit aller Populationen.

Art	Brut-	Winter-	Gewicht
	verbreitung		
6 Seeadler *H. albicilla*	AR/GE	GE	sehr groß
7 Riesenseeadler *H. pelagicus*	AR/GE	GE	sehr groß
8 Schmutzgeier *Neophron percnopterus*	STR/TR	TR	groß
9 Gänsegeier *Gyps fulvus*	STR	STR	sehr groß
10 Mönchsgeier *Aegypius monachus*	STR	STR/TR	sehr groß
11 Schlangenadler *Circaetus gallicus*	STR	TR	groß
12 Fleckenweihe *Circus assimilis*	STR/TR	STR/TR	mittelklein
13 Kornweihe *C. cyaneus*	AR/GE	GE	mittelklein
14 Grauweihe *C. cinereus*	STR	STR/TR?	mittelklein
15 Kleiner Singhabicht *Melierax metabates*	STR	TR	mittelklein
16 Habicht *Accipiter gentilis*	AR/GE/STR	GE/STR	mittelgroß
17 Owambosperber *A. ovampensis*	TR	TR	klein
18 Sperber *A. nisus*	GE/STR	GE/TR	klein
19 Schikra *A. badius*	TR	TR	klein
20 Rundschwanzsperber *A. cooperi*	GE/STR	STR	mittelklein
21 Zweibindenbussard *Buteo nitidus*	STR/TR	TR	mittelklein
22 Rotschulterbussard *B. lineatus*	GE/STR	STR	mittelgroß
23 Weißschwanzbussard *B. alibicaudatus*	STR/TR	TR	mittelgroß
24 Rotrückenbussard *B. polyosoma*	GE/STR (S)	STR (S)	groß
25 Mohrenbussard *B. albonotatus*	STR/TR	STR/TR	mittelgroß
26 Rotschwanzbussard *B. jamaicensis*	GE/STR	GE/TR	groß
27 Mäusebussard *B. buteo*	GE/STR	GE/TR	mittelgroß
28 Adlerbussard *B. rufinus*	STR (GE?)	STR/TR	groß
29 Mongolenbussard *B. hemilasius*	STR	STR	groß
30 Königsbussard *B. regalis*	GE/STR	STR	groß
31 Kaiseradler *Aquila heliaca*	STR	STR/TR	sehr groß
32 Steinadler *A. chrysaetos*	AR/STR	GE/STR	sehr groß
33 Habichtsadler *Hieraaetus fasciatus*	STR/TR	STR/TR	groß
34 Buntfalke *Falco sparverius*	GE/STR	STR/TR	klein
35 Turmfalke *F. tinnunculus*	GE/TR	GE/TR	klein
36 Australischer Baumfalke *F. longipennis*	STR/TR	STR/TR	klein
37 Aplomado-Falke *F. femoralis*	STR/TR	TR?	klein
38 Präriefalke *F. mexicanus*	GE/STR	STR	mittelgroß
39 Gerfalke *F. rusticolus*	AR	AR/GE	groß
AR	1 (+ 5 teilw.)	1 (teilw.)	
GE	4 (überwieg.)	3	9 klein
GE/STR/TR	13	7	6 mittelklein
STR	7	7	6 mittelgroß
STR/TR	8	11	10 groß
TR	4	10	8 sehr groß

D Nomadisierende Arten (darunter auch Zugvögel)

Art	Brutverbreitung	Winterverbreitung	Gewicht
1 Dreifarbenweih *Aviceda leuphotes*	TR		klein
2 Weißschwanzaar*Elanus leucurus*	GE/STR/TR		klein
3 Gleitaar *E. caeruleus*	STR/TR		klein
4 Australischer Gleitaar *E. notatus*	STR/TR		klein
5 Schwarzachselaar *E. scriptus*	STR/TR		klein
6 Gaukler *Terathopius ecaudatus*	TR		groß
7 Fleckenweihe *Circus assimilis*	STR/TR		mittelklein
8 Raubadler *Aquila rapax*	TR (Subspp.)		groß
9 Keilschwanzadler *A. audax*	GE/TR		sehr groß
10 Sekretär *Sagittarius serpentarius*	STR/TR		sehr groß
11 Turmfalke *Falco tinnunculus*	GE/TR		klein
12 Graubartfalke *F. cenchroides*	GE/TR		klein
13 Habichtfalke *F. berigora*	GE/TR		mittelklein
14 Australischer Baumfalke *F. longipennis*	STR/TR		klein
15 Silberfalke *F. hypoleucos*	STR/TR		mittelgroß
16 Rußfalke *F. subniger*	STR/TR		mittelgroß
17 Lannerfalke *F. biarmicus*	TR		mittelgroß

Cathartes aura, Coragyps atratus, Vultur gryphus,	GE	0	8 klein
: in manchen Gebieten; *Gyps, Aegypius,*	GE/STR/TR	5	2 mittelklein
Neophron spp. (stellenweise);			
Phalcoboenus, Polyborus	STR/TR	8	3 mittelgroß
und *Milvago* spp. möglicherweise.	TR	4	2 groß
			2 sehr groß

V. Gefährdete Greifvogelarten

Art	Anzahlen	Art der Bedrohung	Schutzmaßnahmen
A Vom Aussterben bedroht			
1 Kalifornischer Kondor	40–50	Indirekte Verfolgung, Zivilisationsauswirkungen	Aktive Bestrebungen
2 Schlangenhabicht	??	Zerstörung des Regenwaldes	Keine
3 Affenadler	Unter 100	Verfolgung (?), Urwaldvernichtung	Aktive, aber nicht wirkungsvoll genug.
4 Mauritius-Turmfalke	Unter 20	Verfolgung, Urwaldvernichtung	Aktive, auch Zucht in Gefangenschaft.
B Gefährdete Arten			
1 Andenkondor	000e?	Verfolgung	keine
2 Seeadler	1–2000!	Pestizide	aktive in den Rückgangsgebieten (Europa)
3 Weißkopfseeadler	50–60.000 + abnehmend	Pestizide und Verfolgung	aktive in Rückgangsgebieten
4 Riesenseeadler	000e? angeblich abnehmend	? zu wenig bekannt	nichts bekannt
5 Bartgeier	50.000 +?	Strenge tierärztliche Vorschriften und Stallhaltung.	keine, nur lokal wenig wirksame
6 Gänsegeier	000e?	Verbesserte Viehhaltung vermindert Kadaveranfall	nur gebietsweise
7 Kapgeier	000e?	Verbesserte Viehhaltung, häufig: Tod an Elektrizitätsleitungen.	aktive Untersuchungen laufen
8 Mönchsgeier	00?	Verbesserte Viehhaltung	nur gebietsweise
9 Wiesenweihe	000e?	Nachstellung, vielleicht Pestizide im Winterquartier	keine ausreichend wirkenden
10 Mohrenweihe	00?	Trockenlegung von Feuchtgebieten	keine ausreichend wirkenden
11 Prinzenhabicht	0?	Urwaldvernichtung im begrenzten Verbreitungsgebiet	keine
12 Gundlachsperber	00?		
13 Galapagosbussard	ca. 130 Paare	Nachstellungen wegen Zahmheit	teilweise wirkungsvoll
14 Schreiadler	000e	Abnahme der Bestände wegen	aktive Maßnahmen in Rück-
15 Schelladler	000e	Ausbreitung des Menschen;	gangsgebieten
16 Kaiseradler	unter 5000?	Pestizide	
17 Seychellenturmfalke	mindestens 150	Nachstellungen: ist extrem zahm	Nachstellungen unterbunden, Bestand soll sich stabilisiert haben
18 Sakerfalke	000e	Nachstellung durch Falkner; Pestizide (Gefahr nimmt ab)	Horstbewachungen in besonders stark gefährdeten Popula-
19 Gerfalke	000e	und direkte Nachstellungen,	tionen; meist wenig wirkungs-
20 Wanderfalke	000e	(besonders Wanderfalke)	voll.

Art	Status und Wissensstand (In = Inselform)	Art der Bedrohung
C Möglicherweise gefährdete Arten		
1 Langschwanzweih	In: unbekannt: Nest unbekannt	Urwaldvernichtung
2 Bismarckweih	In: 00e? unbekannt: Nest unbekannt	Urwaldvernichtung
3 Celebes Wespenbussard	In: 00e? unbekannt: Nest unbekannt	Urwaldvernichtung
4 Salomonen-Seeadler	In: 00e? unbekannt: Nest unbekannt	Urwaldvernichtung?
5 Philippinen-Schlangenweihe	In: 000e? unbekannt: Nest unbeschrieben	? vielleicht nicht gefährdet
6 Celebes-Schlangenweihe	In: 000e? unbekannt: Nest wenig bekannt	vermutlich nicht stark
7 Zwergschlangenweihe	In: 00e? unbekannt: Brutzyklus unbekannt	Urwaldvernichtung?
8 Andamanen-Schlangenweihe	In: 00e? unbekannt: Brutzyklus unbekannt	Lebensraumzerstörung?
9 Fuchshabicht	begrenzter Lebensraum: selten: keine Zahlen vorhanden	keine sichtbar
10 Madagaskarhabicht	In: 00e? wenig bekannt	Urwaldvernichtung
11 Archboldsperber	In: Status unsicher: Nest unbeschrieben	Urwaldvernichtung

Art	Status und Wissensstand (In = Insel)	Art der Bedrohung
12 Schlegelsperber	In: 00e? unbekannt: Nest unbekannt	Urwaldvernichtung
13 Dreifarbensperber	In: 00e? unbekannt: Nest unbekannt	Urwaldvernichtung
14 Graukopfhabicht	In: wenig bekannt: weiter verbreitet	Urwaldvernichtung
15 Fleckschwanzsperber	In: wenig bekannt: primärer Regenwald	Urwaldvernichtung
16 Rabaulhabicht	In: Montanwälder: fast unbekannt	Urwaldvernichtung
17 Mantelhabicht	In: Montanwälder	Urwaldvernichtung
18 Trughabicht	In (2): unbekannt: Nest unbeschrieben	Urwaldvernichtung
19 Elsterhabicht	In: Lebensweise so gut wie unbekannt	Urwaldvernichtung
20 Weißbauchhabicht	In: wenig bekannt	Urwaldvernichtung
21 Fidji-Habicht	In: wenig bekannt	Urwaldvernichtung: möglicherweise plastisch
22 Nikobarenschikra	In: 00e? wenig bekannt	Lebensraumzerstörung
23 Bleibussard	kleines Verbreitungsgebiet im Tiefland von Südamerika: wenig bekannt: soll nicht häufig sein	Lebensraumzerstörung
24 Graurückenbussard	West Ecuador: unbekannt: Nest unbekannt	Lebensraumzerstörung
25 Hawaii-Bussard	In: weiteres Verbreitungsgebiet	vielleicht nicht gefährdet
26 Puna Bussard	in den Anden begrenzt verbreitet: unbekannt	vielleicht nicht gefährdet
27 Magellanbussard	00e? kleines Verbreitungsgebiet in Südamerika	Lebensraumzerstörung?
28 Bergbussard	Gebirge Ost- und Südafrikas	nicht direkt bedroht
29 Harpyie	weitverbreitet, angeblich selten	Urwaldvernichtung
30 Papuaadler	Großes Verbreitungsgebiet, aber selten	Urwaldvernichtung: wegen Federn abgeschossen.
31 Molukkenadler	Großes Verbreitungsgebiet, aber vermutlich selten und wenig erforscht	Urwaldvernichtung
23 Bartelsadler	begrenztes Verbreitungsgebiet	Urwaldvernichtung
33 Celebesadler	In: primärer Regenwald: vermutlich selten	Urwaldvernichtung
34 Philippinenadler	In: Urwaldart: wenig bekannt	Urwaldvernichtung
35 Isidoradler	Bergwälder Südamerikas: selten	Urwaldvernichtung
36 Tropfenfalke	kleines Verbreitungsgebiet in Südamerika: unbekannt	Vermutlich nicht gefährdet
37 Langschwanz-Zwergfalke	im Lebensraum selten: wenig erforscht	Lebensraumzerstörung
38 Weißscheitelfälkchen	In: lokal in Borneo: wenig bekannt	Lebensraumzerstörung
39 Zweifarbenfälkchen	In: lokal auf Philippinen	Lebensraumzerstörung
40 Madagaskar-Bindenfalke	In: feuchte Savannen: wenig bekannt	vielleicht nicht gefährdet
41 Maorifalke	In: Urwälder in Hochlagen: selten?	vermutlich stabil
42 Eleonorenfalke	In (viele): begrenzte Anzahlen	Verfolgung (etwas)
43 Kreyenborgfalke	kleine Verbreitung, in Südamerika unbekannt	vielleicht nicht gefährdet
44 Rotbrustfalke	Südamerika: Status unbekannt	vielleicht nicht gefährdet

Literatur

Die wichtigste Spezialliteratur wird für jedes Kapitel getrennt angeführt. Sie ist weder für Greifvögel erschöpfend, noch umfaßt sie sämtliche im Buch behandelte Literatur. Die zitierten Arbeiten verweisen jedoch auf weiterführende Literatur.

Die deutschen Vogelnamen stammen aus: Wolters, H. E., Die Vogelarten der Erde, 1. Lieferung 1975, 2. Lieferung 1976.

Systematik und Verbreitung

Brown, L. H., and Amadon, D., 1969: Eagles, Hawks and Falcons of the World. Country Life, London.

Peters, J L et al, 1931–68: Check-list of Birds of the World. Mus. Comp. Zool: Cambridge, Mass.

Stresemann, E., und Stresemann, V., 1961: Die Handschwingenmauser des Tagraubvogels J. Orn. 101: 4: 373–403.

Swann, H. K., and Wetmore, A., 1924–45: A Monograph of the Birds of Prey (Order Accipitres). Parts I–XVI. Wheldon and Wesley, London.

Der Greifvogel und sein Lebensraum

Es ist unmöglich, an dieser Stelle alle Literatur aufzuzählen, da eine Fülle verschiedenster Vegetationszonen nur schematisch behandelt wird. Zudem habe ich vielfach meine persönliche Interpretation, die sich aus der Meinung verschiedener Autoren zusammensetzt, wiedergegeben. Leser, die sich besonders für Vegetationsräume interessieren, möchte ich auf die Serien „The Continents We Live On", erschienen bei Chanticleer Press, New York, verweisen, wo unter anderem „North America" von Ivan T Sanderson, 1961; „Africa" von L. H. Brown, 1965; „Europe" von Kai Curry-Lindahl 1964; „South America" von J. Dorst, 1967; „Australia and the Pacific Islands" von Allen Keast, 1966 und „Asien" von Pierre Pfeffer, 1968, veröffentlicht wurden.
In leicht faßlicher Form geben die Serien, „Our Living World of Nature", die von McGraw Hill publiziert wurden – unter anderem: „The Life of the Far North" von W. A. Fuller und I. C. Holmes, 1972: „The Life of Prairies and Plains" von D. L. Allen, 1967 – einen guten Überblick über die ökologischen Verhältnisse in spezielleren Lebensräumen. Auch Greifvögel sind in diesen Arbeiten berücksichtigt. Als wissenschaftliche Arbeiten seien für die verschiedenen Lebensräume wie folgt zitiert: (IUCN = Internationale Union für die Erhaltung der Natur und der natürlichen Hilfsquellen).

IUCN., 1974: Biotic Provinces of the World. ‚Further development of a system for defining and classifying natural regions for purposes of conservation.'

IUCN., 1975: A Classification of the Biogeographical Provinces of the World. (MDF Udvardy).

UNESCO, 1973: International Classification and Mapping of Vegetation. UNESCO Sev. Ecology and Conservation No 6.

Walter, H (ed). 1976: Vegetationsmonographien der einzelnen Großräume. G Fischer, Stuttgart.

Tundra

Bengtson, S. A., 1972: Observations on nesting Gyrfalcons (*Falco rusticolus*) in North-east Iceland. Naturfraedingurian 42: 67–74. und Ibis 113: 468–75. 1971.

Cade, T J. 1960: Ecology of the Peregrine and Gyrfalcon Populations in Alaska. Univ. Cal. Zool; 63; 151–290.

Pitelka, F. L. et al., 1955: Ecological Relations of Jaegers and Owls as Lemming Predators near Barrow, Alaska. Ecol. Monogr. 25; 85–117.

Taiga

Neufeldt, I A., 1967: Notes on the Nidification of the Red Harrier, *Circus melanoleucus* (Pennant), in Amurland, USSR. J. Bomb. Nat. His. Soc. 64: 284–306.

Gemäßigte Laubwaldzone

Moore, N. W., 1957: The Buzzard in Britain. Brit. Birds: 50:5:173–97.

Tansley, A. G., 1968: Britain's Green Mantle. Allen and Unwin, London.

Heidelandschaft etc. der gemäßigten Breiten

Mc Veau, D. N., and Lockie, J. D., 1969. Ecology and Land Use in Upland Scotland, University Press, Edinburgh.

Subtropische Waldlandschaften

Martin, J. E., and R., 1974: Booted Eagle breeding in southwestern Cape. Bokmakierie 26:1:21–3.

Subtropische Steppen etc.

Olendorff, R. R., and Stoddart, J. W., 1974: The Potential for Management of Raptor Populations in Western Grasslands. Raptor Research Rep. No. 2. 47–85. Raptor. Research Foundation. Vermilian. South Dakota.

Wüsten etc.

Booth, B. McD., 1961: Breeding of the Sooty Falcon in the Libyan Desert. Ibis 103. A: 129–130.

Jany, E., 1960: An Brutplätzen des Lannerfalken (*Falco biarmicus erlangeri*) in einer Kieswüste der inneren Sahara zur Zeit des Frühjahrszuges. Proc. XIIth Int. Orn. Congress, Helsinki 343–52.

Tropische Savannengebiete

Brown, L. H., 1970: African Birds of Prey. Collins, London.

Reichholf, J., 1974: Artenreichtum, Häufigkeit und Diversität der Greifvögel in einigen Gebieten von Südamerika. J. Orn. 115: 381–96.

Tropische Regenwälder

Alvarez, J B.: WWF Yearbook 1972–73. Project 610 pp. 144–8.

Thiolley, J.-M., 1975: Les Rapaces des parcs nationaux de Cote D'Ivoire. Analyse du peuplement. L'oiseau 45: 241–57.

Montanwaldgebiete

Laybourne, R. C., 1974: Collision between a Vulture and an Aircraft at an Altitude of 37000 feet. Wilson Bull. 86:461

Coe, M. J., 1967: The Ecology of the Alpine Zone of Mount Kenya. Dr. W. Junk. Den Haag.
Hedberg, O., 1964: Features of the African Alpine Plant Ecology. Acta Phytogeogr. Svecica, Uppsala 144p.

Feuchtgebiete

Vaughan, R., 1961: *Falco eleonorae*. Ibis 103: 114–28
Walter, H., 1968: Die Abhängigkeit des Eleonorenfalken (*Falco eleonorae*) vom mediterranen Vogelzug. Diss. Bonn.

Stadtgebiete

Galyushin, V. M., 1971: A Huge Urban Population of Birds of Prey in Delhi, India. Ibis 113:522.
Pomeroy, D. E., 1975: Birds as Scavengers of Refuse in Uganda. Ibis 117: 69–81.

Anatomie, Morphologie und Lebensweise

Balfour, E., 1970: Iris colour in the Hen Harrier. Bird Study 17:1:47.
Brosset, A., 1973: Evolution des Accipiters forestiers de l'est du Gabon. Alauda XII:3:185–201.
Brown, L. H., and Amadon, D., 1969: Eagles, Hawks and Falcons of the World. Country Life, London.
Cone, C. D., 1962: The Soaring Flight of Birds. Scientific American 206:130–42.
Goslow, G. E., 1972: Adaptive Mechanisms of the Raptor Pelvic Limb. Auk 89:47–64.
Haukin, E. H., 1914: Animal Flight. London.
Kruuk, H., 1967: Competition for Food between Vultures in East Africa. Ardea 55:171–92.
Landsborough Thompson, A., 1964: A New Dictionary of Birds. Nelson, London.
Peeters, H. J., 1963: Einiges über den Waldfalken *Micrastur semitorquatus*. J. Orn. 104:357–64.
Pennycuick, C. J., 1971: Gliding flight of the Whitebacked Vulture *Gyps africanus*. J. Exp. Biol. 55; 13–38.
Pennycuick, C. J., 1972: Animal Flight. Inst. Biol. Studies in Biology 33. Edward Arnold, London.
Pumphrey, R. J., 1948: The Sense Organs of Birds. Ibis 90:17–199.
Smeenck, C., 1974: Comparative Ecological Studies of Some East African Birds of Prey. Ardea 62:1–87.
Steyn, P., 1973: Eagle Days. Purnell, Johannesburg.
Wattel, J., 1973: Geographical Differentiation in the Genus *Accipiter*. Pub. Nuttal Orn. Club. Cambridge, Mass.
Welty, J. C., 1964: The Life of Birds. Constable, London.

Methoden des Beuteerwerbs

Brown, L. H., 1970: African Birds of Prey. Collins, London.
Brown, L. H., 1971: The relations of the Crowned Eagle *Stephanoaetus coronatus* and some of its prey animals. Ibis 113:240–3.
Brown, L. H., 1976: British Birds of Prey. Collins, London.
Craighead, J., and Craighead, F., 1956: Hawks, Owls and Wildlife. Stackpole Co. Harrisburg, Pennsylvania.
Dunstan, T. C., 1974: Feeding Activities of Ospreys in Minnesota. Wilson Bull. 86:74–6.
Goslow, G. E., 1971: The Attack and Strike of Some North American Raptors. Auk 88:215–27.
Jehl, J. R., 1968: Foraging Behaviour of *Geranospiza nigra*, the Blackish Crane Hawk. Auk 85:493–4.
Monneret, R. J., 1973: Techniques de chasse du Faucon Pelerin *Falco peregrinus* dans une region de moyenne montagne. Alauda XLI (4):403–12.
Muuch, H., 1955: Der Wespenbussard. Neue Brehm-Bücherei 151, Wittenberg-Lutherstadt.
Rudebeck, G., 1950–1: Choice of Prey and Modes of Hunting of Predatory Birds. Oikos, 2:65–88 and 3:200–31.
Snyder, N.F.R., and Snyder, H.A., 1968: A Comparative Study of Mollusc Predation by Limpkins, Everglade Kites, and Boat-tailed Grackles. The Living Bird 9.
Southern, W. E., 1964: Additional Remarks on Winter Bald Eagle Populations Including Remarks on Biotelemetric Techniques and Immature Plumages. Wilson Bull. 76:2:121–37.
Steyn, P., 1973: Eagle Days. Purnell, Johannesburg.
Tinbergen, L., 1946: De Sperwer als roofvijand van zangvogels. Ardea 34:1–213.
Valverde, J. A., 1959: Moyens d'expression et hierarchie sociale chez le Vautour Fauve *Gyps fulvus*. Alauda 27:1–15.
Van Lawick-Goodall J., and H., 1966: Use of tools by the Egyptian Vulture *Neophron percnopterus*. Nature 5069:1468–9.
Vaucher, C. A., 1971: Notes sur l' éthologie de l'Aigle de Bonelli, *Hieraaetus fasciatus*. Nos Oiseaux 31:101–11.

Wanderungen

Die meisten wissenschaftlich arbeitenden Zugvogelstationen wie Falsterbo, Helgoland, Fair Isle, Hawk Mountain und Cedar Grove geben in regelmäßigen Abständen eigene Zeitschriften oder Jahresberichte heraus, wo Zugbewegungen u. Ä. aller Vogelgruppen detailliert behandelt werden.

Bannerman, D. A., and Priestley, J., 1952: An Ornithological Journey in Morocco in 1951. Ibis 94:678–82.
Beaman, M., and Galea, C., 1974: The Visible Migration of Raptors over the Maltese Islands. Ibis 116:419–31.
Berger, D. D., and Mueller, C. H., 1970: Prey Preferences in the Sharp-shinned Hawk: the Role of Sex, Experience, and Motivation. Auk 87:452–57.
Berger, D. D., and Mueller, C. H., 1973: The Daily Rhythm of Hawk Migration at Cedar Grove, Wisconsin. Auk 90:591–6.
Broley, C. L., 1947: Migration and Nesting of Florida Bald Eagles. Wilson Bull. 59; 3–20.
Broun, M., 1948: Hawks Aloft. Dodd Mead, New York.
Brown, L. H., 1970: African Birds of Prey. Collins, London.
Brown, L. H., and Amadon, D., 1969: Eagles, Hawks and Falcons of the World. Country Life, London.
Dorst, J., 1956: Des migrations des Oiseaux. Payot, Paris.
Evans, P. R., and Lathbury, G. W., 1973: Raptor Migration across the Straits of Gibraltar. Ibis 116:127–34.
Irby, F. M., 1934: Letter-winged Kites in the East. Emu 33:268–71.
Landsborough Thomson, A., 1942: Bird Migration. Witherby, London.
Mead, C. J., 1973: Movements of British Raptors. Bird Study 20:259–86.
Mueller, H. C., and Berger, D. D., 1968: Sex Ratios and Measurements of Migrant Goshawks. Auk 85:431–6.
Nisbet, I.C.T., and Smout, T. C., 1957: Autumn Observations on the Bosporus and Dardanelles. Ibis 99:483–99.
Osterlof, S., 1951: Fiskgfusens flyttning. Var Fagelwarld 10:1–15.
Safriel, U., 1968: Bird Migration at Elat, Israel. Ibis 110:283–320.
Snow, D. W., 1968: Movement and Mortality among British Kestrels 1968 (*Falco tinnunculus*). Bird Study 15:65–83.
Walter, H., 1968: Die Abhängigkeit des Eleonorenfalken (*Falco eleonorae*) vom mediterr. Vogelzug. Diss. Bonn.

Brutbiologie

Balfour, E. 1957: Observations on the Breeding Biology of the Hen Harrier in Orkney. Bird Notes 27:177–83 and 216–23.

Brown, L. H., 1952: On the Biology of the Large Birds of Prey of the Embu District, Kenya Colony. Ibis 94 : 577–620 and 95 : 74–114.
Brown, L. H., 1955: Supplementary Notes on the Biology of the Large Birds of Prey of Embu District, Kenya Colony. Ibis 97 : 38–64 and 183–221.
Brown, L. H., 1966: Observations on some Kenya Eagles. Ibis 108 : 531–72.
Brown, L. H., 1969: Status and breeding success of Golden Eagles in north-west Sutherland in 1967. British Birds 62 : 345–63.
Brown, L. H., 1974: Data Required for Effective Study of Raptor Populations. Raptor Research Rep. 2; 7–20. Raptor Research Foundation. Vermilion, Ohio.
Brown, L. H., and Amadon, D., 1969: Eagles, Hawks and Falcons of the World. Country Life, London.
Brown, L. H., and Hopcraft, J.B.D., 1973: Population structure and dynamics on the African Fish Eagle. *Haliaeetus vocifer* (Daudin).
Cadbury, J., and Balfour, E; Oberservations on the Biology of the Hen Harrier in Orkney. RSPB Research Report.
Cave, A. J., 1968: The Breeding of the Kestrel, ‚*Falco tinnunculus*,‘ in the Reclaimed Area, Oostelijk Flevoland, Nederlands. Irum. Zool. 18(3):313–407.
Gargett, V., 1970: Black Eagle Survey, Rhodes. Matopos National Park. A population study 1964–68. Ostrich Supp. 8 : 397–414.
Gargett, V., 1972: Observations at a Black Eagle Nest in the Matopos, Rhodesia. Ostrich 43 : 77–108.
Grote, H., 1942: Einiges über die Fortpflanzungsbiologie asiatischer Würgfalken. Beitr. Fortpflanzungsbiologie 1942 : 91–6.
Gordon, S., 1955: The Golden Eagle, King of Birds. Collins, London.
Horvath, L., 1955: Red-footed Falcons on Ohat Woods, near Hortobagy. Acta Zool. Acad. Sci Hungariae 1 : 245–87.
Houston, D., 1976: Breeding of the White-backed and Rüppell's Griffon Vultures, *Gyps africanus* and *G. rueppellii*. Ibis 118 : 14–40.
Liversidge, R., 1962: The Breeding Biology of the Little Sparrowhawk, *Accipiter minullus*. Ibis 104 : 399–406.
Meyburg, B.-U., 1970: Zur Biologie des Schreiadlers (*Aquila pomarina*). Deutscher Falkenorden 1969:32–66.
Meyburg, B.-U., 1974: Sibling Aggression and MortalityAmong Nesting Eagles. Ibis 116 : 224–8
Ratcliffe, D. A., 1970: Changes Attributable to Pesticides in Egg Breaking and Eggshell Thickness in Some British Birds. J. Appl. Ecol. 7 : 67–115.
Rowan, W., 1921: Observations on the Breeding Habits of the Merlin. British Birds 15 : 122–9, 194–202, 222–31, 246–53.
Rowe, E. G., 1947: The Breeding Biology of *Aquila verreauxi*. Ibis 89 : 387–410, 576–606.
Sibley, C. G., 1960: The Electrophoretic Patterns of Avian Egg-White Proteins as Taxonomic Characters. Ibis 102 : 215–84.
Schönwetter, M., 1960–6: Handbuch der Oologie. W. Meise (ed). Berlin, Akademie Verlag.
Steyn, P., 1973: Eagle Days. Purnell, Johannesburg.
Temple, S. A., 1972: A Portable Time-lapse Camera for Recording Wildlife Activity. Journ. Wildl. Management. 36 (4) 944-7.
Tubbs, C. R., 1972: Analysis of Nest Record Cards for the Buzzard. Bird Study. 19 : 97–104.
Vaughan, R., 1961: *Falco eleonorae*. Ibis 103 : 114–28.
Willgohs, J. F., 1961: The White-tailed Sea Eagle, *Haliaeetus albicilla* in Norway. Norwegian Universities Press, Bergen.

Ökologische Aspekte des Beutefangverhaltens

Allison, A. C., 1970: Population Control. Penguin, Harmondsworth.
Blondel, J., 1967: Reflexions sur les rapports entre predateurs et proies chez les rapaces. Terre et Vie 1 : 5–62.
Brown, L. H., 1973: The Mystery of the Flamingos. 2nd enlarged ed. E A Publishing House, Nairobi.
Brown, L H., and Cade, T. J., 1972: Age classes and population dynamics of the Bateleur and African Fish Eagle. Ostrich 43 : 1–16.
Brown, L H., and Watson, A., 1964: The Golden Eagle in relation to its food supply. Ibis 106 : I : 78–100.
Cheylan, C., 1973: Notes sur la competition entre l'Aigle Royal *Aquila chrysaetos* et l' Aigle du Bonelli *Hieraaetus fasciatus* Alauda XLI: 3 : 203–212.
Lack, D., 1954: ‚The natural regulation of animal numbers.‘ Oxford.
Lockie, J. D., and Stephen, D., 1959: Eagles, lambs and land management on Lewis. J. Anim. Ecol. 28 : I : 43–50.
Murphy, J R et al., 1969: Nesting ecology of raptorial birds in central Utah. Brigham Young University. Biol. sec. X: 4, 1–36.
Schaller, G., 1967: The Deer and the Tiger. University of Chicago Press, Chicago.
Schaller, G., 1972: The Serengeti Lion. University of Chicago Press, Chicago.
Schipper, W. J. A., 1973: A comparison in prey selection in sympatric harriers, *Circus*, in western Europe. Gerfaut 63 : 17–20.
Storer, R. W., 1966: Sexual dimorphism and food habits in three North American accipiters. Auk 83 : 423–36.
Thiollay, J. M., 1967: Ecologie d'une population de rapaces diurnes en Lorraine. Terre et Vie 2 : 116–83.
Van Beusekom, C. F., 1972: Ecological isolation with respect to food between Sparrowhawk and Goshawk. Ardea 60 : 72–96.
Voous, K. H., 1969: Predation potential in birds of prey from Surinam. Ardea 57 : 117–48.

Greifvogelschutz

Bolen, E. G., 1975: Eagles and sheep: a viewpoint. Journ. Range Management 28 : 1 : 11–17.
Curry-Lindahl, K., 1972: Let them Live. William Morrow, New York.
Fisher, J. F., Simon, N., and Vincent, J., 1972: The Red Book: Wildlife in Danger. Collins, London.
Fitter, R.S.R., 1967: A Dictionary of British Natural History. Penguin, Harmondsworth.
Koford, C., 1953: The California Condor. Audubon Soc. Research Report.
Mellanby, K., 1967: Pesticides and Pollution. Collins, London.
Meyburg, B.-U. and Garzon-Heydt, J., 1973: Sobre la proteccion del Aguila Imperial *(Aquila heliaca adalberti)* aminorando artificialmente la mortalidad juvenil. Ardeola 19 : 107–28.
Ratcliffe, D. A., 1963: The status of the Peregrine in Great Britain. Bird Study 10 : 2 : 56–90.
de Vries, T., 1973: The Galápagos Hawk. PhD Thesis, University of Amsterdam.

Register

Kursive Zahlen verweisen auf Abbildungen

QUELLENNACHWEIS

FARBFOTOS: AQUILA PHOTOGRAPHICS: W. S. Paton 198–199 oben, Eric Soothill/Peter Whitehead 35 oben, M. Wilkes 38 oben; ARDEA PHOTOGRAPHICS: Peter Alden 87 oben rechts, M. D. England 198 unten, K. Fink 94 oben, Clem Haagner 47 oben rechts, Don Hadden 42–43, Peter Steyn 81 unten; C. H. BROWN: 38 unten, 131 oben; L. H. BROWN: 82–83 unten, 86–87, 134 unten, 134–135 oben, 199 unten; BRUCE COLEMAN LTD.: Dennis Green 138 unten, Hans Reinhard 207, H. Rivarola 83 oben; ERIC HOSKING: 90 oben, 194 unten; JACANA: J. L. S. Dubois 135 unten, Dupont 195 oben, Hervy 82 oben, Robert 39 unten, 130, 131 unten, Juan Solaro 95 oben, J. P. Varin 34 unten; FRANK W. LANE: R. Austing 94 unten, 95, 206, A. Christiansen 34 oben, Norman Duerden 139, P. J. Ginn 143 unten, Heinz Schrempp 39 oben, Ronald Thompson 195 unten, S. Zingel 90 unten, W. T. Miller 194 oben; NATURAL HISTORY PHOTOGRAPHIC AGENCY: Anthony Bannister 46–47, F. V. Blackburn 143 oben, J. Good 138 oben, James Tallon 142; NATURFOTO: Sigurd Halvorsen 202 unten, Karl Holgard 91 oben, Karl Holgard/B. Gensbol 203, Carlo Jensen 35 unten; WORLD WILDLIFE FUND: W. A. Newlands 202 oben rechts.

Umschlag vorne: BRUCE COLEMAN LTD.: H. M. Barnfather
Umschlag hinten: ARDEA PHOTOGRAPHICS: T. A. Willock

SCHWARZ-WEISS-FOTOS: AQUILA PHOTOGRAPHICS: D. Green 73, 225, M. Wilkes 115; ARDEA PHOTOGRAPHICS: P. Blasdale 85, R. J. C. Blewitt 172 unten, 215, M. D. England 173 oben, K. Fink 185, Clem Haagner 53, 54, 109, 112, 210, 214, Ake Lindau II, Richard Vaughan 133, 169, Adrian Warren 220, J. S. Wightman 208 oben, T. A. Willock 175; L. H. BROWN: 48, 173, 176, 178, 179, 180, 208 unten; FORESTRY COMMISSION: 228; ERIC HOSKING: 92, 170 top, 173 unten, 177; JACANA: Serge Chevallier 116, Pierre Petit 209; H. KRUUK: 212; FRANK W. LANE: Ronald Austing 14, 168, A. Christiansen 79, John Karmali 16, W. T. Miller 211, Georg Quedens 71; B. U. MEYBURG: 174, 229; NATURAL HISTORY PHOTOGRAPHIC AGENCY: Anthony Bannister 184, E. Hawumautha Rao 13; NATURFOTO: Sigurd Halvorsen 111, Arne Schmitz 146; ROYAL SOCIETY FOR THE PROTECTION OF BIRDS: Michael W. Richards 223; ROB AND BESSIE WELDER WILDLIFE FOUNDATION: Dr. Eric G. Bolen 224.

Titelfoto: ARDEA PHOTOGRAPHICS: Hans and Judy Beste

Strichzeichnungen: Ian Willis